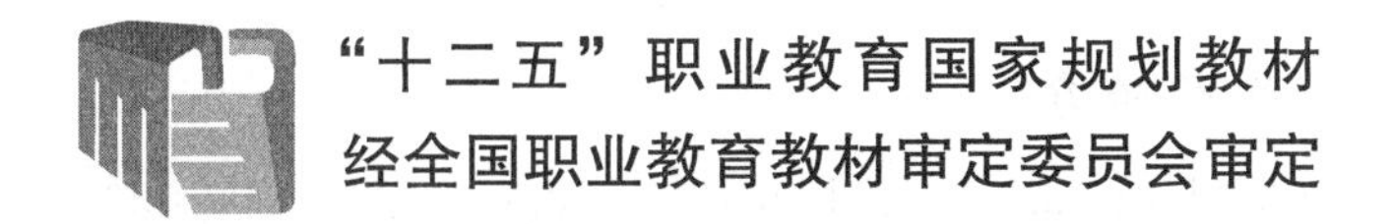

网页设计与制作
（Dreamweaver CS3）

张呈江　冯雪艳　主　编
樊明睿　副主编

電子工業出版社
Publishing House of Electronics Industry
北京 • BEIJING

内 容 简 介

本书根据教育部颁发的《中等职业学校专业教学标准（试行）信息技术类（第一辑）》中的相关教学内容和要求编写。本书的编写从满足经济发展对高素质劳动者和技能型人才的需求出发，在课程结构、教学内容、教学方法等方面进行了新的探索与改革创新，以利于学生更好地掌握本课程的内容，利于学生理论知识的掌握和实际操作技能的提高。

本书通过 11 个项目 30 多个任务系统介绍了网页设计与制作的基础知识和规范要求、HTML 和脚本语言相关知识、站点创建、网页元素编辑、表格应用、层和框架布局、网页行为添加、样式与模板应用、表单元素使用等内容。

本书是计算机网络技术专业的专业核心课程教材，也可也可作为各类网页设计培训班的教材，还可以供中小型企业网建设与管理人员参考学习。本书配有教学指南、电子教案和案例素材，详见前言。

未经许可，不得以任何方式复制或抄袭本书之部分或全部内容。
版权所有，侵权必究。

图书在版编目（CIP）数据

网页设计与制作. Dreamweaver CS3 / 张呈江，冯雪艳主编. —北京：电子工业出版社，2016.5

ISBN 978-7-121-24905-1

Ⅰ. ①网… Ⅱ. ①张… ②冯… Ⅲ. ①网页制作工具—中等专业学校—教材 Ⅳ. ①TP393.092

中国版本图书馆 CIP 数据核字（2014）第 274939 号

策划编辑：肖博爱
责任编辑：郝黎明
印　　刷：北京中新伟业印刷有限公司
装　　订：北京中新伟业印刷有限公司
出版发行：电子工业出版社
　　　　　北京市海淀区万寿路 173 信箱　邮编　100036
开　　本：787×1 092　1/16　印张：17.75　字数：504 千字
版　　次：2016 年 5 月第 1 版
印　　次：2016 年 5 月第 1 次印刷
定　　价：34.00 元

凡所购买电子工业出版社图书有缺损问题，请向购买书店调换。若书店售缺，请与本社发行部联系，联系及邮购电话：（010）88254888，88258888。

质量投诉请发邮件至 zlts@phei.com.cn，盗版侵权举报请发邮件至 dbqq@phei.com.cn。

本书咨询联系方式：（010）88254589。

编审委员会名单

主任委员：

武马群

副主任委员：

王　健　韩立凡　何文生

委　　员：

丁文慧　丁爱萍　于志博　马广月　马永芳　马玥桓　王　帅　王　苒　王　彬

王晓姝　王家青　王皓轩　王新萍　方　伟　方松林　孔祥华　龙天才　龙凯明

卢华东　由相宁　史宪美　史晓云　冯理明　冯雪燕　毕建伟　朱文娟　朱海波

向　华　刘　凌　刘　猛　刘小华　刘天真　关　莹　江永春　许昭霞　孙宏仪

杜　珺　杜宏志　杜秋磊　李　飞　李　娜　李华平　李宇鹏　杨　杰　杨　怡

杨春红　吴　伦　何　琳　佘运祥　邹贵财　沈大林　宋　薇　张　平　张　侨

张　玲　张士忠　张文库　张东义　张兴华　张呈江　张建文　张凌杰　张媛媛

陆　沁　陈　玲　陈　颜　陈丁君　陈天翔　陈观诚　陈佳玉　陈泓吉　陈学平

陈道斌　范铭慧　罗　丹　周　鹤　周海峰　庞　震　赵艳莉　赵晨阳　赵增敏

郝俊华　胡　尹　钟　勤　段　欣　段　标　姜全生　钱　峰　徐　宁　徐　兵

高　强　高　静　郭　荔　郭立红　郭朝勇　黄　彦　黄汉军　黄洪杰　崔长华

崔建成　梁　姗　彭仲昆　葛艳玲　董新春　韩雪涛　韩新洲　曾平驿　曾祥民

温　晞　谢世森　赖福生　谭建伟　戴建耘　魏茂林

序 | PROLOGUE

当今是一个信息技术主宰的时代，以计算机应用为核心的信息技术已经渗透到人类活动的各个领域，彻底改变着人类传统的生产、工作、学习、交往、生活和思维方式。和语言和数学等能力一样，信息技术应用能力也已成为人们必须掌握的、最为重要的基本能力。职业教育作为国民教育体系和人力资源开发的重要组成部分，信息技术应用能力和计算机相关专业领域专项应用能力的培养，始终是职业教育培养多样化人才，传承技术技能，促进就业创业的重要载体和主要内容。

信息技术的发展，特别是数字媒体、互联网、移动通信等技术的普及应用，使信息技术的应用形态和领域都发生了重大的变化。第一，计算机技术的使用扩展至前所未有的程度，桌面电脑和移动终端（智能手机、平板电脑等）的普及，网络和移动通信技术的发展，使信息的获取、呈现与处理无处不在，人类社会生产、生活的诸多领域已无法脱离信息技术的支持而独立进行。第二，信息媒体处理的数字化衍生出新的信息技术应用领域，如数字影像、计算机平面设计、计算机动漫游戏、虚拟现实等；第三，信息技术与其他业务的应用有机地结合，如与商业、金融、交通、物流、加工制造、工业设计、广告传媒、影视娱乐等结合，形成了一些独立的生态体系，综合信息处理、数据分析、智能控制、媒体创意、网络传播等日益成为当前信息技术的主要应用领域，并诞生了云计算、物联网、大数据、3D 打印等指引未来信息技术应用的发展方向。

信息技术的不断推陈出新及应用领域的综合化和普及化，直接影响着技术、技能型人才的信息技术能力的培养定位，并引领着职业教育领域信息技术或计算机相关专业与课程改革、配套教材的建设，使之不断推陈出新、与时俱进。

2009 年，教育部颁布了《中等职业学校计算机应用基础大纲》，2014 年，教育部在 2010 年新修订的专业目录基础上，相继颁布了“计算机应用、数字媒体技术应用、计算机平面设计、计算机动漫与游戏制作、计算机网络技术、网站建设与管理、软件与信息服务、客户信息服务、计算机速录”等 9 个信息技术类相关专业的教学标准，确定了教学实施及核心课程内容的指导意见。本套教材就是以此为依据，结合当前最新的信息技术发展趋势和企业应用案例组织开发和编写的。

本套系列教材的主要特色

● **对计算机专业类相关课程的教学内容进行重新整合**

本套教材面向学生的基础应用能力，设定了系统操作、文档编辑、网络使用、数据分析、媒体处理、信息交互、外设与移动设备应用、系统维护维修、综合业务运用等内容；针对专业应用能力，根据专业和职业能力方向的不同，结合企业的具体应用业务规划了教材内容。

● **以岗位工作过程来确定学习任务和目标，综合提升学生的专业能力、过程能力和职位差异能力**

本套教材通过工作过程为导向的教学模式和模块化的知识能力整合结构，体现产业需求与专业设置、职业标准与课程内容、生产过程与教学过程、职业资格证书与学历证书、终身学习与职业教育的“五对接”。从学习目标到内容的设计上，本套教材不再仅仅是专业理论内容的复制，而是经由职业岗位实践——工作过程与岗位能力分析——技能知识学习应用内化的学习实训导引和案例。借助知识的重组与技能的强化，达到企业岗位情境和教学内容要求相贯通的课程融合目标。

● **以项目教学和任务案例实训作为主线**

本套教材通过项目教学，构建了工作业务的完整流程和岗位能力需求体系。项目的确定应遵循三个基本目标：核心能力的熟练程度，技术更新与延伸的再学习能力，不同业务情境应用的适应性。教材借助以校企合作为基础的实训任务，以应用能力为核心、以案例为线索，通过设立情境、任务解析、引导示范、基础练习、难点解析与知识延伸、能力提升训练和总结评价等环节引领学者在任务的完成过程中积累技能、学习知识，并迁移到不同业务情境的任务解决过程中，使学者在未来可以从容面对不同应用场景的工作岗位。

当前，全国职业教育领域都在深入贯彻全国工作会议精神，学习领会中央领导对职业教育的重要批示，全力加快推进现代职业教育。国务院出台的《加快发展现代职业教育的决定》明确提出要“形成适应发展需求、产教深度融合、中职高职衔接、职业教育与普通教育相互沟通，体现终身教育理念，具有中国特色、世界水平的现代职业教育体系”。现代职业教育体系的建立将带来人才培养模式、教育教学方式和办学体制机制的巨大变革，这无疑给职业院校信息技术应用人才培养提出了新的目标。计算机类相关专业的教学必须要适应改革，始终把握技术发展和技术技能人才培养的最新动向，坚持产教融合、校企合作、工学结合、知行合一，为培养出更多适应产业升级转型和经济发展的高素质职业人才做出更大贡献！

前言 | PREFACE

为建立健全教育质量保障体系，提高职业教育质量，教育部于 2014 年颁布了中等职业学校专业教学标准（以下简称专业教学标准）。专业教学标准是指导和管理中等职业学校教学工作的主要依据，是保证教育教学质量和人才培养规格的纲领性教学文件。在“教育部办公厅关于公布首批《中等职业学校专业教学标准（试行）》目录的通知”（教职成厅[2014]11 号文）中，强调“专业教学标准是开展专业教学的基本文件，是明确培养目标和规格、组织实施教学、规范教学管理、加强专业建设、开发教材和学习资源的基本依据，是评估教育教学质量的主要标尺，同时也是社会用人单位选用中等职业学校毕业生的重要参考。”

本书特色

本书根据教育部颁发的《中等职业学校专业教学标准（试行）信息技术类（第一辑）》中的相关教学内容和要求编写。

本书通过 11 个项目 30 多个任务系统介绍了网页设计与制作的基础知识和规范要求、HTML 和脚本语言相关知识、站点创建、网页元素编辑、表格应用、层和框架布局、网页行为添加、样式与模板应用、表单元素使用等内容。

本书是计算机网络技术专业的专业核心课程教材，也可作为各类网页设计培训班的教材，还可以供中小型企业网建设与管理人员参考学习。

本书作者

本书由张呈江、冯雪艳担任主编，樊明睿任副主编。苑莉莉、黄玫、肖磊、李忠芬、鲍凤春等参加了本书的编写工作，全书由张呈江统稿由于作者水平有限，书中难免有错误和不妥之处，恳请广大师生和读者批评指正。

教学资源

为了提高学习效率和教学效果，方便教师教学，作者为本书配备包括电子教案、教学指南、素材文件、微课，以及习题参考答案等配套的教学资源。请有此需要的读者登录华信教育资源网（http://www.hxedu.com.cn）免费注册后进行下载，有问题时请在网站留言板留言或与电子工业出版社联系（E-mail:hxedu@phei.com.cn）。

编　者

CONTENTS | 目录

初窥网页制作门径

项目目标

识记与网页制作相关的概念。

熟悉软件操作界面。

了解网站制作流程，并能制作简单的网页。

项目探究

网络以其独特的优势渗入到人们的生活中，它已成为人们生活的一个重要组成部分。学习网页制作，必须了解网页的一些基本知识，如网页的定义、分类，制作网页的软件以及网页制作的基本步骤和规则等。本项目重点学习网页制作的基础知识，了解网站制作流程，为以后的学习奠定基础。

项目实施

本项目通过三个任务学习网页制作的相关概念；熟悉 Dreamweaver 软件操作界面；学习网站的创建与管理；通过制作自己的第一个网页作品，了解网站的制作流程。

任务一　认识网页

任务描述

（1）打开优秀的网页作品，让学生熟悉浏览器的名称及组成。

（2）学生能使用浏览器浏览相关网页作品。

（3）识记网页和主页的概念。

任务实施

活动一　浏览优秀网页作品

【活动描述】

通过浏览优秀网页作品，熟悉浏览器窗口的组成。

【操作步骤】

步骤 1．浏览网页作品。

（1）把素材中的项目一\作品案例\1-1 优秀作品中的网页作品文件夹复制到 D 盘中，打开优秀的网页作品并浏览，如图 1-1 所示。

图 1-1　优秀网页作品

（2）在地址栏输入 http://www.163.com/，然后按【Enter】键，进入网易主页并进行页面的浏览，如图 1-2 所示。

图 1-2　网易首页

步骤 2．熟悉浏览器窗口的组成。

浏览器窗口由网页标题、标准按钮、地址栏、网页窗口、状态栏组成，如图 1-3 所示。

图 1-3　浏览器窗口

① 网页标题：用来显示当前浏览网页的标题。

② 地址栏：可以查看当前浏览网页的网址。

③ 标准按钮：浏览网页时常用的工具。

④ 网页窗口：用于显示所浏览的网页。

⑤ 状态栏：用于显示网页浏览过程中的各种信息。

步骤 3．熟悉网页的基本组成元素。

（1）文本。用户可以很方便地浏览和下载文本信息，故其成为网页主要的信息载体。网页中文本的样式多变，风格不一，吸引人的网页通常都具有美观的文本样式。文本的样式可通过对网页文本的属性进行设置而改变，在后面的章节将详细讲解这方面的知识。

（2）图像。图像比文本更具有生动性和直观性，它可以传递一些文本不能传载的信息。网站标识 Logo、背景等都是图像。

（3）动画。在网页中加入动画，可使网页更具动态感，更能吸引浏览者的眼球，动画文件一般有 Flash 动画和 GIF 动画等。

活动二　认识 Dreamweaver 工作界面

【活动描述】

认识 Dreamweaver CS3 工作界面。

【操作步骤】

步骤 1．启动 Dreamweaver 软件。

单击“开始”→“所有程序→Adobe Dreamweaver CS3”命令，启动 Dreamweaver CS3 软件，如图 1-4 所示。

步骤 2．认识工作界面。

Dreamweaver CS3 工作界面如图 1-5 所示。

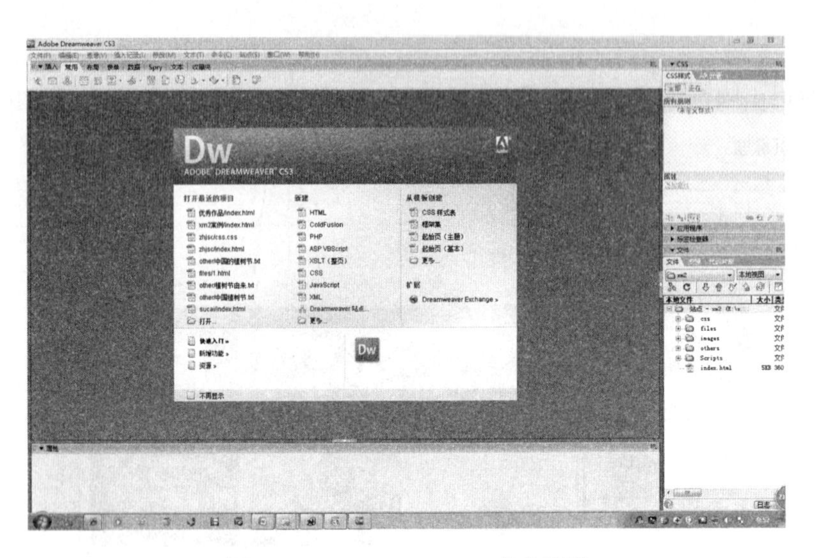

图 1-4　Dreamweaver CS3 启动界面

标题栏
菜单栏
插入面板
文档工具栏
属性面板
文档窗口
状态栏
文件面板

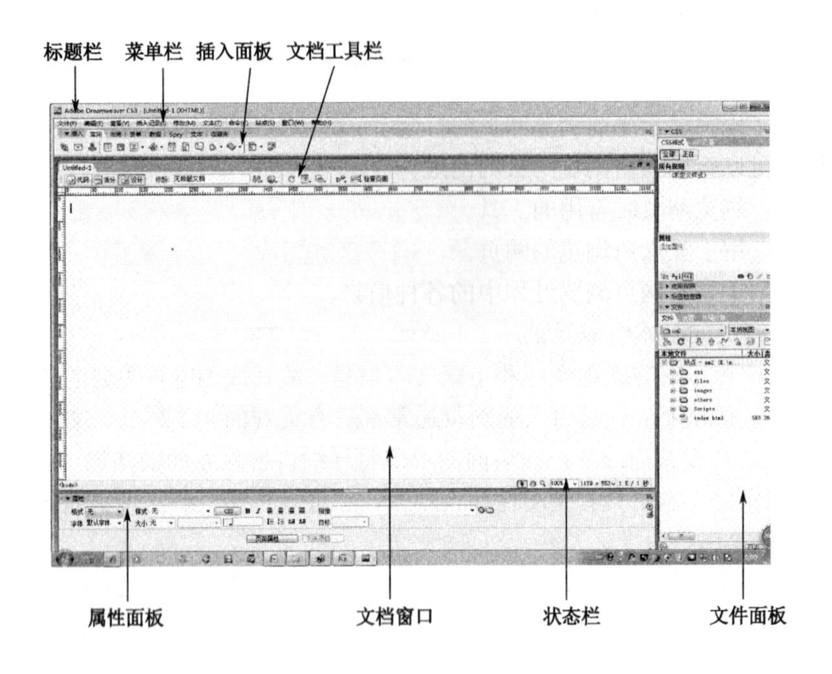

图 1-5　Dreamweaver CS3 工作界面

（1）标题栏：用于显示网页文档的路径和名称。

（2）菜单栏：菜单按功能的不同进行了合理的分类，使用起来很方便。共包含了 10 类菜单，如图 1-6 所示。

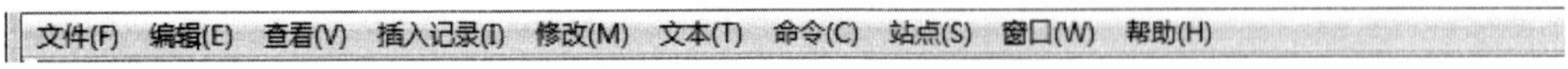

文件(F) 编辑(E) 查看(V) 插入记录(I) 修改(M) 文本(T) 命令(C) 站点(S) 窗口(W) 帮助(H)

图 1-6　菜单栏

（3）文档工具栏：用于切换文档窗口视图的代码、拆分、设计按钮和一些常用功能按钮，如图 1-7 所示。

图 1-7　文档工具栏

（4）插入面板：利用插入工具栏可以快速插入多种网页元素，如图像、动画、表格、DIV 标签、超级链接、表单等。插入面板中共有常用、布局、表单、数据、文本等七类选项，用于创建和插入对象，如图 1-8 所示。

图 1-8　插入面板

（5）属性面板：用于查看和更改所选取的对象或文本的各种属性，如图 1-9 所示。

图 1-9　属性面板

（6）面板组：Adobe Dreamweaver CS3 包含多个面板，每个面板都有自己的功能，这些面板组合在一起成为面板组，如图 1-10 所示。

（7）面板组主要包括插入面板、CSS 样式面板、文件面板、资源面板等。

显示面板的方法：单击“窗口”菜单，选择相应的命令就可以调出相关的面板。

文件面板：可以有效管理网页、图像、动画、程序等文件。

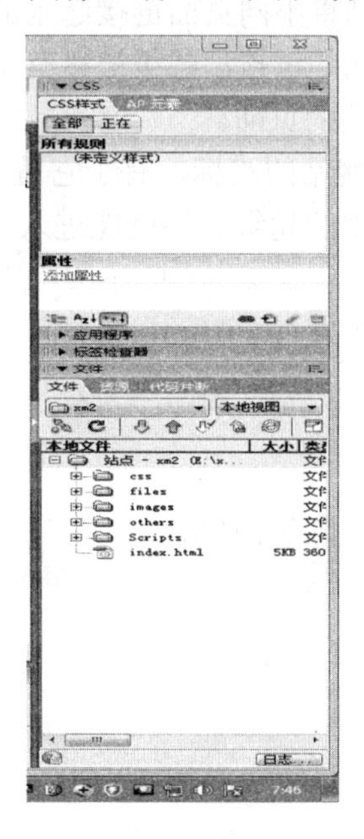

图 1-10　面板组

及时充电

1．网页的定义

上网时浏览到的一个个页面就是网页，网页又称为 Web 页，网页中的图像、文字、超级链接等是构成网页的元素。

2．网页的分类

按网页在网站中的位置可将其分为主页和子页，主页是指进入网站时看到的第一个页面，故也称为首页；子页是指与主页相链接的页面，也就是网站的内部页面。按网页的表现形式可将网页分为静态网页和动态网页。

3．网页制作中的基本概念

（1）URL。URL 用来指明通信协议和地址的方式，如 http://www.163.com 就是一个 URL。“http://”形式的 URL 用于表示网页的 Internet 位置，它是提供一种在 Internet 上查找任何信息的标准方法。

（2）域名。域名通俗地说就是网站的名字，任何网站的域名都是全世界唯一的。也可以说域名就是网站的网址，如 www.163.com 就是网易网站的域名。域名是由固定的网络域名管理组织在全球进行统一管理的，用户需到各地的网络管理机构进行申请才能获取域名，申请成功后便可将网页发布到网上。

（3）站点。站点是一个管理网页文档的场所，简单地讲，一个个网页文档连接起来就构成了站点。站点可以小到一个网页，也可大到一个网站。

（4）发布。发布就是指把制作好的网页上传到网络上的过程。

浏览器是一种把在互联网上的文本文档和其他类型的文件翻译成网页的软件。通过浏览器，可以快捷地连接 Internet。目前使用较广泛的浏览器主要有 Microsoft 公司的 IE 浏览器和腾讯公司的 TT 浏览器等。

（5）超级链接。超级链接能起到将不同页面链接起来的功能，可以是同一站点页面之间的链接，也可以是与其他网站页面之间的链接。超级链接有文字链接和图像链接等。在浏览网页时单击超级链接就能跳转到与之相关的页面。

（6）导航条。导航条就像一个网站的路标，有了它就不会在浏览网站时“迷路”。导航条链接着各个页面，只要单击导航条中的超级链接就能进入相应的页面。

任务二　创建、管理站点

任务描述

掌握本地站点的创建、编辑、删除等操作。

任务实施

活动一　创建本地站点

【活动描述】

创建本地站点。

【操作步骤】

步骤 1．在硬盘中创建站点文件夹。

在本地 D 盘根目录下创建站点文件夹“1-1”，在文件夹中创建 3 个子文件夹：“files”（存放子页文件）、“images”（存放图片文件）、“others”（存放文本文件及音视频文件），如图 1-11 所示。

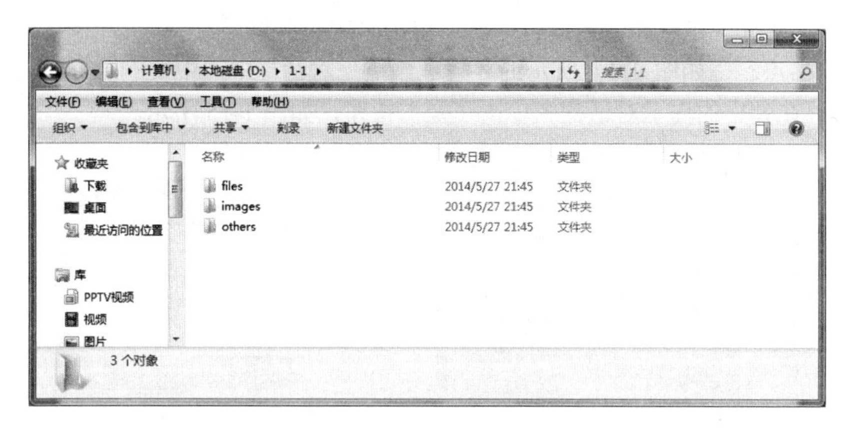

图 1-11 在硬盘建立文件夹窗口

步骤 2．建立站点

启动 Adobe Dreamweaver CS3，单击“站点”→“新建站点”菜单命令，在弹出的对话框中进行相关设置，如图 1-12 所示。在“站点名称”框中输入 1-1，在“本地根文件夹”中选择“D:\1-1\”，在“默认图像文件夹”中选择“D:\1-1\images\”，然后单击“确定”按钮。“文件”面板显示的站点结构如图 1-13 所示。

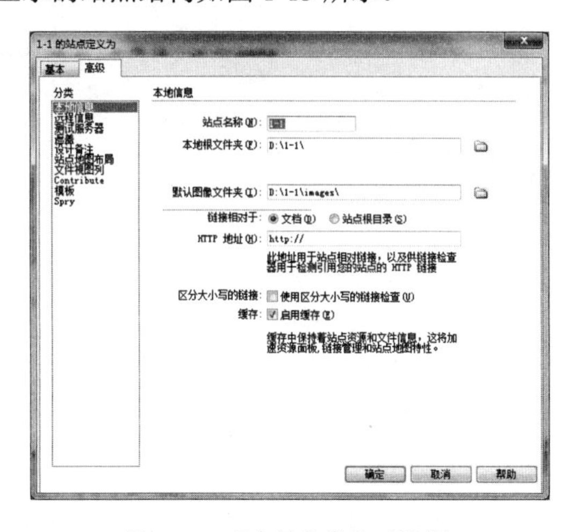

图 1-12 “本地信息”对话框

图 1-13 “文件”面板显示的站点结构

活动二 管理站点

【活动描述】

管理本地站点。

【操作步骤】

步骤 1．管理站点。

（1）对相关站点进行修改可以单击“站点”→“管理站点”菜单命令，在弹出的“管理站点”对话框中进行编辑、复制、删除、导出、导入等操作。

（2）编辑站点。在如图 1-14 所示的“管理站点”对话框中选中要编辑的站点名称，在弹出的站点设置对话框中进行相关的编辑，然后单击“完成”按钮。

（3）删除站点。在如图 1-14 所示的“管理站点”对话框中选中要删除的站点名称，单击“删除”按钮，在弹出的提示对话框中单击“是”按钮，如图 1-15 所示。

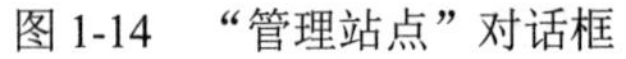
图 1-14 “管理站点”对话框

图 1-15 提示对话框

（4）复制站点。在如图 1-14 所示的“管理站点”对话框中选中要复制的站点名称，单击“复制”按钮，复制的站点立即会显示在“管理站点”对话框中，如图 1-16 所示。

（5）导出站点。在如图 1-14 所示的“管理站点”对话框中选中要导出的站点名称，单击“导出”按钮，在“导出站点”对话框中进行设置，选择保存位置、输入文件名称，然后单击“保存”按钮，如图 1-17 所示。

图 1-16 “管理站点”对话框

图 1-17 “导出站点”对话框

（6）导入站点。在如图 1-14 所示的“管理站点”对话框中单击“导入”按钮，在“导入站点”对话框中选中要导入的站点文件，然后单击“打开”按钮，如图 1-18 所示。

（7）打开站点。方法一：单击“站点”→“管理站点”菜单命令，选择要打开的站点名称，单击“完成”按钮。方法二：在“文件”面板下拉菜单中直接选择要打开的站点，即可打开站点，如图 1-19 所示。

图 1-18 “导入站点”对话框

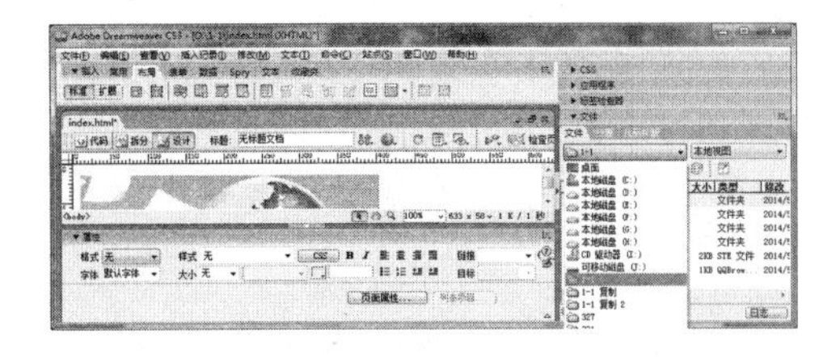

图 1-19 “文件”面板下拉菜单

 及时充电

1．站点的定义

一个网站中包含多个不同的网页，而每一个网页中又包含了许多文本、图片、音频、视频等信息。为了使整个网站的结构清晰，便于查找和管理网站中的各种信息，可以将整个网站定义为一个文件夹，此文件夹称为站点。

2．站点的分类

Dreamweaver 中的站点包括本地站点和远程站点。本地站点是用户工作的目录，主要存放用户网页、素材的本地文件夹。在制作一般网页时只建立本地站点即可。远程站点是在不连接 Internet 的情况下，对所建的站点进行测试、修改，可在本地计算机上创建远程站点模拟真实的 Web 服务器环境进行测试。

3．规划站点结构

规划站点结构是设计站点的必要前提，其操作是将不同的文件分类存放在文件夹中以便于管理和使用。合理地组织站点结构可提高工作效率。一般将图片放于 images 子文件夹中，将子页文件存放于 files 文件夹中，将文本、动画、声音、视频等元素存放于 others 子文件夹中。

任务三 制作自己的第一个网页作品

 任务描述

制作一个简单的网站，介绍计算机网络的相关知识，作品效果如图 1-20 所示。网站主要由主页和三个子页组成。

图 1-20　作品效果图

 任务实施

活动一　在硬盘建立站点文件夹

【活动描述】

在硬盘建立站点文件夹。

【操作步骤】

步骤 1．在 D 盘建立自己的站点文件夹。

打开 D 盘，在空白处右击，在弹出的快捷菜单中选择“新建”→“文件夹”命令，输入文件夹名称，按【Enter】键确定。

步骤 2．把素材中的项目一\作品素材\任务三素材复制到站点根目录中。

（1）认识站点文件夹中子文件夹的作用，“images”用于存放图片，“others”用于存放文本等内容，“files”用于存放子页文件，如图 1-21 所示。

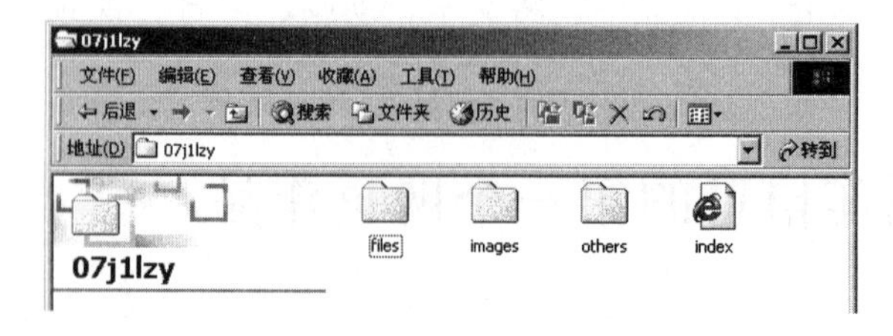

图 1-21　站点文件夹

活动二　建立站点

【活动描述】

建立站点。

【操作步骤】

步骤 1．打开网页制作软件。

单击“开始”→“程序”→“Adobe Dreamweaver CS3”命令，打开网页制作软件。

步骤 2．建立站点。

选择“站点”→“新建站点”菜单命令，进入站点定义对话框进行界面设置，如图 1-22 所示。

单击“确定”按钮后，出现如图 1-23 所示的“文件”面板窗口。

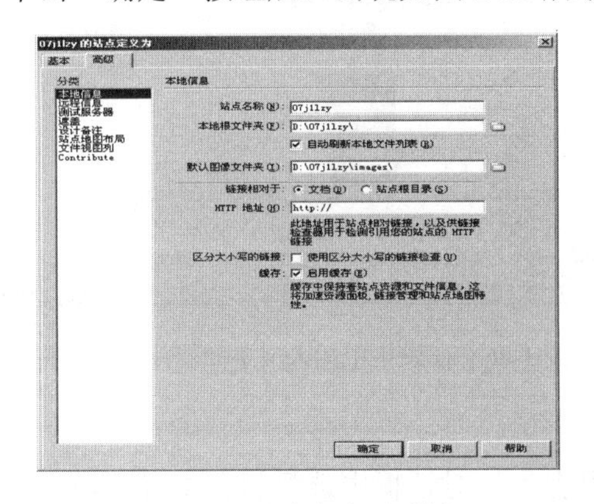

图 1-22 站点定义对话框

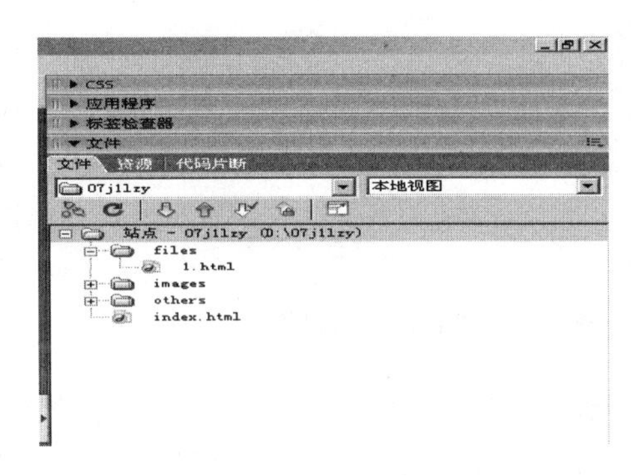

图 1-23 “文件”面板窗口

活动三 制作主页

【活动描述】

制作主页。

【操作步骤】

步骤 1．新建文件。

选择“文件”→“新建”→“基本页”→“创建”命令，进入页面编辑状态。

步骤 2．编辑页面元素。

在编辑状态下进行文字、图片、表格等元素的编辑。

（1）文字编辑：可利用复制、粘贴来完成。设置文本的字体和颜色：在属性面板中进行设置。

（2）图片编辑：可利用常用工具栏中的“图像插入”按钮插入图片，如图 1-24 所示。

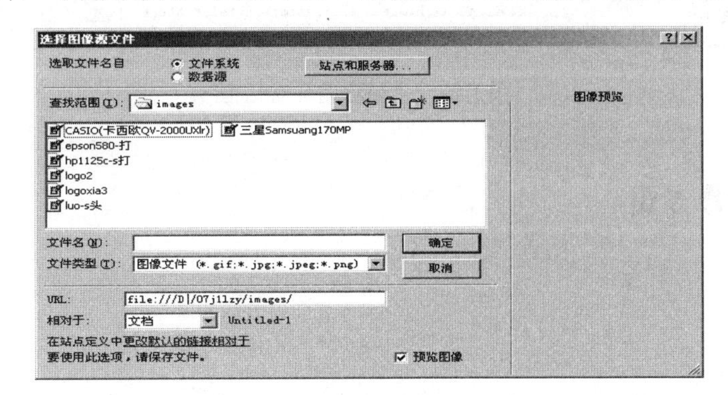

图 1-24 “选择图像源文件”对话框

（3）表格编辑：可利用常用工具栏中的“表格插入”按钮，编辑表格，如图 1-25 所示。

（4）在表格中插入文字和图片后的效果如图 1-26 所示。

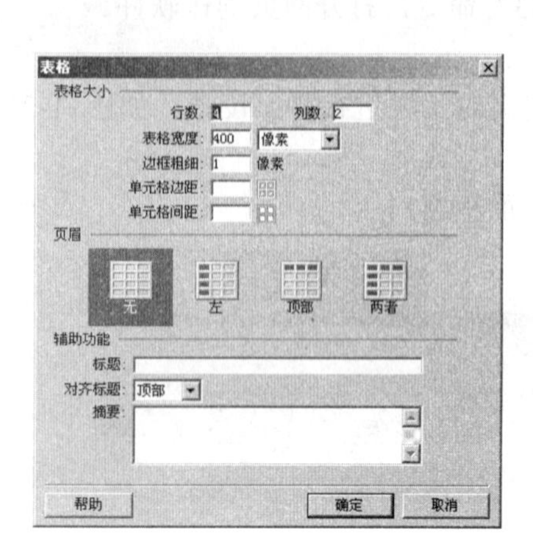

图 1-25　“表格”对话框

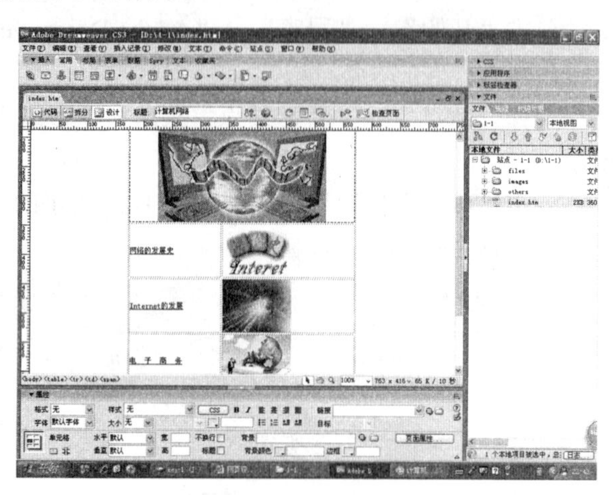

图 1-26　在表格中插入文字和图片后的效果

步骤 3．保存文件。

选择“文件”→“保存”菜单命令，在“另存为”对话框中选择保存位置，输入文件名“index.html”，单击“保存”按钮，如图 1-27 所示。

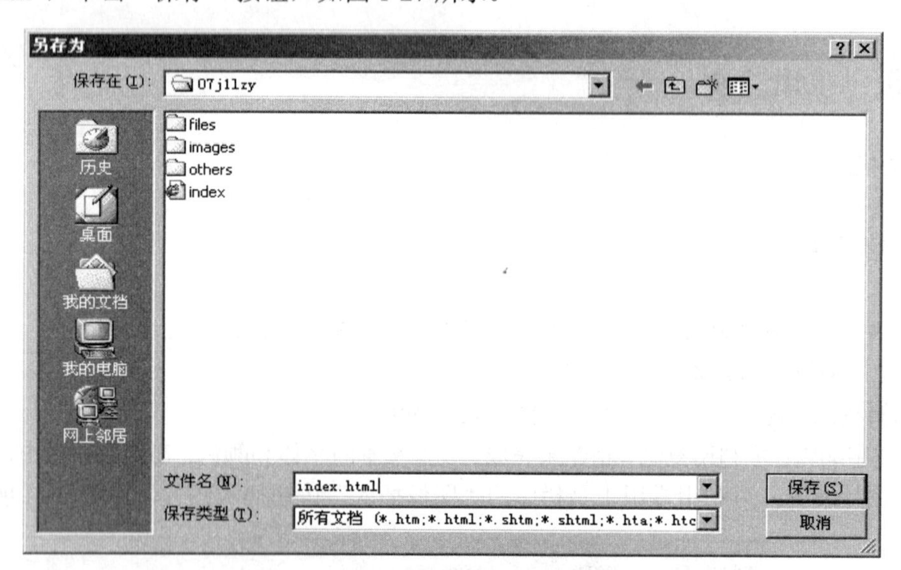

图 1-27　“另存为”对话框

活动四　制作子页

【活动描述】

制作子页。

【操作步骤】

步骤 1．制作子页的过程与制作主页的过程类似，主要是插入文本和图片。

需要注意的是主页与子页的布局应合理，颜色应和谐统一。

步骤 2．保存子页。每个子页都要存入“files”文件夹中，并命名为 1.htm、2.htm，依此类推，如图 1-28 所示。

图 1-28　子页编辑窗口

活动五　创建链接

【活动描述】

创建网页间的链接。

【操作步骤】

步骤 1．在主页中选中要做链接的文字，然后在“属性”面板中的“链接”处单击“浏览文件”按钮，如图 1-29 所示。

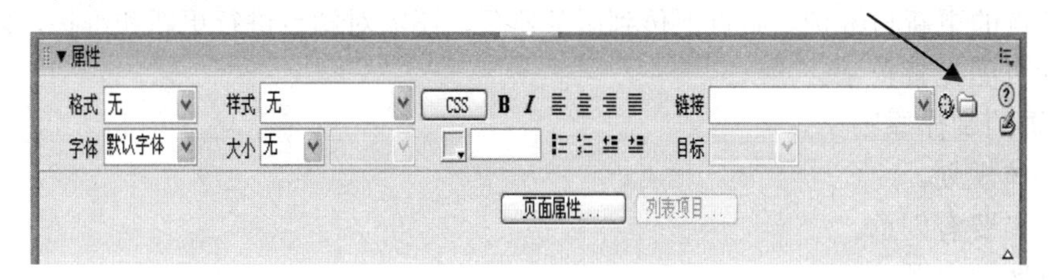

图 1-29　属性面板窗口

步骤 2．在弹出的“选择文件”对话框中选择相应的子页文件，如图 1-30 所示。

图 1-30　“选择文件”对话框

步骤 3．其他链接依此类推，逐一做好。

及时充电

1．网页制作的一般步骤

制作网页要遵循一定的顺序和步骤，不能直接编辑网页，应事先做一些准备工作。

（1）收集、整理资料。在确定了制作主题后，需收集和整理与网页内容相关的文字资料、图像、动画素材等。

（2）规划、创建站点。收集好资料后还需对资料进行有效的管理，站点就是管理资料、素材的场所。在创建站点之前需对站点进行规划，站点的形式有并列、层次和网状等，用户需根据实际情况选择。

（3）制作网页。网站是由多个页面链接而成的。在制作网页时要注意考虑页面框架的构建，导航条的设计与制作，添加网页元素等因素。

（4）站点测试。在制作好网页后，不能立即就发布站点，还需对站点进行测试。站点测试通常是将站点移到一个模拟调试服务器上，对其进行测试或编辑。

（5）网站发布。发布站点之前需在 Internet 上申请一个主页空间，以指定网站或主页在 Internet 上的位置。网站发布一般使用 FTP（远程文件传输）软件上传网页到服务器中申请的网址目录下，这样速度较快，也可使用 Dreamweaver 中的“发布站点”命令进行上传。

（6）站点的更新与维护。站点上传到服务器后，还需对站点进行更新和维护，以保持站点内容最新和页面元素正常。

2．网页的制作原则

（1）整体规划。

（2）站名要有创意。

（3）鲜明的主题。

（4）通用网页。

（5）适量的动画。

（6）醒目的导航。

（7）图像优化。

（8）及时更新。

3．网页制作的常用工具

（1）网页设计软件目前使用最多的是 Dreamweaver。

（2）图像处理软件：大多数网页设计人员选择 Photoshop 或 Fireworks 软件制作网页图像。

（3）动画制作软件：最常用的网页动画制作软件是 Flash。

项目评价

项目评价标准

等　级	等级说明	评　价
一级任务	能自主完成项目所要求的学习任务	合格（不能完成任务定为不合格等级）
二级任务	能自主、高质量地完成拓展学习任务	良好
三级任务	能自主、高质量地完成拓展学习任务，并能帮助别人解决问题	优秀

项目评价表

项目	评价内容	分值	评分				所占价值	项目得分
			自评（30%）	组评（40%）	师评（30%）	得分		
职业能力	在硬盘中创建站点文件夹	10					60%	
	建立站点并管理站点	10						
	主页的创建	20						
	子页的创建	30						
	创建链接	10						
	图文混排效果	20						
	合计	100						
通用能力	合作能力	20					40%	
	沟通能力	10						
	组织能力	10						
	活动能力	10						
	自主解决问题能力	20						
	自我提高能力	10						
	创新能力	20						
	合计	100						

项目总结

本项目介绍了网页制作的相关概念；认识了 Adobe Dreamweaver CS3 软件的操作界面，学习了站点的创建与管理；通过制作自己的第一个网页作品，了解了一般网站制作的流程，初步掌握了一些网页图文混排的技巧。

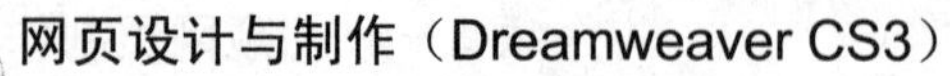

项目拓展

（1）任务一：制作自己的第一个网站作品。

（2）任务二：制作一个介绍中华美德的网站作品（见素材中项目一/拓展作业），要求主页和子页不小于 3 页。

（3）任务三：有条件的同学可上网学习网页制作的相关知识与技能。

学习网站：网易学院 Dreamweaver 专区。

网页元素编辑及超级链接的运用

项目目标

掌握页面属性的设置以及文本、水平线、特殊字符、日期的输入和编辑。
掌握图像的插入以及图像属性的设置。
了解其他多媒体元素的插入。
掌握各种超链接的设置。

项目探究

网页制作的基础就是网页元素的插入和编辑以及超级链接的运用，本项目以一名初学者的角度制作了一个网站，不仅将所学知识点融汇其中，还能拥有属于自己的网站，给自己一份意外的惊喜，让我们开启这个奇妙的旅程吧！

项目实施

本项目通过四个任务学习网页元素编辑及超级链接的运用，并掌握完成一个完整站点的制作过程。

任务一　文本的编辑和页面属性的设置

任务描述

（1）新建一个网页，打开页面属性对话框，熟悉其中的参数设置；
（2）添加普通文本、空格、特殊字符、水平线、日期；

（3）修改字体格式和段落格式；

（4）熟悉创建列表的方法。

任务实施

活动一　“希望之星”简介

【活动描述】

制作一个名为“希望之星”的自我介绍网页。

【操作步骤】

步骤 1．配置站点。

（1）在硬盘中创建站点文件夹。在 D 盘建立站点文件夹，并把素材中的项目二\作品素材\任务一素材\活动一素材复制到站点根目录中。

（2）建立站点。启动 Dreamweaver 并创建站点 xm2。

步骤 2．新建网页，修改页面属性，保存网页。

（1）新建文件。选择“文件”→“新建”菜单命令，或按“Ctrl+N”组合键，打开“新建文档”对话框，选择“空白页”，页面类型为“HTML”，布局为“无”，单击“创建”按钮完成设置，如图 2-1 所示。

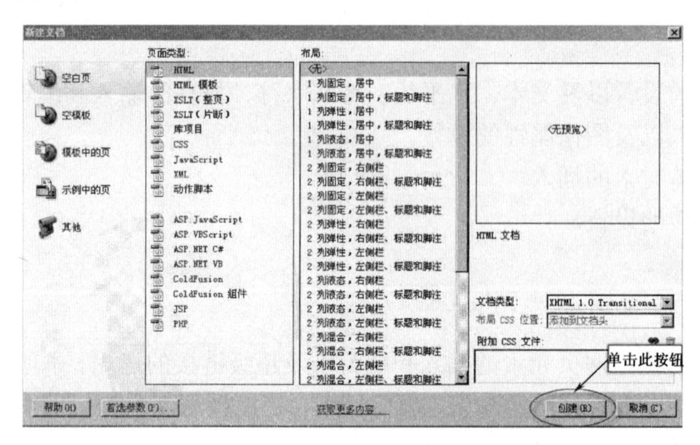

图 2-1　新建文档对话框

（2）修改页面属性。

单击屏幕下方属性面板中的“页面属性”按钮（或通过选择“窗口”→“属性”命令，调出其属性面板）。页面字体为“宋体”；大小为“16”像素；背景颜色为“#669900”；上边距为“20”像素，下、左、右边距为“0”像素。单击“确认”按钮，如图 2-2 所示。

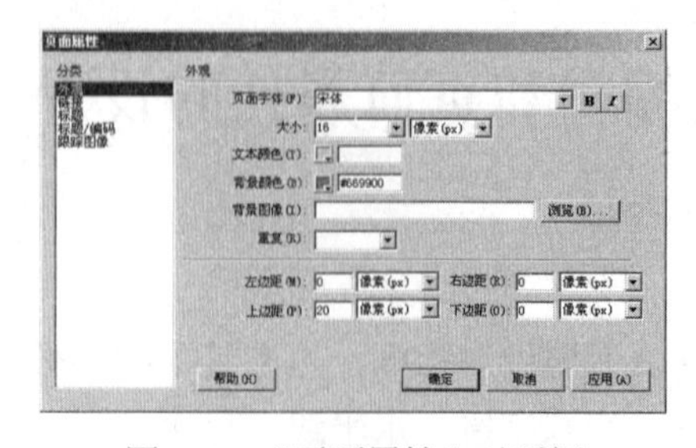

图 2-2　“页面属性”对话框

（3）保存网页。

选择菜单栏的“文件”→“保存”命令，将此网页保存在站点“files”文件夹下，命名为“xwzx.html”。

步骤 3．输入文本、空格、换行、水平线、日期、特殊字符。

（1）输入文本。

输入文本的三种方式：

➢ 直接通过键盘输入文本。

➢ 在其他应用程序中，选择文本，选择“编辑”→“复制”菜单命令（或按“Ctrl+C”组合键），切换到 Dreamweaver 文档窗口，选择“编辑”→“粘贴”菜单命令（或按“Ctrl+V”组合键）复制文本。

➢ 选择“文件”→“导入”→“word 文档”菜单命令，弹出“导入 Word 文档”对话框，选择要导入的 Word 文档，单击“打开”按钮，将该 Word 文档中的全部文本添加到文档窗口中。

直接通过键盘输入以下文本，如图 2-3 所示。

希望之星简介

姓名：张晓岚 性别：女 民族：汉 专业：计算机应用 年龄：17岁 自我介绍

我是一个性格开朗、热爱生活的人，喜欢交朋友。来到这里，我非常高兴，因为我又能在新的环境中，找到新的朋友了。我喜欢看书，有很好的自知自省能力，很乐意接受别人给我的批评和教导。三年的中职生活是短暂的，让我们珍惜时光，努力学习专业知识，夯实专业技能，为自己的未来打下坚实的基础，大家一起努力吧！

图 2-3 输入文字后的效果

（2）输入空格。

如果要添加多个空格，可以通过以下方式完成：

➢ 将输入法切换到全角状态，然后再按空格键。

➢ 按“Ctrl+Shift+空格”组合键。

➢ 选择“插入记录”→“HTML”→“特殊字符”→“不换行空格”菜单命令。

➢ 选择插入栏“文本”类别中的按钮，在下拉菜单中选择“不换行空格”命令。

➢ 勾选“编辑”→“首选参数”→“允许多个连续的空格”命令，如图 2-4 所示。

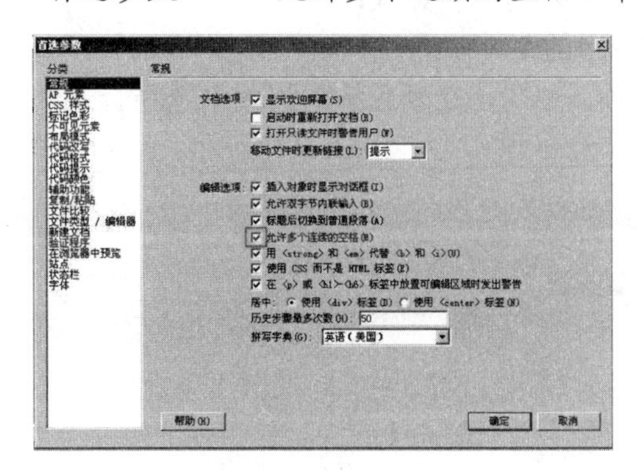

图 2-4 修改首选参数

（3）输入换行。

强制换行有段落换行和换行符换行两种方式。

段落换行：在换行位置按【Enter】键，生成新的段落，并且在两段之间会空出一行。

换行符换行：

- 按“Shift+Enter”组合键。
- 选择“插入记录”→“HTML”→“特殊字符”→“换行符”菜单命令。
- 选择插入栏“文本”类别中的按钮，在下拉菜单中选择“换行符”命令。

输入换行符之后的效果如图 2-5 所示。

图 2-5　效果图

（4）输入水平线及修改属性。

使用水平线可以对多个对象进行分隔，使各个对象错落有致。

插入水平线的方法是：将光标置于需要插入水平线的地方，选择“插入记录”→“HTML”→“水平线”菜单命令即可插入。鼠标在水平线上单击即可选中水平线，此时屏幕下方属性面板显示水平线的属性，如图 2-7 所示。

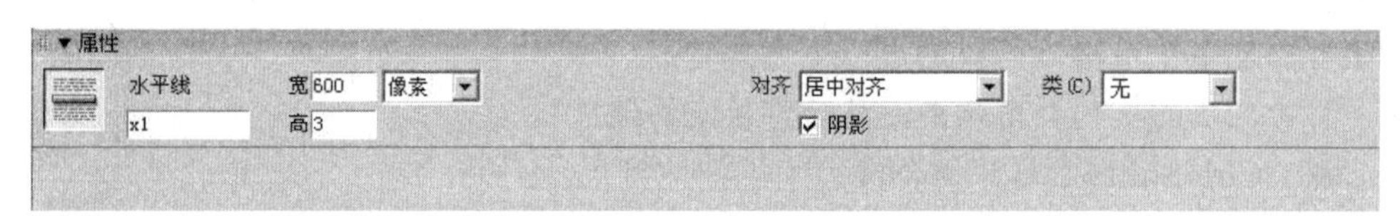

图 2-6　水平线的属性面板

如果想修改水平线的颜色，有两种方式：

① 右击水平线，在弹出的菜单中选择“编辑标签”命令，打开“标签编辑器”对话框。选择“浏览器特定的”选项，单击，在颜色拾取面板中选择合适的颜色，单击“确定”按钮，如图 2-7 所示。

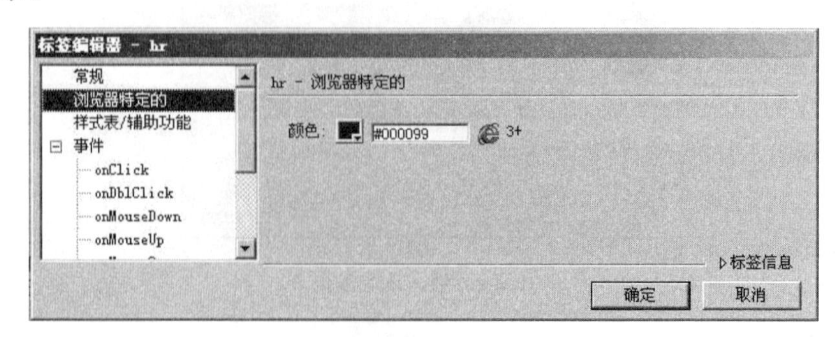

图 2-7　标签编辑器修改水平线颜色

② 选中水平线，进入拆分视图，蓝色显示区域即为水平线的代码，加上参数 color=“#颜色代码”如图 2-8 所示。在预览窗口中才能看到水平线的颜色设置。

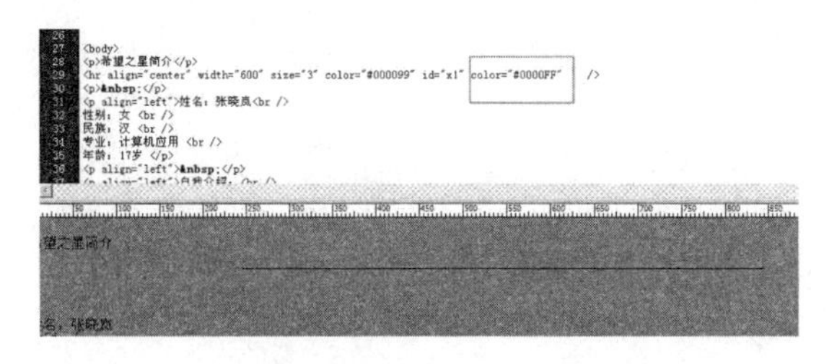

图 2-8　代码修改水平线参数

（5）输入日期。

在 Dreamweaver CS3 中，可以直接在网页中插入当前的时间和日期，方法是：将光标置于要插入日期的位置，右击，在弹出的快捷菜单中选择“插入记录”→“日期”命令，弹出“插入日期”对话框，可以选择星期、日期、时间的输出格式，单击“确定”按钮，即可在网页中插入日期，如图 2-9 所示。如果勾选“储存时自动更新”复选框，则在每次保存文档时自动更新时间。

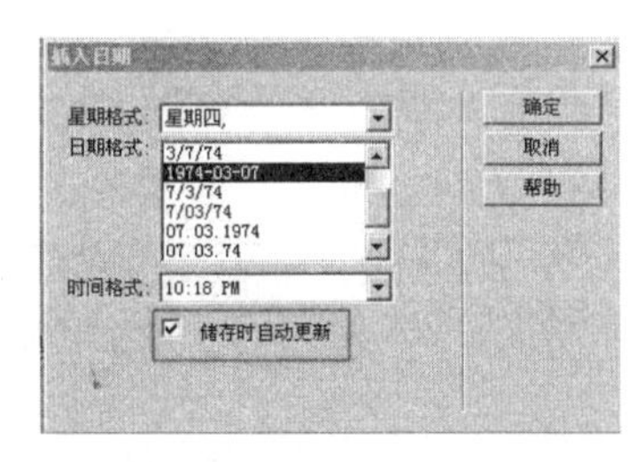

图 2-9　“插入日期”对话框

（6）输入特殊字符。

在制作网页时，有时需要插入一些比较特殊的字符，如版权符号、注册商标符号、商标符号、英镑符号等。

在网页中插入特殊符号的操作方法是：将光标置于要插入特殊字符的位置，右击，在弹出的快捷菜单中选择“插入记录”→“HTML”→“特殊字符”命令，在弹出的子菜单中选择相应的命令，如图 2-10 所示。

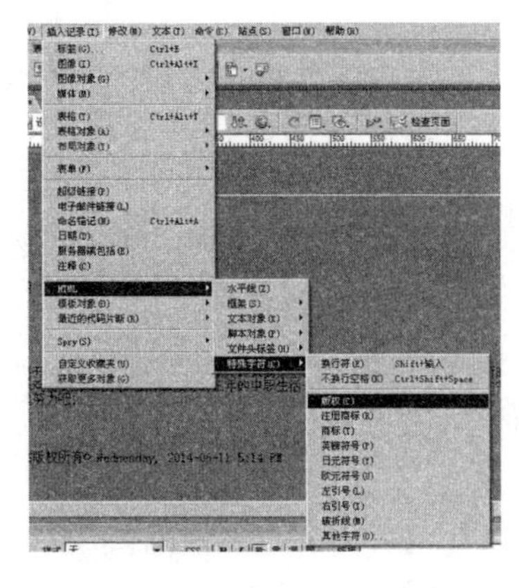

图 2-10　插入特殊字符的方法

完成以上操作之后的效果如图 2-11 所示。

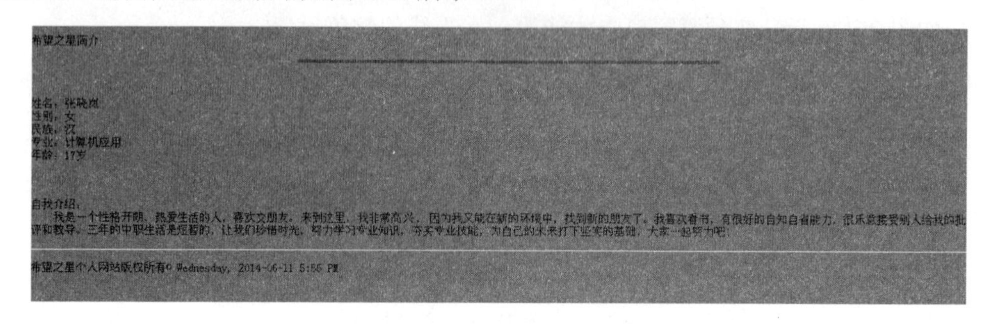

图 2-11　效果图

步骤 4．设置文本格式。

如果网页中的文本样式太单调，则会大大削弱网页的外观效果。通过对网页文本格式的设置，可使文本变得美观，让网页更具吸引力。

设置文本格式包括对选中文本的字体、字号和颜色进行设置，以及对光标插入点所在段落的文本的对齐方式和缩进方式等进行设置。

（1）设置字体格式和段落格式。

选中需要设置格式的文字，在屏幕下方的属性面板中可以修改字体、字号、颜色、加粗、倾斜、对齐方式等属性，如图 2-12 所示。

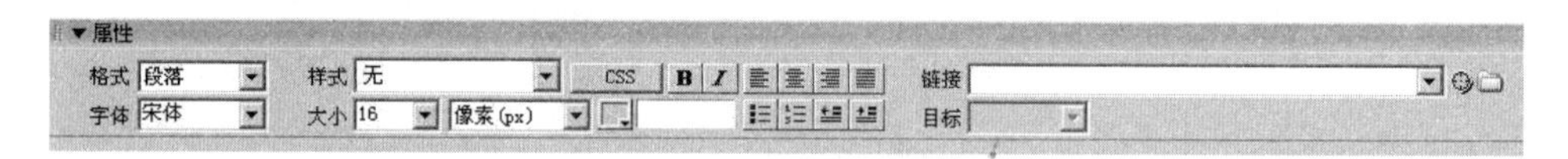

图 2-12　字体属性面板

如果在字体的下拉列表中没有需要的字体，可单击下拉列表最下方的“编辑字体列表”选项，打开“编辑字体列表”对话框，如图 2-13 所示。

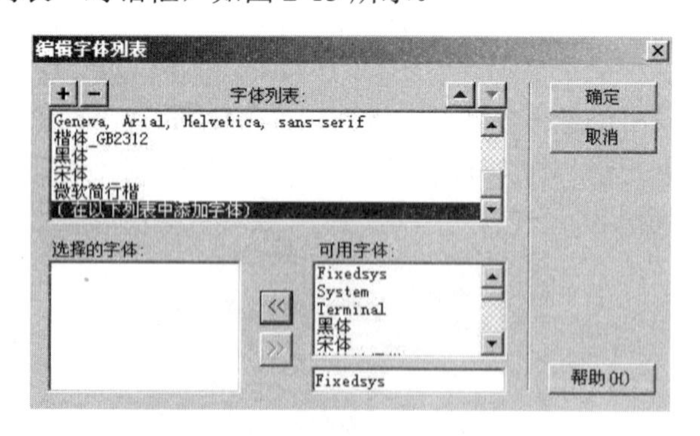

图 2-13　“编辑字体列表”对话框

在“可用字体”列表框中选择需要的字体，单击«按钮，添加到“选择的字体”列表框中，然后单击+按钮，即完成了字体的添加。

（2）添加文本列表。

在网页中插入文本列表，可以使网页内容更加清晰直观。列表有项目列表和编号列表两种。插入方法是：先选中要插入列表的内容，选择菜单栏的“文本”→“列表”命令，选择项目列表或编号列表，如图 2-14 所示。也可以通过属性面板中的按钮完成，或者通过“插入”工具栏上“文本”选项卡中的按钮完成。

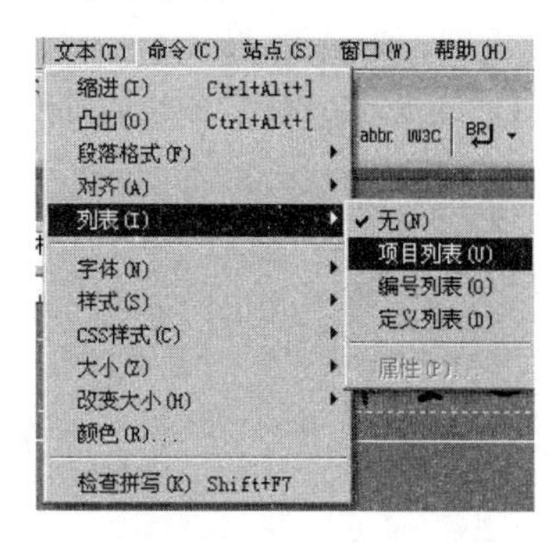

图 2-14　插入列表

本活动中的文本格式可以根据个人喜好设置，只要颜色搭配合理，整体美观即可。

步骤 5．微调位置，保存预览。

（1）保存。

按“Ctrl+S”组合键保存。

（2）预览。

按键 F12 预览，效果如图 2-15 所示。

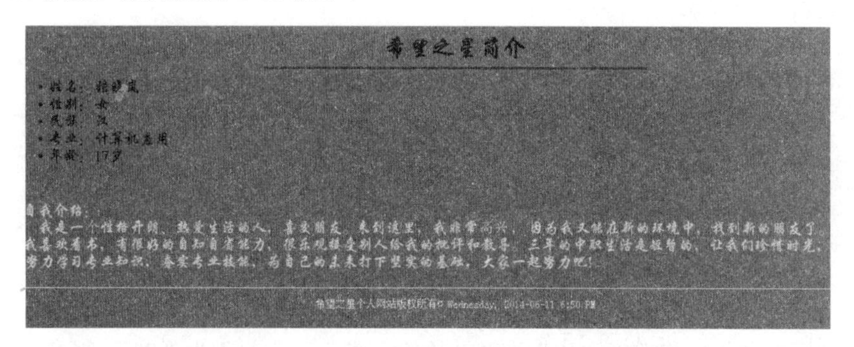

图 2-15　效果图

活动二　诗歌鉴赏——《再别康桥》

【活动描述】

《再别康桥》是一首意境优美的诗歌，让我们用学过的知识点制作一个网页，通过美化网页再现她的神韵。

【操作步骤】

步骤 1．配置站点，新建网页，保存网页，修改页面属性。

（1）将素材中的项目二\作品素材\任务一素材\活动二素材复制到站点根目录中相应的文件夹里。（本项目是一个完整的站点，将“images”文件夹中的素材复制到站点文件夹“images”中即可，其他文件夹操作相同）

（2）选择菜单栏的“文件”→“新建”命令，创建一个新的网页，并保存于站点的“files”

文件夹中，命名为“sgjs.html”。

（3）修改页面属性，加入背景图像 bj1.jpg，并修改四边边距均为 0。

步骤 2．插入表格，修改表格属性，输入标题。

（1）选择菜单栏中的“插入记录”→“表格”命令，插入 1 行 1 列表格，如图 2-16 所示。

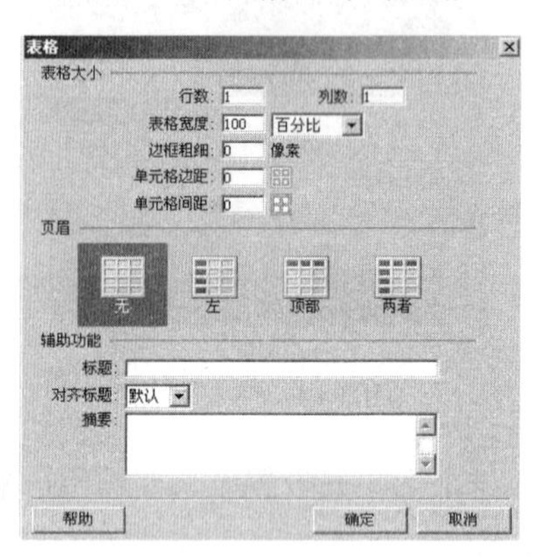

图 2-16　插入表格对话框

（2）修改表格的背景颜色。

将光标置于表格内，单击状态栏<table>处，下方属性面板显示表格的属性，修改背景颜色“#006600”即可，如图 2-17 所示。

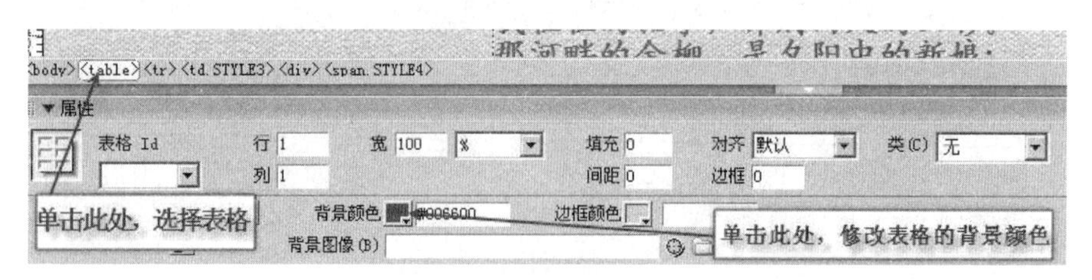

图 2-17　表格属性面板

（3）输入标题文字，修改“字体”为“微软简行楷”；“字号”为“50”；颜色为“#FFFF33”并居中。效果如图 2-18 所示。

图 2-18　效果图

步骤 3．粘贴文本，插入水平线，编辑文本。

（1）将素材《再别康桥》中的内容复制到网页的合适位置。

本网页有两段文本内容，诗歌部分需要居中，可插入 1 行 1 列的表格，将文本复制到表格内，再将表格居中对齐。作者介绍部分无须居中，所以直接复制在合适位置上即可。

（2）输入特殊符号，插入日期时间，并设置储存时自动更新。

（3）插入两条水平线，并编辑水平线属性。

（4）编辑文本的格式。

根据个人喜好，编辑赏心悦目的文本颜色和字体，切忌颜色过多。

步骤 4．插入图片，修改图片属性。

（1）将光标置于题目“再别康桥”后面，选择菜单栏的“插入记录”→“图像”命令，选择“kq.jpg”文件，单击“确定”按钮。选中图像，在下方属性面板中修改其大小，如图 2-19 所示。

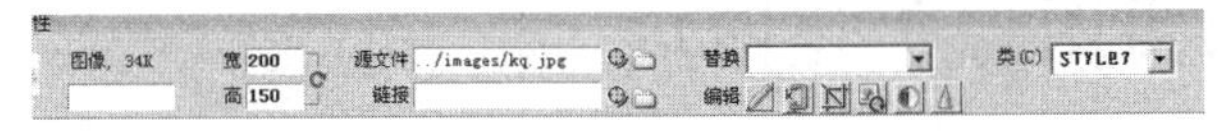

图 2-19　图像属性

（2）将光标置于作者简介的上方，插入图像“xzm.jpg”，右击图像，在弹出的快捷菜单中选择“对齐”→“左对齐”命令。然后调整图像大小，方法同上。

本活动的效果图如图 2-20 所示。

图 2-20　效果图

步骤 5．微调位置，保存预览。

按“Ctrl+S”组合键保存设置，按快捷键 F12 预览。效果如图 2-21 所示。

图 2-21　效果图

及时充电

查看网页的代码：对于网页的代码，在用 IE 浏览器打开网页后，可以选择浏览器的“查看”→“源文件”菜单命令来查看网页的代码。

任务二　利用图像美化网页

任务描述

（1）掌握图像的插入及属性设置。
（2）掌握鼠标经过图像的设置。
（3）了解图像占位符和导航条的设置。

任务实施

活动一　校园生活

【活动描述】
多彩的校园生活是我们青春最难忘的回忆，让我们记录下校园生活的点点滴滴……
【操作步骤】
步骤 1．配置站点，新建网页，保存网页，修改页面属性。
（1）将素材中的项目二\作品素材\任务二素材\活动一素材复制到站点根目录中相应的文件夹里。
（2）选择菜单栏中的“文件”→“新建”命令，创建一个新的网页，并保存于站点的“files”文件夹中，命名为“xysh.html”。
（3）可在“页面属性”对话框中修改页面属性，如图 2-22 所示。

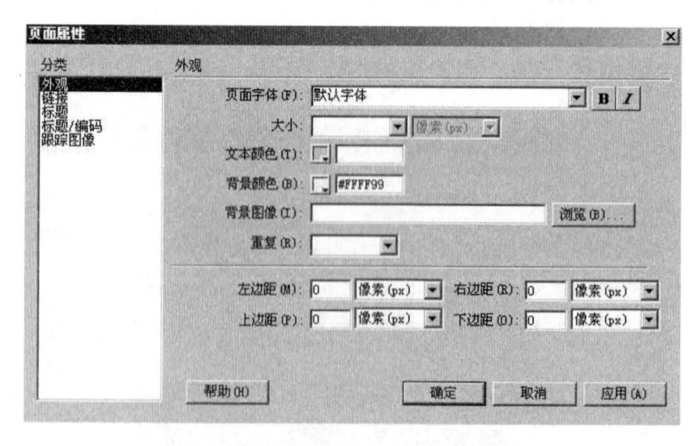

图 2-22　“页面属性”对话框

步骤 2．表格布局定位。
（1）插入表格。

选择菜单栏中的“插入记录”→“表格”命令，插入以下参数的表格，如图 2-23 所示。

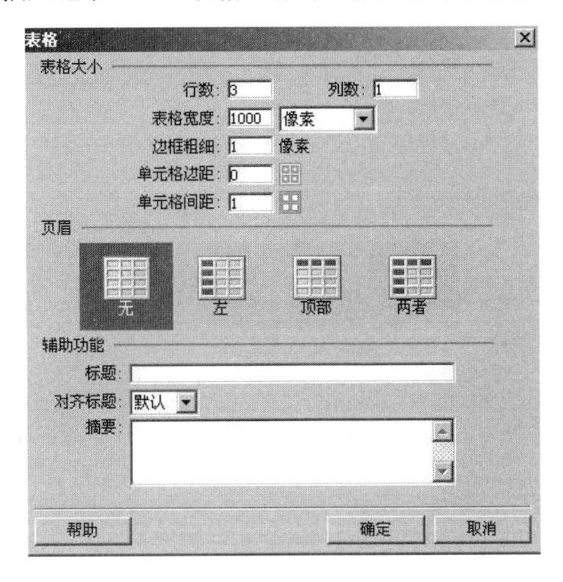

图 2-23 表格对话框参数设置

（2）嵌套表格。

将光标置于第 1 行，插入一个 1 行 3 列的表格，宽为 100%，边框、填充、间距均为 0。

将光标置于第 2 行，插入一个 1 行 5 列的表格，宽为 100%，边框、填充、间距均为 0。

将光标置于第 3 行，插入一个 1 行 3 列的表格，宽为 100%，边框、填充、间距均为 0。

表格定位图如图 2-24 所示。

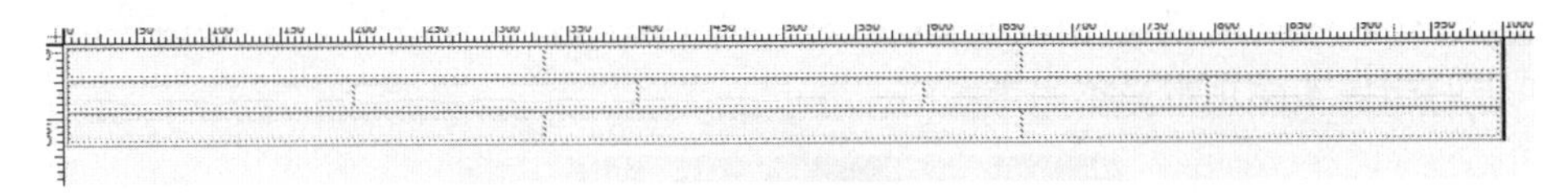

图 2-24 表格定位图

步骤 3．输入文本，编辑文本。

（1）在表格定位图中相应位置输入文本。

（2）编辑文本字体、字号、颜色、对齐方式等。

对于相同格式的文本先编辑一个，其他的可通过选择属性面板中的“样式”命令完成，其功能类似于 Word 中的格式刷，如图 2-25 所示。

图 2-25 应用样式

所有文字编辑过的效果如图 2-26 所示，同学们可以根据自己的喜好编辑文本。

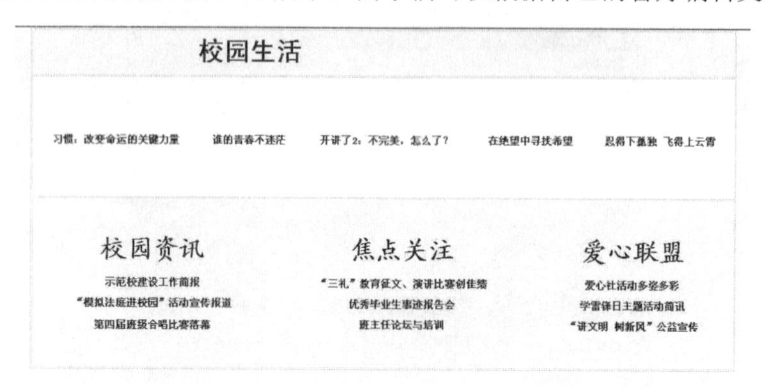

图 2-26　效果图

步骤 4．插入图像，设置属性。

除文本外，图像是网页最重要的组成部分，图文并茂的网页比纯文本更能吸引人的注意力。

（1）插入图像。

先将光标置于要插入图像的位置，插入图像的方法如下：

➢ 选择菜单栏中的“插入记录”→“图像”命令。

➢ 选择插入栏中的“常用”类别中的“图像”按钮。

➢ 按“Ctrl+Alt+I”组合键。

在“选择图像源”对话框中选择合适的图像，单击“确定”按钮。如果图像文件不在站点文件夹中，会提示用户将文件保存到站点文件夹中。提示对话框如图 2-27 所示，这种情况一定单击“是”按钮，将图像保存在站点文件夹下的“images”文件夹中，只有这样，移动站点时，网页中的图像才能正常显示出来。

图 2-27　提示对话框

如果弹出如图 2-28 所示的“图像标签辅助功能属性”对话框，在“替换文本”和“详细说明”文本框中输入值，然后单击“确定”按钮。如果不需要输入“替换文本”和“详细说明”时，可直接单击“确定”按钮。

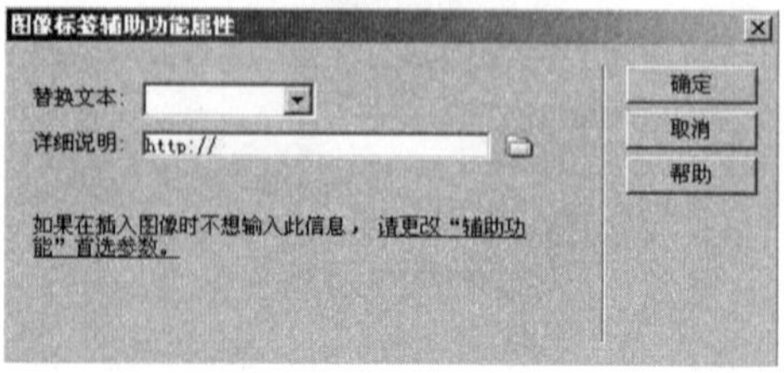

图 2-28　“图像标签辅助功能属性”对话框

如果在以后插入图像时不想弹出此对话框，可选择菜单栏中的“编辑”→“首选参数”命令，在弹出的对话框中选择“分类”“辅助功能”命令，取消勾选“图像”复选框，单击“确定”按钮，这样在插入图像时就不会弹出此对话框了，如图 2-29 所示。

（2）编辑图像。

插入图像并选中图像后，可在属性面板中编辑图像的属性，如图 2-30 所示。

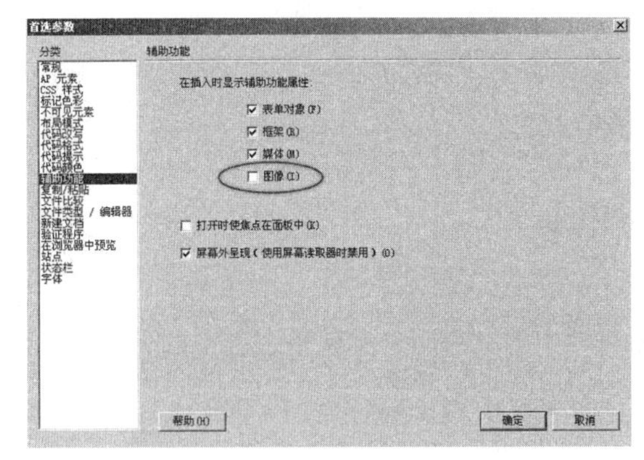

图 2-29　“首选参数”对话框

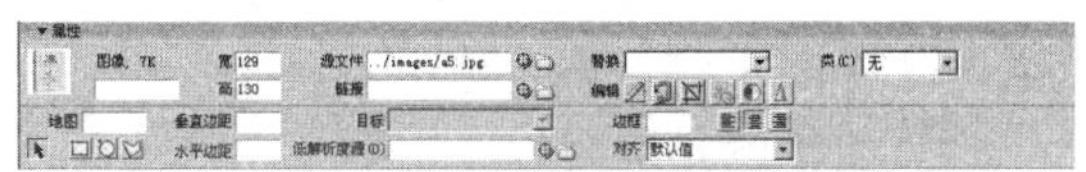

图 2-30　图像属性面板

- 图像：可以设置图像的名称。
- 宽、高：可以放大和缩小图片的显示尺寸。
- 源文件：可以输入要插入图片的路径和名称。
- 链接：可以设置图像的链接属性。
- 替换：图像的说明文字。
- 垂直、水平边距：可以设置图形上、下、左、右与其他页面元素的距离。
- 目标：表示链接的目标文件在浏览器中的打开方式。
- 低解析度源：指定在载入主图像之前应该载入的图像。
- 边框：可以设置图片边框的宽度，0 表示不加边框。
- 编辑插入图像的相关属性，效果如图 2-31 所示。

图 2-31　效果图

步骤 5．调整网页布局与颜色。

（1）选中整个表格，在“属性”面板“对齐”下拉列表中选择“居中对齐”选项，如

图 2-32 和图 2-33 所示。

图 2-32　选择表格

图 2-33　表格居中

（2）调整页边距。

如果上下的距离不一致，可以通过调整页面属性中的上边距来实现垂直居中的目的。也可以通过【Enter】键调整上边距。

（3）调整单元格颜色。

选中单元格内容，在下方属性面板中修改背景颜色，如图 2-34 所示。

图 2-34　单元格属性面板

步骤 6．微调位置，保存预览。

按键“Ctrl+S”组合键保存，按快捷键 F12 预览。最后的效果如图 2-35 所示。

图 2-35　效果图

活动二　主页——利用“鼠标经过图像”功能

【活动描述】

我们已经完成了 3 个网页，下面利用“鼠标经过图像”功能制作一个主页将它们链接起来吧！

【操作步骤】

步骤 1．配置站点，新建网页，保存网页，修改页面属性。

（1）将素材中的项目二\作品素材\任务二素材\活动二素材复制到站点根目录中相应的文件夹里。

（2）选择“文件”→“新建”菜单命令，创建一个空白网页，保存此页在站点文件夹下，命名为“index.html”，如图 2-36 所示。

（3）修改页面属性。

插入背景图像，修改左边距和上边距以适应背景图像，如图 2-37 所示。

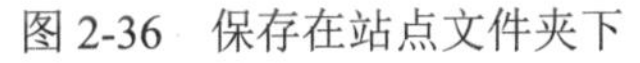

图 2-36　保存在站点文件夹下

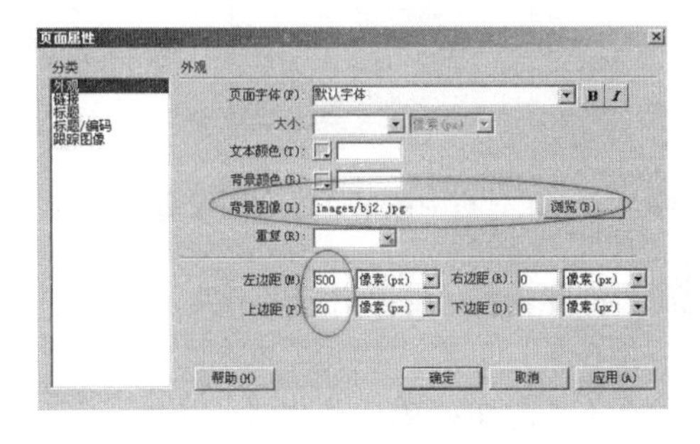

图 2-37　“页面属性”对话框

步骤 2．插入表格，输入文本，修改表格属性。

（1）插入一个 3 行 2 列的表格，输入文本并修改文本格式，效果如图 2-38 所示。

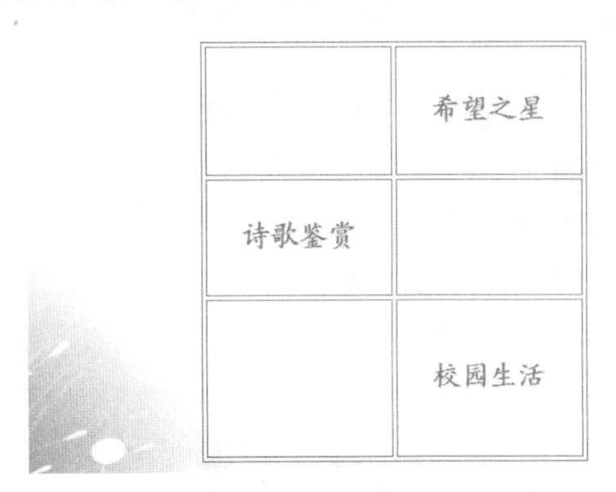

图 2-38　效果图

（2）修改表格的属性，如图 2-39 所示。

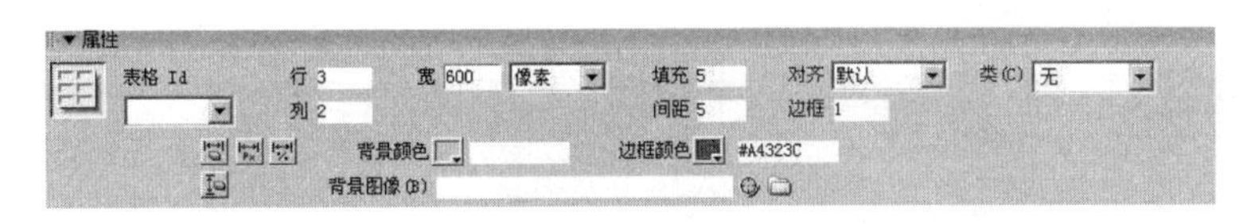

图 2-39　表格属性面板

步骤 3．选择“鼠标经过图像”命令。

（1）将光标置于要插入图像的地方，选择“插入记录”→“图像对象”→“鼠标经过图像”菜单命令，或者单击常用工具栏中的“鼠标经过图像”按钮，如图 2-40 所示，会弹出“插入鼠标经过图像”对话框。

（2）设置“插入鼠标经过图像”对话框参数。

设置“原始图像”为“images/xwzx2.jpg”，“鼠标经过图像”为“imgages/xwzx1.jpg”，“替换文本”为“希望之星”，“按下时，前往的 URL”为“files/xwzx.html”，如图 2-41 所示。

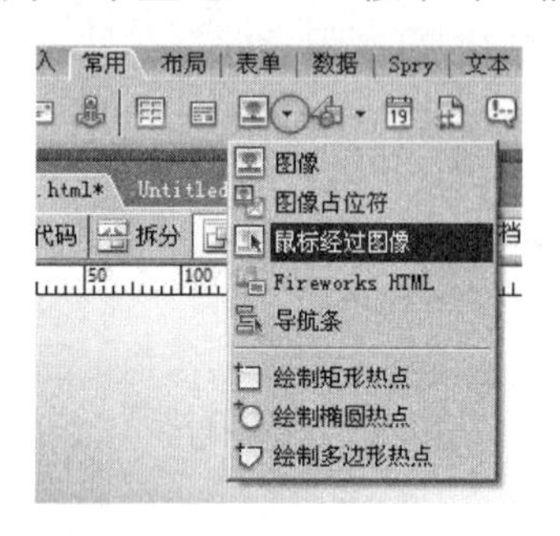

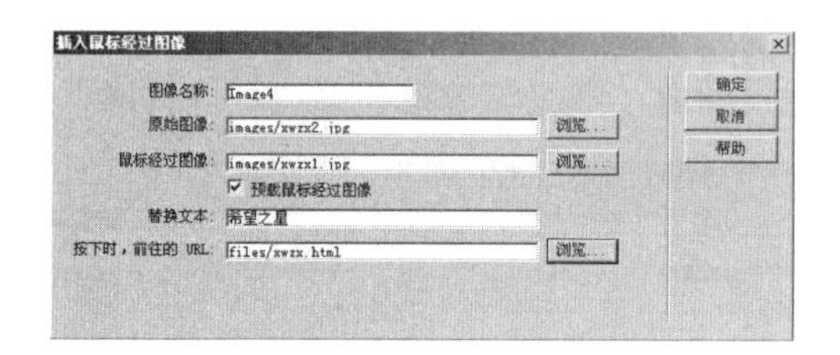

图 2-40 常用工具栏中的鼠标经过图像命令　　图 2-41 “插入鼠标经过图像”对话框设置

- 图像名称：输入图像名称。
- 原始图像：单击“浏览”按钮，在打开的对话框中选择原始图像。
- 鼠标经过图像：单击“浏览”按钮，在打开的对话框中选择鼠标经过时的图像。
- 预载鼠标经过图像：勾选可避免图像显示延迟。
- 替换文本：图像不显示时的替换文本。

按下时，前往的 URL：单击“浏览”按钮，在打开的对话框中选择要链接到的网页文档。

在第 2 行第 2 列设置 sgjs1 和 sgjs2 的鼠标经过图像，替换文本是诗歌鉴赏，前往的 URL 是站点“files”下的“sgjs.html”。

在第 3 行第 1 列设置 xysh1 和 xysh2 的鼠标经过图像，替换文本是校园生活，前往的 URL 是站点“files”下的“xysh.html”。

步骤 4．微调位置，保存预览。

按“Ctrl+S”组合键保存设置，按快捷键 F12 预览。

设置完成后的效果图，如图 2-42 所示。

图 2-42 效果图

鼠标经过第 1 行第 1 列时，图像会变换成另一张图像，单击会前往网页 xwzx.html。

鼠标经过第 2 行第 2 列时，图像会变换成另一张图像，单击会前往网页 sgjs.html。

鼠标经过第 3 行第 1 列时，图像会变换成另一张图像，单击会前往网页 xysh.html。

活动三　主页——利用导航条完成

【活动描述】

让我们用导航条再制作一个主页，比较一下哪个更实用。

【操作步骤】

步骤 1．配置站点，新建网页，保存网页，修改页面属性。

（1）将素材中的项目二\作品素材\任务二素材\活动三素材复制到站点根目录中相应的文件夹里。

（2）选择菜单栏中的“文件”→“新建”命令，创建一个新的网页，并保存在站点文件夹下，命名为“index2.html”。

（3）修改页面背景图片为“bj3.jpg”。

步骤 2．插入导航条。

（1）选择菜单栏中的“插入记录”→“图像对象”→“导航条”命令，或者单击常用工具栏“图像”按钮右侧的下三角，选择“导航条”命令，如图 2-43 所示。

（2）在弹出的“插入导航条”对话框中设置相应的参数，如图 2-44 所示。

图 2-43　导航条插入方法

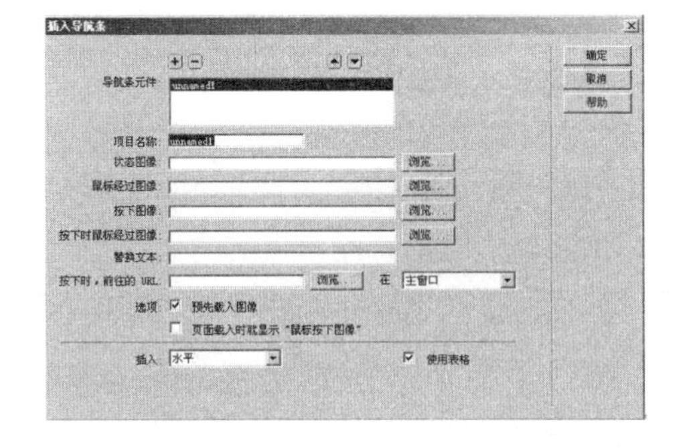

图 2-44　“插入导航条”对话框

这个对话框的参数设置和“鼠标经过图像”对话框类似，这里就不再赘述。三个导航的参数设置如图 2-45～图 2-47 所示。每设置完一个导航后，单击对话框上方的“+”号，可以接着设置下一个导航。

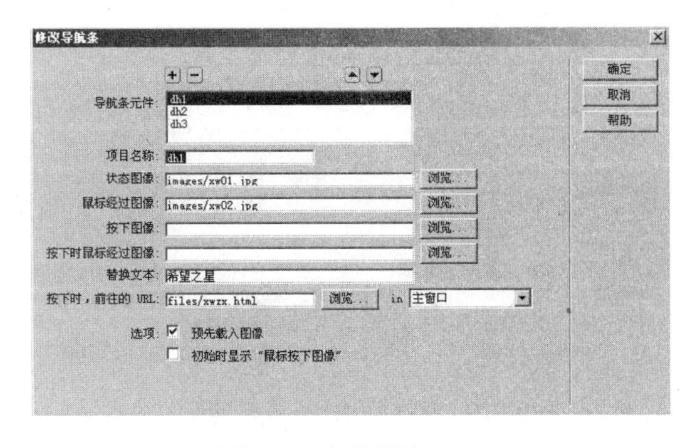

图 2-45　参数设置（1）

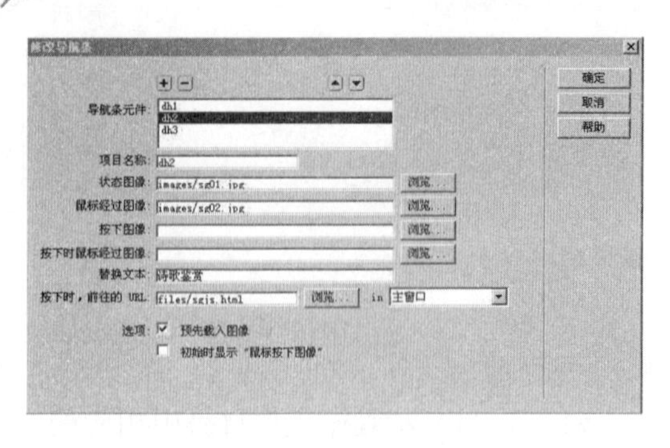

图 2-46　参数设置（2）

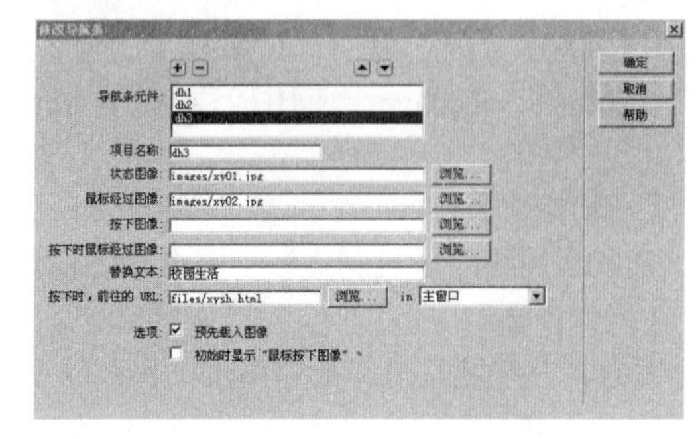

图 2-47　参数设置（3）

步骤 3．调整位置。

为了配合背景图像，可以通过页面属性对话框调整左边距、上边距均为 200 像素。调整后的页面效果如图 2-48 所示。

图 2-48　效果图

步骤 4．插入图像占位符。

有时我们想在某处插入一张图像，但一时找不到合适的，这时需要插入占位符，预留出位置。

（1）将光标置于导航条下方，选择菜单栏中的“插入记录”→“图像对象”→“图像占位符”命令，或用如图 2-49 所示的方法插入图像占位符。

（2）在弹出的“图像占位符”对话框中设置图像占位符参数，如图 2-50 所示。

图 2-49　插入“图像占位符”

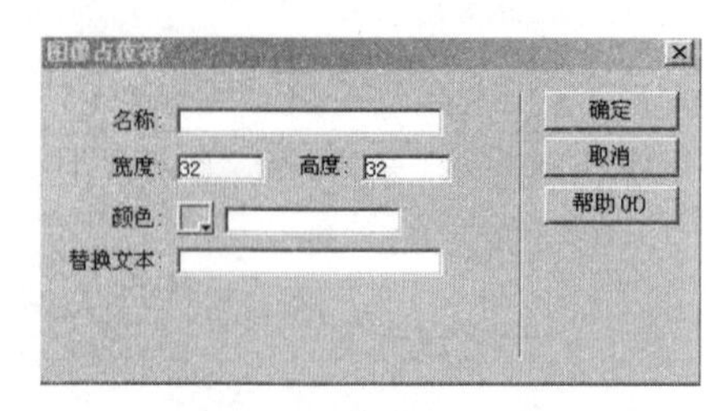

图 2-50　“图像占位符”对话框

在此对话框中设置图像占位符的名称、宽度、高度、颜色、替换文本。也可以在生成占位符后，用鼠标拖曳的方式调整高度和宽度。

步骤5．微调位置，保存预览。

按“Ctrl+S”组合键保存设置，按快捷键F12预览。设置完成后的效果如图2-51所示。

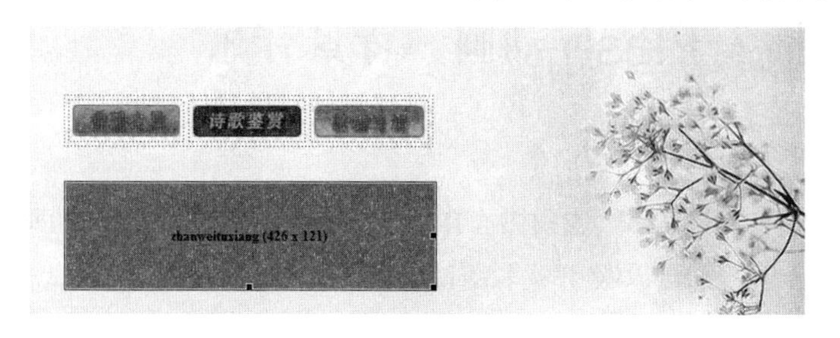

图2-51 效果图

及时充电

图像的格式有多种，目前网络上支持的图像格式主要有3种。

1．GIF图像

GIF的含义是“图像互换格式”。GIF文件不属于任何应用程序，目前几乎所有相关软件都支持GIF图像文件。GIF格式图像可以制作成GIF动画。

GIF 文件的缺点是最多只能使用 256 种颜色，适合存储色调不连续或具有大面积单一颜色的图像，如按钮、图标、徽标或其他具有统一色彩和色调的图像。

2．JPG/JPEG图像

JPEG的含义是“联合图像专家组”，文件扩展名为“.jpg”或“.jpeg”。JPEG格式可以支持24位真彩色，普遍应用于存储连续色调的图像。JPEG格式可以支持有损或无损压缩，可以把文件压缩到最小的格式。JPEG 格式压缩的主要是高频信息，能用较大的压缩比保存颜色丰富的图像，适合应用于互联网，可减少图像的传输时间，目前各类浏览器均支持JPEG这种图像格式。

3．PNG图像

PNG的含义是“可移植性网络图像”，是网络接受的新型图像文件格式。PNG能够提供长度比GIF小30%的无损压缩图像文件，但与JPEG相比，压缩量较少，它同时提供24位和48位真彩色图像，支持其他诸多技术文件。由于PNG非常新，所以目前并不是所有的程序都可以用它来存储图像文件，Photoshop可以处理PNG图像文件，也可以用PNG图像文件格式存储。文件必须具有.png文件扩展名，才能被 Dreamweaver 识别为PNG文件。

任务三 插入多媒体对象

任务描述

（1）掌握Flash动画的插入和属性设置。

（2）学会电子相册的制作。

（3）学会视频及背景音乐的插入。

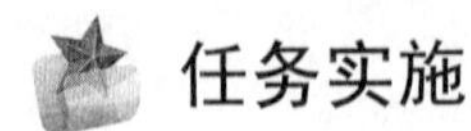

任务实施

活动一　插入 Flash 动画、背景音乐

【活动描述】

网页中如果只有图像和文本，表现力有限。如果在网页中加入一些动感十足的 Flash 动画和优美动听的背景音乐，则可以吸引更多浏览者的注意。让我们一起来试一试吧！

【操作步骤】

步骤 1．配置站点，打开网页，添加位置。

（1）配置站点。

将素材中的项目二\作品素材\任务三素材\活动一素材复制到站点根目录中相应的文件夹里。

（2）打开网页。

选择菜单栏中的“文件”→“打开”命令，选择站点下“files”文件夹下的“xysh.html”文件。

（3）添加位置。

将光标置于表格中的第 3 行，选择菜单栏中的“修改”→“表格”→“插入行”命令，插入一个新行。选中新插入的 1 行 3 列，单击“合并单元格”按钮，如图 2-52 所示。

图 2-52　合并单元格

步骤 2．插入 Flash 动画。

（1）插入动画。

将光标置于新插入行，采用下列三种方法之一，即可插入动画。

- 选择插入栏“常用”类别中的“媒体”按钮，在下拉菜单中选择“Flash”命令。
- 选择菜单栏中的“插入记录”→“媒体”→“Flash”命令。
- 按“Ctrl+Alt+F”组合键。

插入站点“others”文件夹下的“2.swf”文件，调整大小至占满单元格。如果 Flash 文件不在当前站点文件夹中，需将文件复制到站点文件夹中，完成后在“文档”窗口中出现 Flash 占位符，如图 2-53 所示。

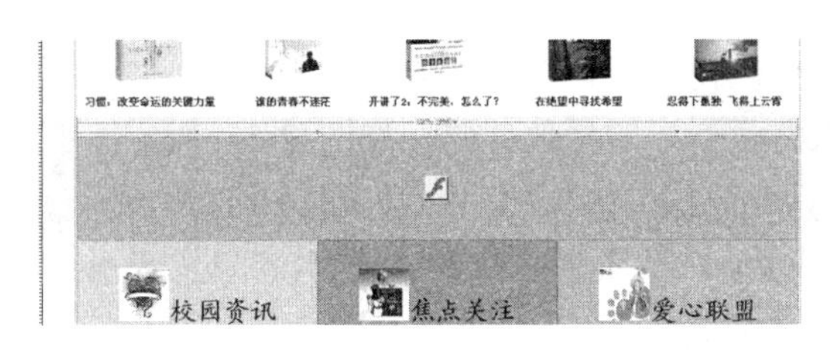

图 2-53 插入动画

（2）修改属性。

选中动画，在下方的“属性”面板上会显示参数，如图 2-54 所示。

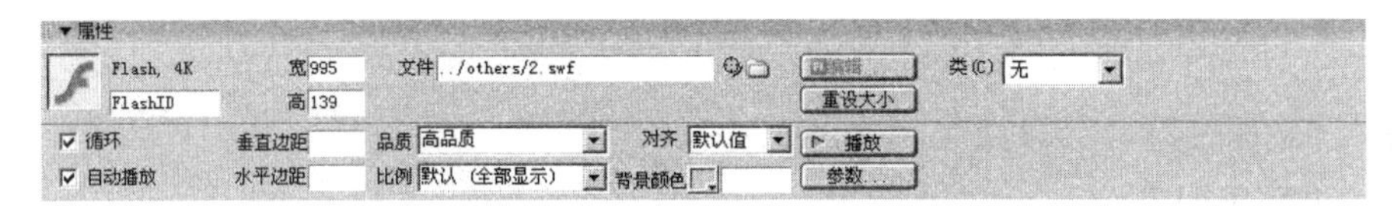

图 2-54 动画属性面板

- FlashID：Flash 动画的名称。
- 宽：用来设置 Flash 动画被载入浏览器时的宽度。
- 高：用来设置 Flash 动画被载入浏览器时的高度。
- 文件：指定 Flash 动画文件的路径及名称。
- 循环：选中此复选框，会自动循环播放 Flash 动画。
- 自动播放：选中此复选框，自动播放 Flash 动画。
- 垂直边距：用来设置 Flash 动画在页面中上、下的空白量。
- 水平边距：用来设置 Flash 动画在页面中左、右的空白量。
- 品质：用来设置 Flash 动画播放的效果。
- 比例：用来设置 Flash 动画文件的比例。
- 对齐：用来确定 Flash 动画和页面的对齐方式。
- 背景颜色：用来指定 Flash 动画区域的背景颜色。
- 播放：单击此按钮，可以看到 Flash 动画播放时的效果。
- 参数：单击此按钮，打开“参数”对话框，可以设置 Flash 动画的参数，如图 2-55 所示。
- 类：用于对影片应用 CSS 类。

图 2-55 “参数”对话框

步骤 3．插入背景音乐。

很多精美的网页在打开时，都会伴随着动听的音乐，大大增强了网页的感染力。网页背景音乐可以用 MIDI 格式，也可以使用 MP3.WMA 等格式。下面介绍如何使用代码方式加入背景音乐。

将视图切换到网页的代码视图，如图 2-56 所示。

在<head>标记中加入背景音乐的播放代码，如图 2-57 所示，也就是在网页中加入代码：<bgsound src="../others/bjyy.mp3" loop="-1" />，其中<bgsound >是背景音乐标志，src 是音乐文件所在的路径和文件名，loop 是音乐播放的循环次数，“-1”表示循环播放，有了这行代码就能在欣赏网页的同时听到音乐了。

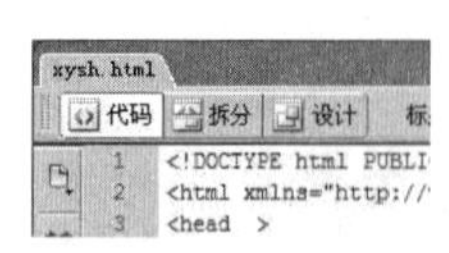

图 2-56　代码视图

图 2-57　代码

步骤 4．微调位置，保存预览。

选择菜单栏中的“文件”→“另存为”命令，保存在“files”文件夹下，命名为“sysh2.html”，按快捷键 F12 预览。效果如图 2-58 所示。

图 2-58　效果图

活动二　插入电子相册、视频

【活动描述】

我们在网络上经常看到一些动感十足的电子相册，Dreamweaver 虽然是网页编辑软件，但也可以作出来这种效果，让我们一起来试试吧！

【操作步骤】

步骤 1．配置站点，打开网页，布局网页。

将素材中的项目二\作品素材\任务三素材\活动二素材复制到站点根目录中相应的文件夹里。

双击“文件”面板中的“xwzx.html”文件，打开任务一中活动一制作的“希望之星简介”网页。选中姓名等基本信息，先剪切，然后在此处插入一个 1 行 3 列、宽度为 100%的表格，再将姓名等信息粘贴到第 1 列，效果如图 2-59 所示。

图 2-59 效果图

步骤 2．插入电子相册，设置参数。

（1）插入图像查看器。

将光标置于第 2 列，选择菜单栏中的“插入记录”→“媒体”→“图像查看器”命令，弹出“保存 Flash 元素”对话框。提前命名一个名为“photo”的 Flash 动画格式的电子相册，如图 2-60 所示。

图 2-60 “保存 Flash 元素”对话框

（2）设置参数。

选择菜单栏中的“窗口”→“标签编辑器”命令，打开标签编辑器。选中电子相册，在右侧的“Flash 元素”面板中可以设置电子相册的参数，如图 2-61 所示。

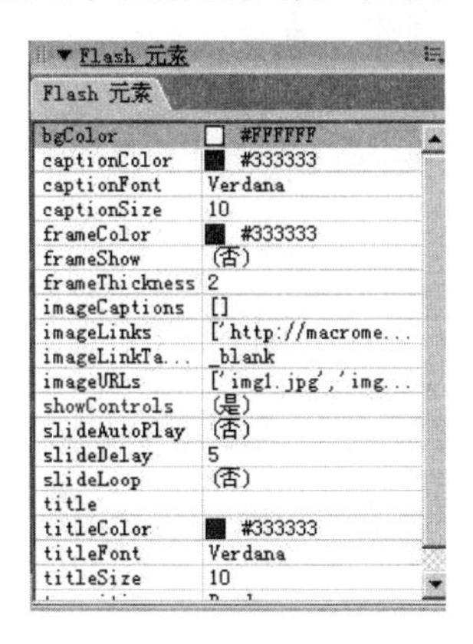

图 2-61 设置电子相册的参数

先将需要展示的照片导入，在 imageURLs 中指定图片的来源位置，双击 imageURLs 后面的小图标，在弹出的对话框中依次导入图片，如图 2-62 所示。增加图像单击 **+**，然后通过单击 📁，选择图像。删除图像单击 **−**。如果图片需要指向其他的文件做链接的话，要在

imageLinks 中添加链接的地址。

如果想在每张图像的下方添加注释文字，可以单击 imageCaptions 后的小图标，弹出对话框如图 2-63 所示，可以为每张图像添加注释文字。

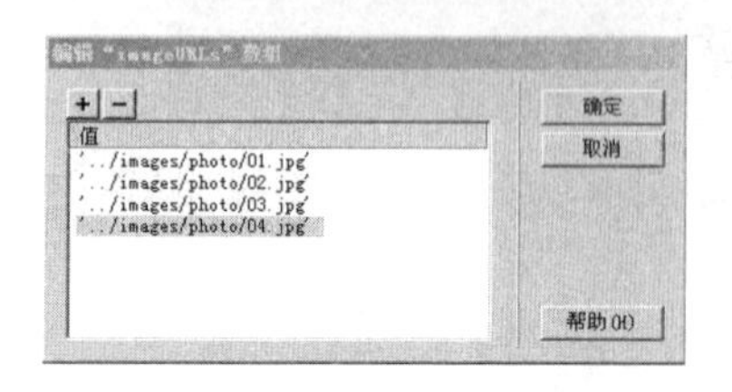

图 2-62 编辑“imagesURLs”数组对话框

图 2-63 对话框

其他参数含义：

- bgColor：设置相册的背景颜色。
- captionColor：注释文字的颜色。
- captionFont：注释文字的字体。
- captionSize：注释文字的大小。
- frameColor：边框颜色。
- frameShow：否需要边框。
- frameThickness：边框线宽度。
- lmageCaptions：填写每张图像的注释文字。
- showControls：是否显示查看器面板。
- slideAutoPlay：是否自动播放。
- slideDelay：自动播放时间间隔。
- slideLoop：是否循环播放。
- title：设置相册名。
- titleColor：相册名的颜色。
- titleFont：设置相册名的文字字体。
- tilteSize：设置相册名文字大小。
- transtitions Type：设置图片出场方式的效果，在下拉菜单中有很多特效。

设置好的参数如图 2-64 所示。

bgColor	#669900
captionColor	#0000FF
captionFont	微软简行楷
captionSize	14
frameColor	#FF0000
frameShow	(是)
frameThickness	5
imageCaptions	['班级合唱比赛','模...
imageLinks	['http://macromedia...
imageLinkTa...	_blank
imageURLs	['../images/photo/0...
showControls	(是)
slideAutoPlay	(是)
slideDelay	5
slideLoop	(否)
title	多彩的校园生活
titleColor	#000066
titleFont	黑体
titleSize	14
transitions...	Photo

图 2-64 参数设置

电子相册设置完成后的效果图如图 2-65 所示。

步骤 3．插入视频。

将光标置于本表格的第 3 列，选择菜单栏中的“插入记录”→“媒体”→“Flash 视频”命令，在弹出的“插入 Flash 视频”对话框中，设置参数如图 2-66 所示。将站点“other.s”文件夹下的“#dx.flv”文件插入。

图 2-65　电子相册设置效果图

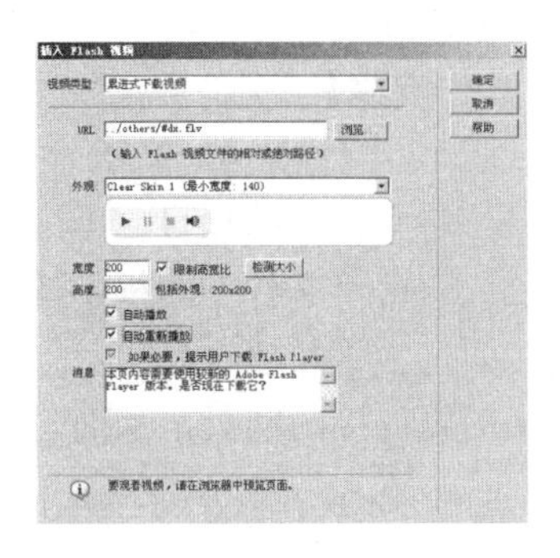

图 2-66　“插入 Flash 视频”对话框

步骤 4．微调位置，保存预览。

单元格中的电子相册和视频可以居中，按“Ctrl+S”组合键保存，按快捷键 F12 预览，效果如图 2-67 所示。我们应该养成及时保存的习惯，防止计算机出现问题无法保存。

图 2-67　效果图

任务四　使用超级链接

任务描述

（1）了解链接的作用和路径。

（2）理解链接的分类。

（3）会创建文本链接、图像链接、锚点链接、热区链接、电子邮件链接。

任务实施

活动一　文本链接和图像链接

【活动描述】

我们已经制作了“未来之星”“诗歌鉴赏”“校园生活”3 个子页，那么如何在主页和子页之间建立起联系呢？让我们用超级链接来建立网页间的联系吧！

【操作步骤】

步骤 1．配置站点，打开主页，建立文本链接。

（1）将素材中的项目二\作品素材\任务四素材\活动一素材复制到站点根目录中。

（2）双击“文件”面板中的“index.html”网页，打开主页。

（3）选中“希望之星”4 个字，在下方的属性面板中单击链接后面的“指向文件”指针，直接指向要链接的网页，从而建立文本链接，操作步骤如图 2-68 所示。

图 2-68　文本链接（1）

除此之外，可使用“浏览文件”按钮创建链接。选中“希望之星”4 个字，在下方的属性面板中单击链接后面的“浏览文件”按钮，在弹出的对话框中选择要链接的网页，单击“确定”按钮，从而建立文本链接，操作步骤如图 2-69 所示。

也可使用菜单命令创建链接。选中“校园生活”4 个字，单击菜单栏中的“插入记录”→“超级链接”命令，在弹出的“超级链接”对话框中选择要链接的网页，单击“确定”按钮就可建立链接，如图 2-70 所示。

我们看到，无论用哪种方式建立链接，都有目标列表框，它是用来选择文档的打开方式。它有下列 4 种打开方式：

➢　_blank：将链接的文档在一个新的浏览器窗口中打开，原来打开的浏览器窗口不变。

➢ _parent：将链接的文档在该链接所在框架的父级框架或父级窗口中打开。

➢ _self：将链接的文档在当前的浏览器窗口中打开。该目标是系统默认的，因此不需要指定。

➢ _top：将链接的文档在整个浏览器窗口中打开，从而删除所有框架。

图 2-69 文本链接（2）

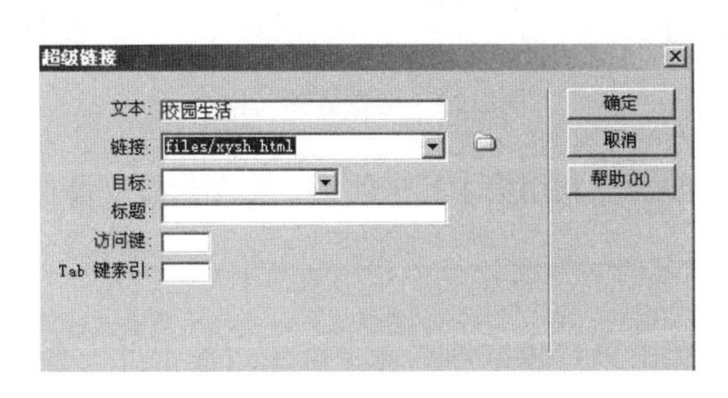

图 2-70 “超级链接”对话框

步骤 2. 打开子页，建立图像链接。

（1）打开子页“wlzx.html”，通过标题链接回主页。先选中标题，单击“插入”栏“常用”类别中的“超链接”按钮，弹出如图 2-71 所示的对话框，设置好参数后，单击“确定”即可，如图 2-71 所示。

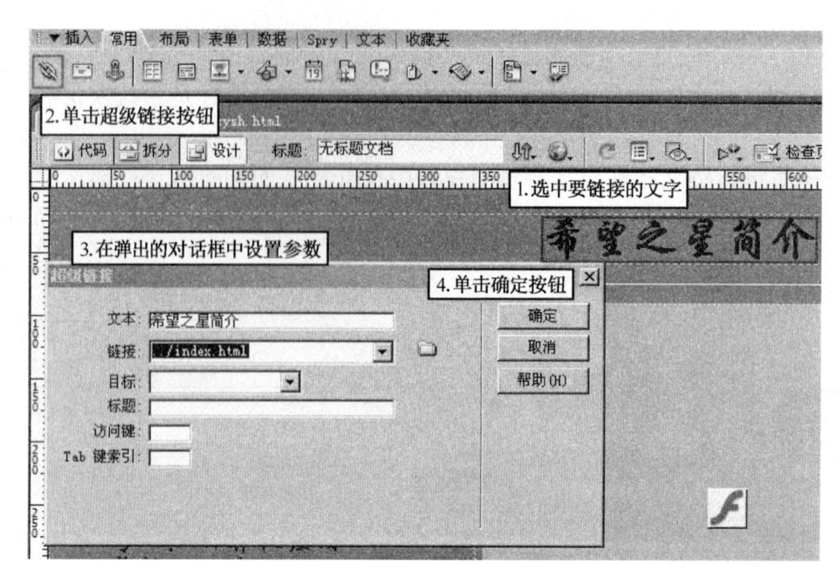

图 2-71　文本链接（3）

（2）打开子页“sgjs.html”，通过图像建立超级链接。图像建立链接的方法和文本是相同的，不同之处是图像建立链接要先选中图像。操作步骤如图 2-72 所示。

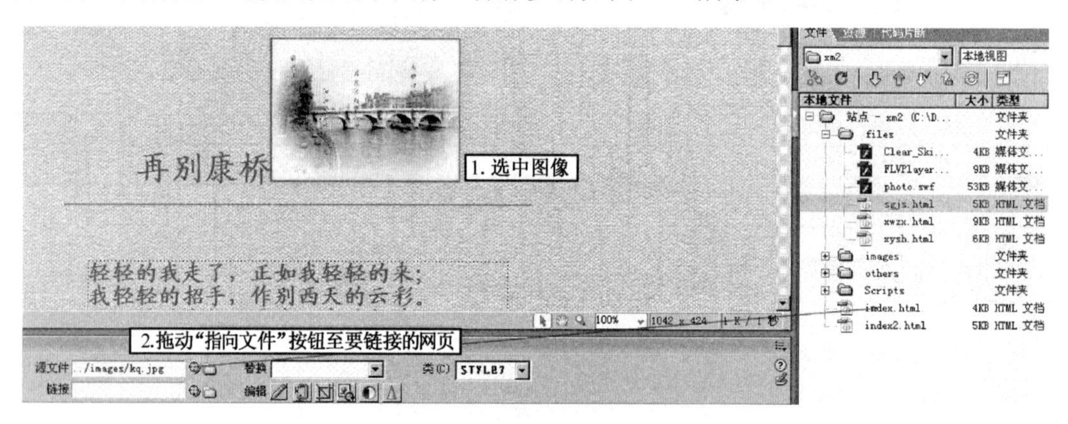

图 2-72　图像链接（1）

（3）打开子页“xysh.html”，利用第 1 行中的第 1 张图像建立图像链接。操作步骤如图 2-73 所示。

步骤 3．预览调试。

（1）保存各网页，预览主页，依次调试能否链接到各子页，查看在子页位置能否链接回主页。

（2）将光标置于页面空白处，单击属性面板的“页面属性”按钮，在弹出的“页面属性”对话框“分类”项中选择“链接”选项卡，即可修改链接的相关参数，如图 2-74 所示。

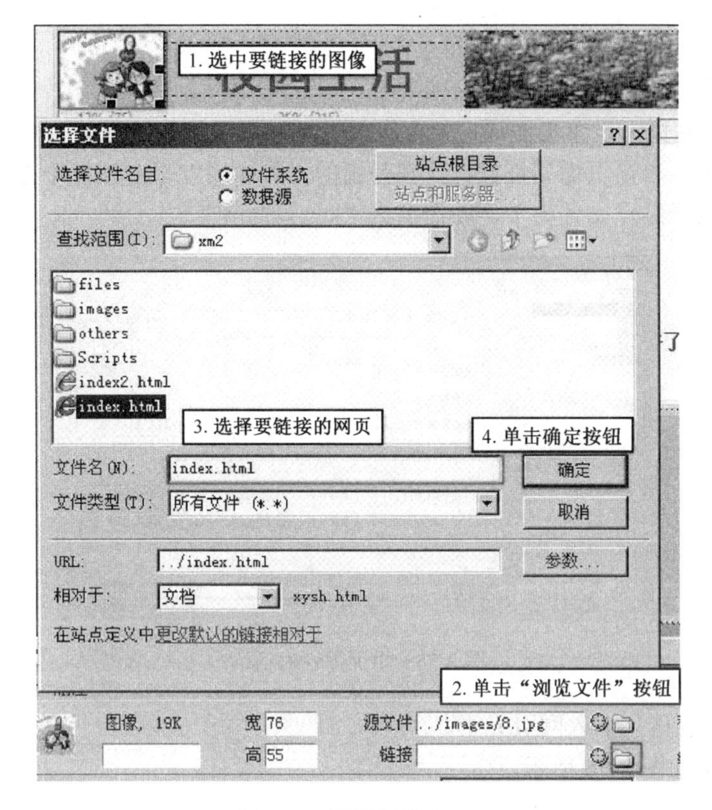

图 2-73　图像链接（2）

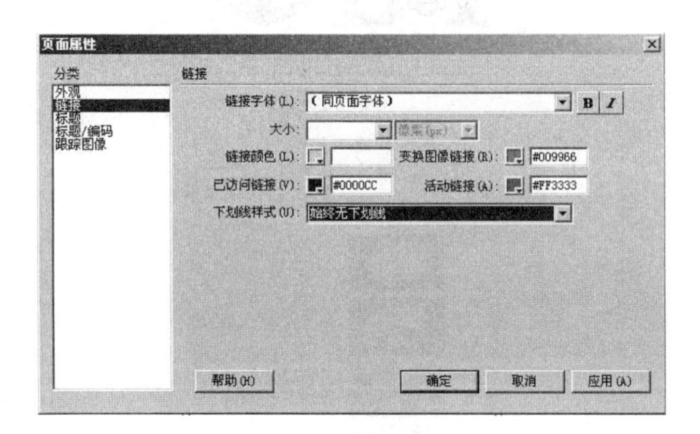

图 2-74　“页面属性”对话框

活动二　热区链接及锚点链接

【活动描述】

我国的各个省市都有自己的省花、市花，让我们通过学习制作网页来展示这些美丽的花朵吧！

【操作步骤】

步骤 1．配置站点。

（1）在硬盘中创建站点文件夹。在 D 盘建立站点文件夹，并把素材中的项目二\作品素材\

任务四素材\活动二素材复制到站点根目录中。

（2）建立站点。启动 Dreamweaver 并创建站点 xm2-2。

步骤 2．新建网页，设置页面属性，保存网页。

新建空白网页，单击页面属性按钮，在弹出的“页面属性”对话框中进行如图 2-75 所示的设置，保存网页于站点文件夹下，并命名为“shwza.html”。

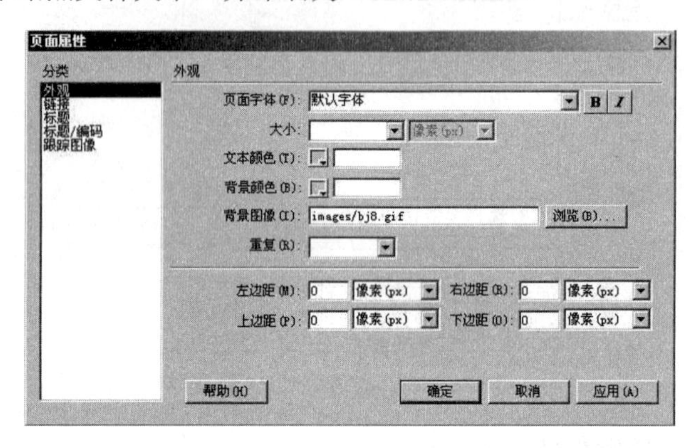

图 2-75　页面属性对话框

步骤 3．布局表格，插入网页元素。

本网页的效果如图 2-76 所示。

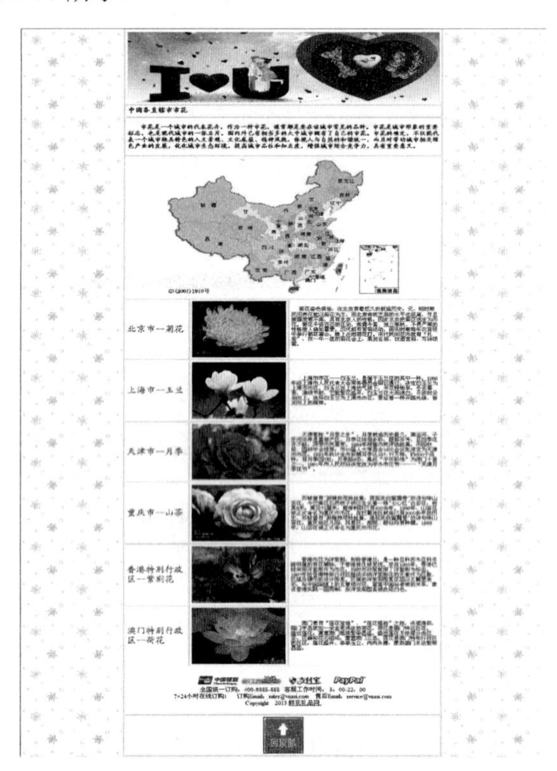

图 2-76　效果图

（1）表格布局。

创建一个12行3列、宽度为800像素的表格，具体参数如图2-77所示，分别将第1、2、3、4、11、12行合并。

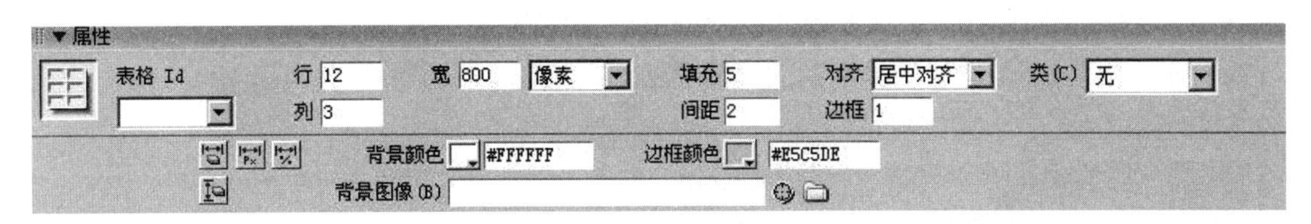

图2-77　属性面板

（2）插入网页元素。

第1行插入图像t2.jpg，大小为800×200，居中对齐。第2行输入文本“中国各直辖市市花”，格式：楷体-GB2412.18px、#990000、左对齐。第3行粘贴文本（others文件夹中的“市花我最爱.txt”文件），格式：楷体-GB2412.16px、#990000、左对齐。第4行插入图像map.gif，居中对齐。

第5、6、7行效果如图2-78所示，第8、9、10行效果如图2-79所示，分别插入相对应的网页元素。其中，第1列的格式为：楷体-GB2412.24px、#990000、左对齐；第2列的图像大小为240×160；第3列的格式为：宋体、14px、#990000。

第10、11行效果如图2-80所示，输入相应内容。

图2-78　效果图（1）　　图2-79　效果图（2）

图2-80　效果图（3）

步骤4．锚点超链接。

因为这个网页特别长，我们希望浏览器当网页到最后的时候，能通过单击“回顶部”图像返回到网页的首部。

（1）在首部插入锚点。

将光标置于第 1 行图像前的位置，执行下面任一个操作：

- 选择菜单栏中的“插入记录”→“命名锚记”命令；
- 选择插入栏“常用”类别中的“命名锚记”按钮；
- 按“Ctrl+Alt+A”组合键。

弹出“命名锚记”对话框，在“锚记名称”框中，键入锚记的名称为“shoubu”，单击“确定”按钮，在光标处会出现锚点标记，效果如图 2-81 所示。

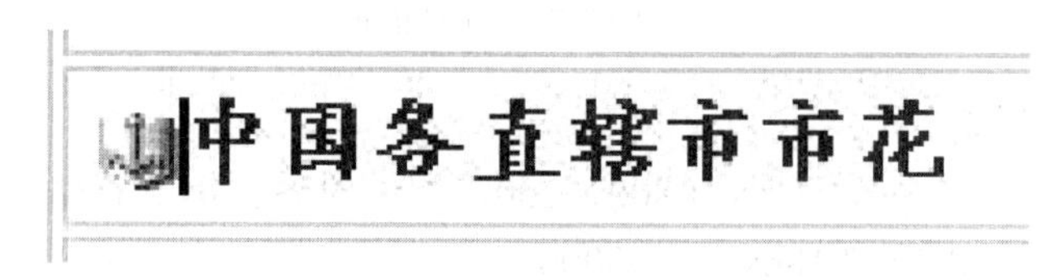

图 2-81　效果图

（2）链接锚点。

选中网页最下方的“回顶部”图像，然后执行以下操作之一，将其链接到命名锚记，如图 2-82 所示。

- 在属性面板的“链接”框中，键入符号 “#”和锚记名称“shoubu”。
- 单击属性面板中“链接”框右侧的“指向文件”图标，然后将它拖到要链接到的锚记上。
- 在“文档”窗口中，按住“Shift”键不放，拖动鼠标，将所选文本或图像拖动到要链接到的锚记。

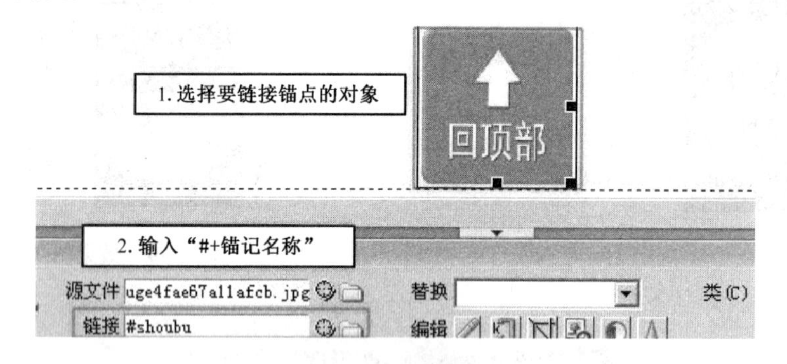

图 2-82　锚点链接

（3）预览测试。

按“Ctrl+S”组合键保存，按快捷键 F12 预览，测试锚点链接是否成功。

步骤 5．建立热区链接。

图像超链接有两种情况：一种是以整个图像为对象建立超链接，这种链接的建立方法和文本链接的建立方法一样。另一种是为图像的不同区域分别创建超链接，称为图像的热区链接。本活动想实现通过单击地图中的“北京”区域使网页跳转到下方北京市市花的介绍，从而实现锚点链接和热区链接的结合。

（1）将光标置于第 5 行第 1 列，插入锚点 bj。在第 6 行第 1 列插入锚点 sh。依次插入锚点 tj、cq、xg、am，效果如图 2-83 所示。

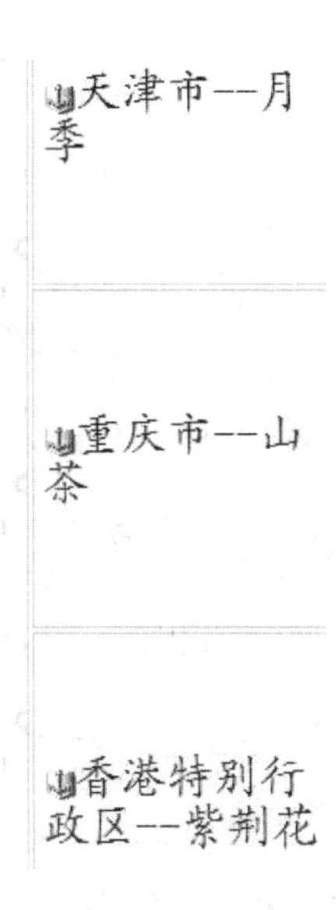

图 2-83　插入锚点效果图

（2）选择“地图”图像，利用属性面板中的热点工具，选择相应区域，然后链接锚点，具体过程如图 2-84 所示。依次完成上海、天津、重庆、香港、澳门的热区链接，完成后的地图效果如图 2-85 所示。

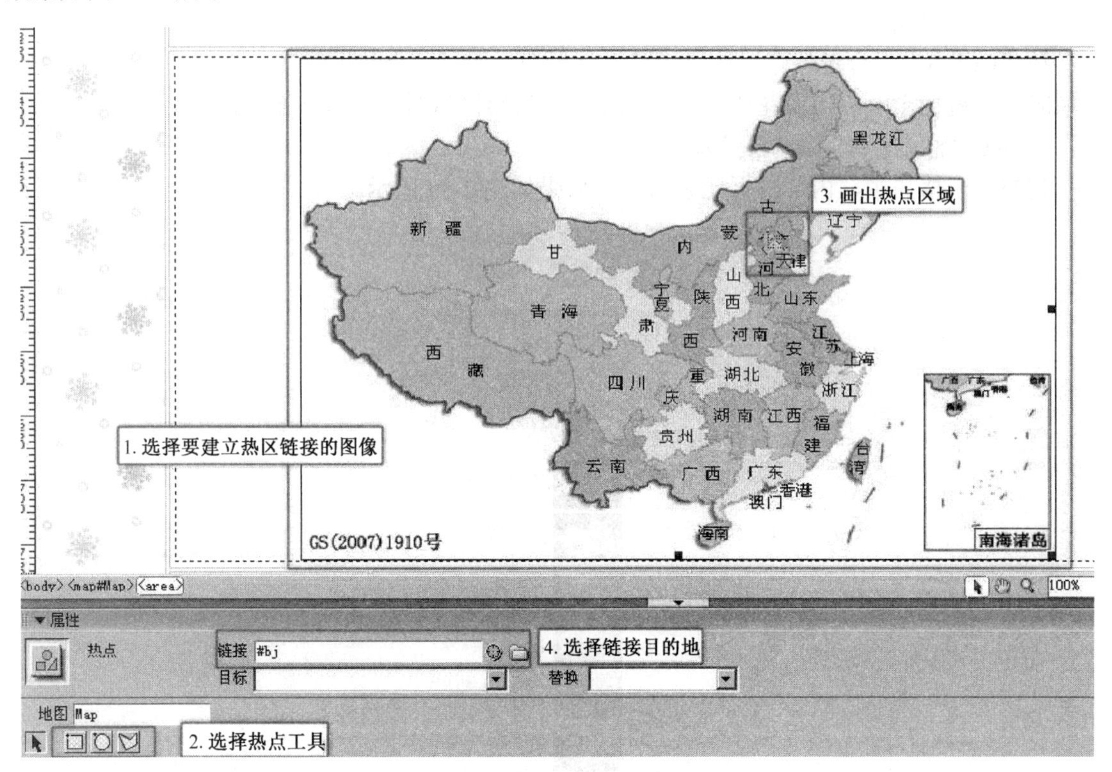

图 2-84　热区链接过程

图 2-85　地图中的热区

（3）预览测试。

按“Ctrl+S”组合键保存，按快捷键 F12 预览，测试每个热区链接是否成功。当单击北京区域时，会链接至北京市市花的介绍。当单击上海市区域时，会链接至上海市市花介绍。

步骤 6．整体布局，微调局部。

将整个表格居中，内部网页元素居中，效果如图 2-86 所示。

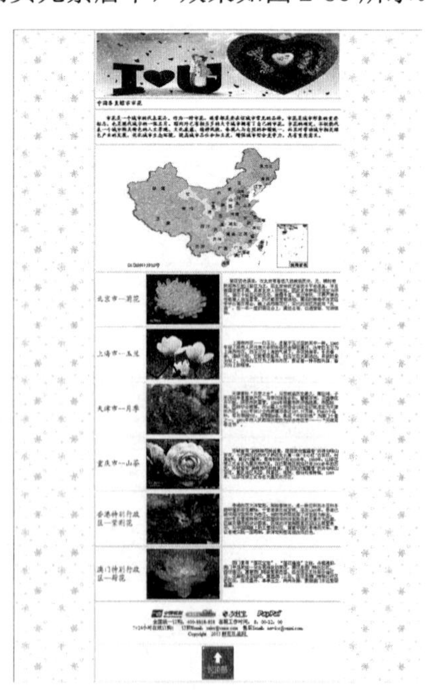

图 2-86　效果图

活动三 其他链接

【活动描述】

在已经完成的网页中，让我们寻找需要添加外部链接、邮箱链接、鼠标经过图像链接、空链接的地方吧！

【操作步骤】

步骤 1．配置站点。

将素材中的项目二\作品素材\任务四素材\活动三素材复制到站点根目录中。

步骤 2．打开网页，建立外部链接。

（1）打开网页。双击“shwza.html”，打开此网页。

（2）建立外部链接。

选中网页上的文字“鲜花礼品网”，在链接中输入网址。操作步骤如图 2-87 所示。

图 2-87 外部链接（1）

选择“中国银联”图像，在链接中输入网址。操作步骤如图 2-88 所示。

步骤 3．建立邮箱链接。

选择邮箱名称，在属性面板中的链接中输入“mailto:+邮箱地址”，如图 2-89 所示。

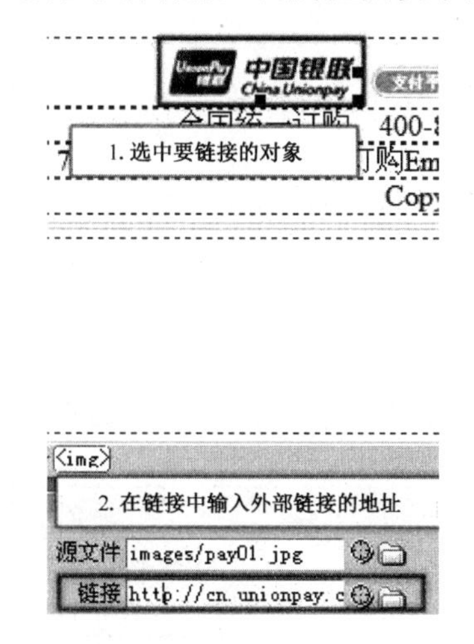

图 2-88 外部链接（2）

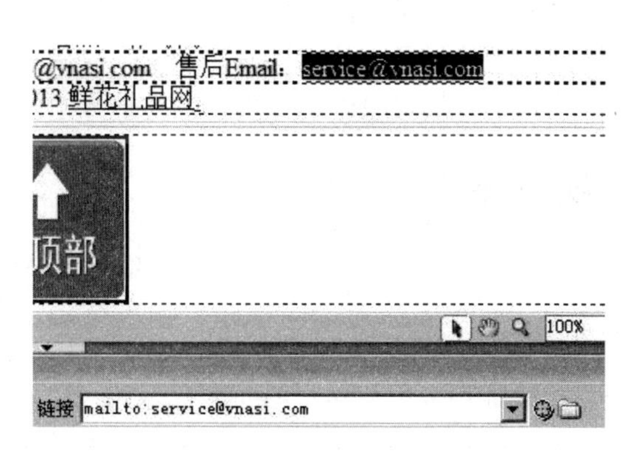

图 2-89 邮箱链接

步骤 4．建立空链接。

空链接是没有指向任何对象的链接。对象建立空链接或链接后，才可以附加行为或动作。空链接的建立很简单，先选中需建立空链接的文本或图像。在属性面板“链接”框中键入“javascript:; ”（javascript 后依次接一个冒号和一个分号），或者一个#号。操作步骤如图 2-90 所示。

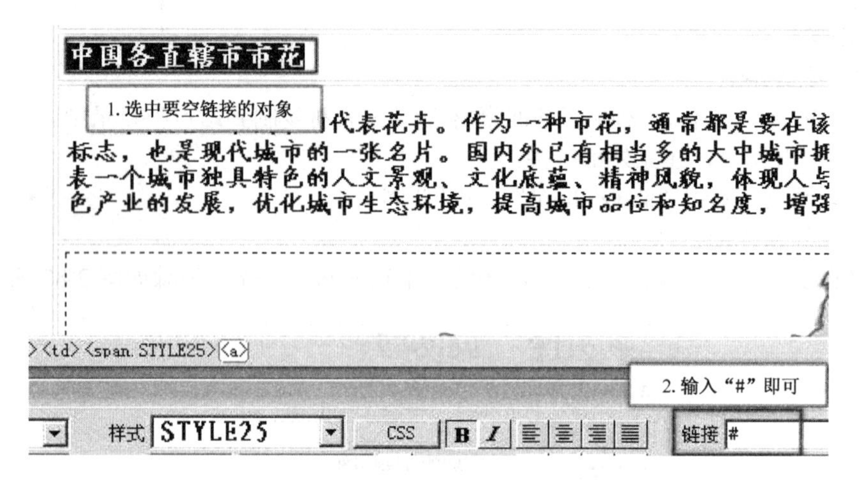

图 2-90　空链接

 及时充电

链接路径

（1）绝对路径。

绝对路径是指被链接目标对象的完整路径，包括服务器协议名称、主机名称、文件夹名称和文件名称，其格式为“传输协议：//服务器地址：通信端口/文件位置/文件名”。

例如：http://news.163.com/special/00013H9J/index_eclipse.html

如果要链接到本站点以外其他站点中的网页和对象，则必须使用绝对路径进行链接。

（2）相对路径。

相对路径是以当前文件所在路径为起点，到被链接文件经由的路径。

要链接到同一目录下的文件，只需输入要链接文件的名称。

要链接到下级目录中的文件，需先输入目录名，然后加“/”，再输入文件名。

要链接到上一级目录中的文件，则先输入“../”，再输入文件名。

 项目评价

项目评价标准

等级	等级说明	评价
一级任务	能自主完成项目所要求的学习任务	合格（不能完成任务定为不合格等级）
二级任务	能自主、高质量地完成拓展学习任务	良好
三级任务	能自主、高质量地完成拓展学习任务并能帮助别人解决问题	优秀

项目评价表

项目	评价内容	分值	评分				所占价值	项目得分
			自评（30%）	组评（40%）	师评（30%）	得分		
职业能力	站点的创建与管理	20					60%	
	页面属性的设置	10						
	文本的输入与编辑	10						
	图像的插入与编辑	10						
	多媒体对象的插入与编辑	10						
	超级链接的使用	20						
	整体布局、颜色搭配	20						
	合计	100						
通用能力	合作能力	20					40%	
	沟通能力	10						
	组织能力	10						
	活动能力	10						
	自主解决问题能力	20						
	自我提高能力	10						
	创新能力	20						
	合计	100						

项目总结

本项目通过制作一个完整的网站，介绍了页面属性的设置、文本等网页元素的输入和编辑、图像的插入以及图像属性的设置、其他多媒体元素的插入与编辑、其他多媒体元素的插入，希望通过本项目的学习，初学者可以掌握网页制作的基本技能。

项目拓展

（1）任务一：按照上述制作过程，独立完成 xm2 和 xm2-2 两个站点的制作。重点掌握网页元素的插入与属性设置。

（2）任务二：制作一个介绍喜爱明星的主题网站（如孙燕姿的歌迷会“燕姿的家”、周杰伦的歌迷会“无与伦比”）。素材可通过各种形式搜集，文本、图片、声音、视频、动画均可。

要求：

① 主页和子页不少于 4 页，主页上有基本信息、创作作品、慈善事业、荣誉奖项等链接。

② 每一个子页都至少有经过编辑的文字一段、图片一张以及能链接回主页的文字。

③ 链接正确，主页导航能链接各个子页，通过子页也能回到主页。

（3）任务三：针对二级任务所提要求增加以下内容。

① 能用简单的表格定位。

② 布局合理、图文并茂、链接正常。

③ 在合适的位置插入电子相册，最好有图片注释文字。

④ 尽量多地使用各种网页元素，视频、音频均可。

⑤ 在合适的位置插入邮箱链接、外部链接和锚点链接。

网页的规划师——表格

项目目标

理解表格的作用、网页中表格布局的原理。
能插入表格及设置表格的属性。
能插入或删除行、列、单元格，并且会设置行、列、单元格的属性。
能掌握表格的拆分与合并。
能掌握表格的嵌套，并理解嵌套与拆分的区别。

项目探究

表格不仅可以用于存放数据、显示数据，还可以将文本、图像以及其他网页元素有序地组织在一起，从而达到定位网页的目的。对于初学者来说，表格布局更易理解，让我们用表格制作最炫的网页吧！

项目实施

“迎国庆 颂华诞”主题网站是我们为祝贺祖国母亲的生日送上的一份贺礼，让我们用表格定位技术来完成，从而更深入地理解表格的定位。

任务一　表格的基本操作

任务描述

（1）了解表格的作用，会插入表格，编辑表格内容，修改表格属性。
（2）插入或删除行、列，修改行、列、单元格的属性。

（3）合并、拆分单元格。

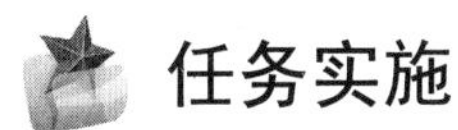

任务实施

活动一　课程表

【活动描述】

表格的作用之一是存放数据、显示数据。本活动利用表格的这一功能制作一个简单的课程表。

【操作步骤】

步骤 1．配置站点。

（1）在硬盘创建站点文件夹。在 D 盘建立站点文件夹，并把素材中的项目三\作品素材\任务一素材\活动一素材复制到站点根目录中。

（2）建立站点。启动 Dreamweaver 并建立站点。

步骤 2．新建网页，修改页面属性，保存网页。

（1）新建一个网页，在“页面属性”对话框中添加背景图像“bj5.gif”。

（2）将网页保存在站点“files”文件夹下，命名为“kcb.html”。

步骤 3．插入表格，修改表格属性。

（1）插入表格。将光标置于要插入表格的地方，采用以下三种方式均可插入一个表格。

➢　选择菜单栏中的“插入记录”→“表格”命令。

➢　选择插入栏“常用”类别中的“表格”按钮。

➢　按“Ctrl+Alt+T”组合键。

（2）修改表格属性。

在弹出的“表格”对话框中修改参数，如图 3-1 所示。

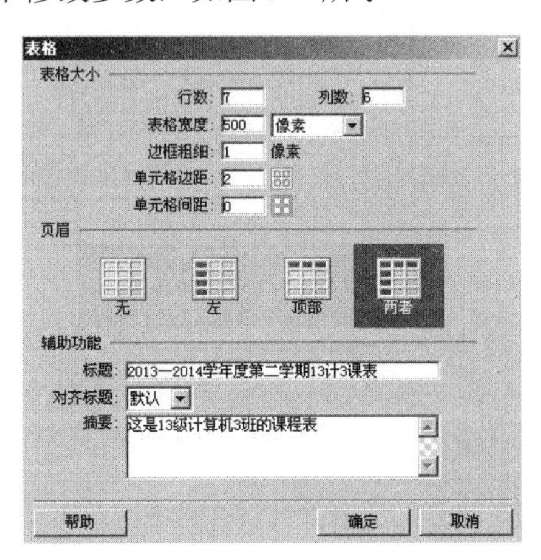

图 3-1　“表格”对话框参数设置

参数说明：

● 行数和列数：设置插入表格的行数和列数。

● 表格宽度：表格在网页中的宽度，单位有像素和百分比。像素：表格的宽度是一个绝对值，大小不发生变化。百分比：表格的宽度是一个相对值，大小会随其父元素的改变而改变。

- 边框粗细：表格边框线的宽度。
- 单元格边距：指单元格内容和单元格边框之间的距离，默认为 1。若不想在浏览器中显示表格的边距，则将单元格边距设置为 0，单位为像素。
- 单元格间距：指相邻单元格之间的距离，默认为 2。若不想在浏览器中显示单元格间距，则将单元格间距设置为 0，单位为像素。
- 页眉：页眉位置的字体加粗显示。
- 标题：表格的标题。
- 摘要：对表格作一个描述性的文本，只有代码视图才能看到摘要。

生成的表格如图 3-2 所示。

2013—2014学年第二学期课程表

图 3-2　生成表格

步骤 4．输入内容，调整大小。

（1）输入内容如图 3-3 所示。

2013—2014学年第二学期课程表

	星期一	星期二	星期三	星期四	星期五
一	英语	数学	英语	网页制作	网页制作
二	英语	数学	英语	网页制作	网页制作
三	数学	语文	职业道德	二维动画	语文
四	数学	语文	职业道德	二维动画	语文
五	美术	图形图像处理	体育	图形图像处理	计算机基础
六	周会	图形图像处理	体育	图形图像处理	计算机基础

图 3-3　在表格中输入内容

（2）调整表格的大小。

当鼠标指向控制柄呈双向箭头时拖动鼠标，如图 3-4 所示，即可调整整个表格的大小；也可用表格属性面板精确指定表格的宽度和高度。

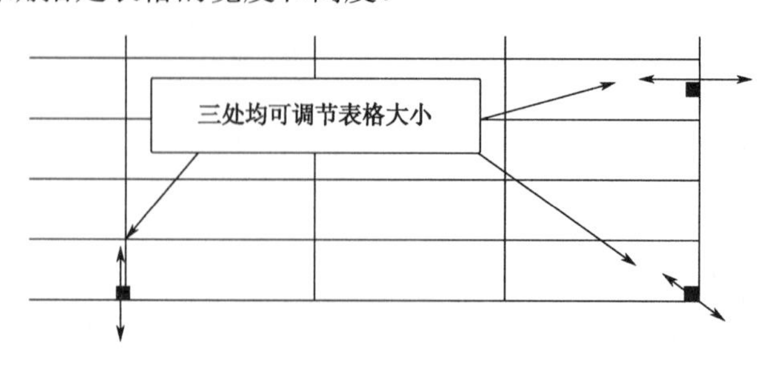

图 3-4　调整表格大小

（3）调整表格中行或列的大小。

➢ 更改列宽度并保持整个表格的宽度不变。方法：用鼠标拖动要更改列的右边框，同时相邻列的宽度也随之更改，但整个表格的宽度没有发生变化。

➢ 更改某个列的宽度并保持其他列的宽度不变。方法：按下“Shift”键，用鼠标拖动要更改列的右边框，相邻列的宽度不会改变，表格的总宽度将被更改，以容纳正在调整的列。

➢ 调整行高。方法：直接用鼠标拖动行的下边框。

（4）调整星期一至星期五的列宽为 18%，行高统一为 40 像素，如图 3-5 所示。内部文本字体为楷体，大小为 20 像素，居中对齐。

图 3-5　参数设置

步骤 5．保存预览。

按“Ctrl+S”组合键保存，或按快捷键 F12 预览。效果如图 3-6 所示。

2013～2014学年第二学期课程表

	星期一	星期二	星期三	星期四	星期五
一	英语	数学	英语	网页制作	网页制作
二	英语	数学	英语	网页制作	网页制作
三	数学	语文	职业道德	二维动画	语文
四	数学	语文	职业道德	二维动画	语文
五	美术	图像图像处理	体育	图形图像处理	计算机基础
六	周会	图像图像处理	体育	图形图像处理	计算机基础

图 3-6　效果图

活动二　美化课程表

【活动描述】

对活动一中的课程表进行修饰。

【操作步骤】

步骤 1．打开网页，学会选择表格、行、列、单元格的方法。

（1）选择菜单栏中的“文件”→“打开”命令，或者双击“文件”面板中“files”文件夹下的“kcb.html”，即可打开网页。

（2）选择表格、行、列、单元格的方法如下。

① 选择整个表格。

➢ 在标签选择器中单击“<table>”。

➢ 选择“修改”→“表格”→“选择表格”菜单命令。

➢ 右击某个单元格，在弹出的快捷菜单中选择“表格”→“选择表格”命令。
➢ 单击表格的外边框。
➢ 将光标定位在表格中，按两次“Ctrl+A”组合键。

② 选择行。

➢ 直接用鼠标拖动。
➢ 单击行中的某个单元格，在标签选择器中单击“<tr>”。
➢ 将鼠标指向表格行的左边缘，指针变为“→”时单击。

③ 选择列。

➢ 直接用鼠标拖动。
➢ 鼠标指向列的上边缘，当鼠标指针变为“↓”时单击。
➢ 选择列中的某个单元格，在“列标题”菜单中选择“选择列”命令，如图 3-7 所示。

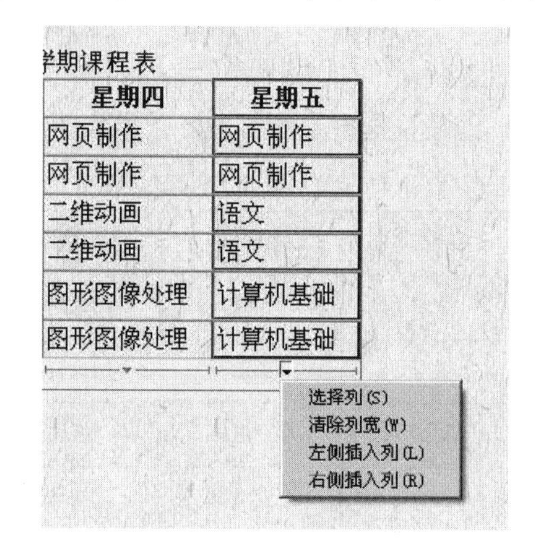

图 3-7 “列标题”菜单

④ 选择单个单元格。

➢ 按住“Ctrl”键，在单元格内单击。
➢ 将光标定位到单元格内，单击标签选择器上的“<td>”。
➢ 将光标定位到单元格内，按“Ctrl+A”组合键。

步骤 2．设置表格属性。

（1）选择整个表格，在下方的属性面板中设置表格属性，如图 3-8 所示。

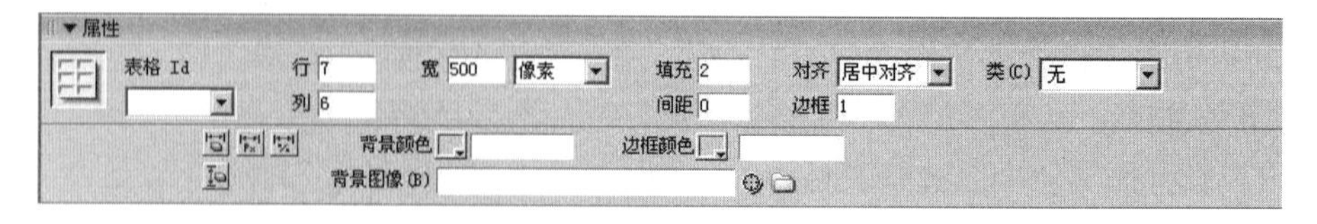

图 3-8 表格属性面板

- 表格 Id：表格的 Id 用来输入表格的名字。
- 行和列：用来指定表格中行、列的数目。
- 宽：以像素为单位或按百分比指定表格宽度。
- 填充：指单元格边距，即单元格内容与边框之间的距离。

● 间距：指单元格间距，即相邻单元格之间的像素数。

● 对齐：用于设置表格相对于同一段落中其他元素的显示位置，包括“左对齐”“右对齐”“居中对齐”和“默认”4 个选项。

● 边框：指定表格边框的宽度，单位为像素。

● 背景图像：设置表格的背景图像。

● 背景颜色：设置表格的背景颜色。

● “清除列宽”按钮：从表格中删除所有明确指定的列宽。

● “清除行高”按钮：从表格中删除所有明确指定的行高。

● “将表格宽度转换成像素”按钮：将表格中每列的宽度设置为以像素为单位的当前宽度，同时将整个表格的宽度设置为以像素为单位的当前宽度。

● “将表格宽度转换成百分比”按钮：将表格中每列的宽度设置为按百分比表示的宽度，同时将整个表格的宽度设置为按百分比表示的宽度。

（2）选择单元格，在下方的属性面板中设置单元格属性，如图 3-9 所示。

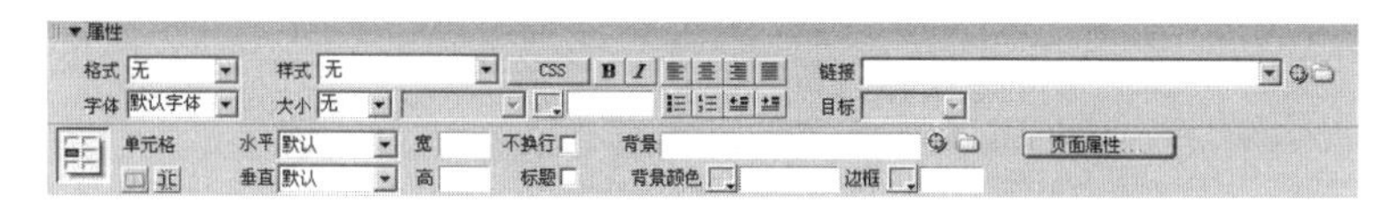

图 3-9　单元格属性面板

● “合并单元格”按钮：将所选的单元格、行或列合并为一个单元格。只有当所选择的区域为矩形时才可以合并这些单元格。

● “拆分单元格”按钮：将一个单元格拆分成多个单元格。一次只能拆分一个单元格，如果选择的单元格多于一个，则此按钮禁用。

● 水平和垂直列表框：设置单元格、行或列内容的水平对齐方式和垂直对齐方式。

● 宽和高：用来设置所选单元格的宽度和高度。

● 不换行复选框：如果选中了该复选框，当单元格内的数据超过单元格的宽度时，单元格会自动加宽来容纳所有数据；如果没有选中该复选框，则当单元格内的数据超过单元格的宽度时，自动换行。

● 标题复选框：可以将所选的单元格格式设置为表格标题单元格。默认情况下，表格标题单元格的内容为粗体且居中。

● 背景和背景颜色：设置所选单元格、列或行的背景图像和背景颜色。

● 边框：设置单元格的边框颜色。

（3）设置表格属性。

选择整个表格，设置表格属性如图 3-10 所示。设置行、列标题背景颜色为#999900，星期一至星期五平均列宽为 18%，高为 40 像素，第 1 行第 1 列背景颜色为#ff00ff。字体为楷体，大小为 20 像素，居中对齐。

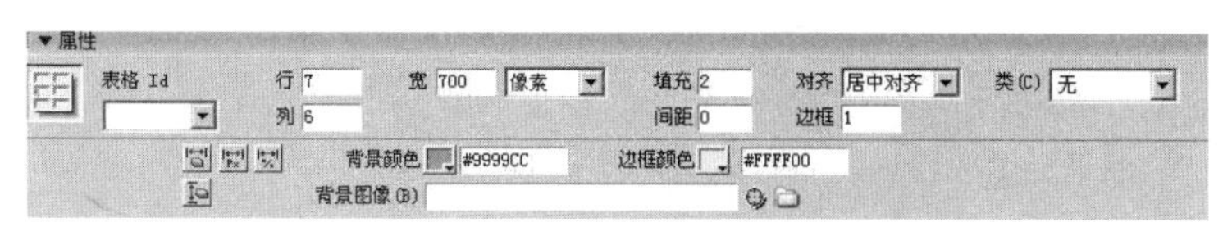

图 3-10　表格属性面板

效果如图 3-11 所示。

2013—2014学年第二学期课程表

	星期一	星期二	星期三	星期四	星期五
一	英语	数学	英语	网页制作	网页制作
二	英语	数学	英语	网页制作	网页制作
三	数学	语文	职业道德	二维动画	语文
四	数学	语文	职业道德	二维动画	语文
五	美术	图形图像处理	体育	图形图像处理	计算机基础
六	周会	图形图像处理	体育	图形图像处理	计算机基础

图 3-11　表格属性设置效果图

表格格式设置的优先顺序：单元格属性高于行属性，行属性高于表格属性。

步骤 3．增加、删除行或列。

（1）插入单行或单列。

➢　选中行或列，右击，在弹出的快捷菜单中选择“表格”→“插入行”或“表格→插入列”命令。

➢　单击某列的“列标题”菜单，选择“左侧插入列”或“右侧插入列”，如图 3-12 所示。

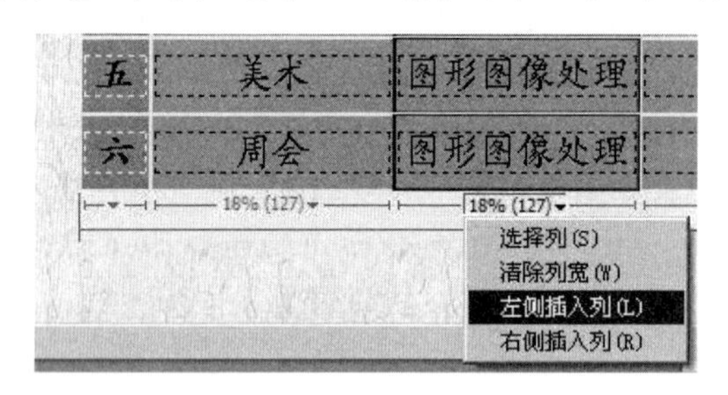

图 3-12　“列标题”菜单

（2）插入多行或多列。

选中行或列，右击，在弹出的快捷菜单中选择“表格”→“插入行或列”命令，弹出“插入行或列”对话框，如图 3-13 所示。设置要插入的行（列）数及位置，单击“确定”按钮。

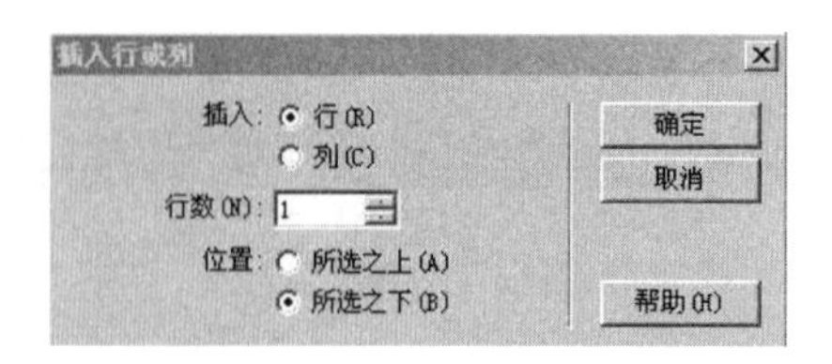

图 3-13　“插入行或列”对话框

（3）删除行或列。

选中要删除的行或列，右击，在弹出的快捷菜单中选择“表格”→“删除行”或“表格”→“删除列”命令。

（4）增加行和列。

在第五节课的上方增加 1 行，在第 1 列的左侧增加 1 列，效果如图 3-14 所示。

		星期一	星期二	星期三	星期四	星期五
	一	英语	数学	英语	网页制作	网页制作
	二	英语	数学	英语	网页制作	网页制作
	三	数学	语文	职业道德	二维动画	语文
	四	数学	语文	职业道德	二维动画	语文
	五	美术	图形图像处理	体育	图形图像处理	计算机基础
	六	周会	图形图像处理	体育	图形图像处理	计算机基础

图 3-14　增加行和例的效果图

步骤 4．合并、拆分单元格。

（1）合并单元格。

① 选择相邻的两个或两个以上的单元格。

② 选择菜单栏上的“修改”→“表格”→“合并单元格”命令，或按“Ctrl+Alt+M”组合键，或单击属性面板上的“合并单元格”按钮合并单元格。

（2）拆分单元格。

① 将光标定位到要拆分的单元格中。

② 执行下列操作之一，打开“拆分单元格”对话框。

- 选择菜单栏上的“修改”→“表格”→“拆分单元格”命令。
- 按“Ctrl+Alt+S“组合键。
- 单击属性面板上的“拆分单元格”按钮。

③ 设置要拆分的行数或列数，单击“确定”按钮。

（3）将课程表中新增加的行、列合并。

将新增加的行、列合并后效果如图 3-15 所示。在合并中间行的时候，可以先输入和底色一样颜色的文字，再将字体大小设置为 2，然后调节高度，就会实现如图 3-15 所示的效果。

2013—2014学年第二学期课程表

		星期一	星期二	星期三	星期四	星期五
上午	一	英语	数学	英语	网页制作	网页制作
	二	英语	数学	英语	网页制作	网页制作
	三	数学	语文	职业道德	二维动画	语文
	四	数学	语文	职业道德	二维动画	语文
下午	五	美术	图形图像处理	体育	图形图像处理	计算机基础
	六	周会	图形图像处理	体育	图形图像处理	计算机基础

图 3-15　效果图

步骤 5．保存预览。

按“Ctrl+S”组合键保存，或按快捷键 F12 预览。

活动三　国庆赞歌

【活动描述】

“迎国庆 颂华诞”主题网站是我们送给伟大祖国母亲的生日礼物，让我们先完成子页“国庆赞歌”的制作，效果图如图 3-16 所示。

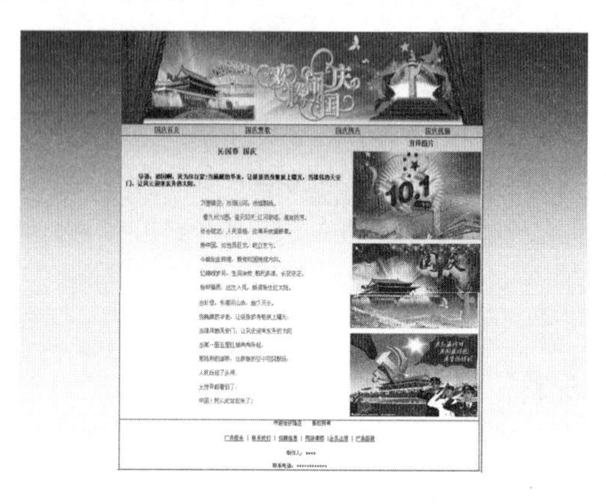

图 3-16　效果图

【操作步骤】

步骤 1．配置站点。

（1）在硬盘创建站点文件夹。在 D 盘建立站点文件夹，并把素材中的项目三\作品素材\任务一素材\活动三素材复制到站点根目录中。

（2）建立站点。启动 Dreamweaver 并创建站点 xm3。

步骤 2．新建网页，修改页面属性，保存网页。

（1）新建网页。

选择菜单栏中的“文件”→“新建”命令，创建新的网页。

（2）修改页面属性。

单击下面的“页面属性”，添加“bj6.jpg”为背景图像，上、下、左、右边距均为 0。

（3）保存网页。

选择菜单栏中的“文件”→“保存”命令，将网页保存在“files”文件夹下，命名为“gqzg.html”。

步骤 3．表格定位，添加网页元素。

（1）先插入一个 2 行 4 列的表格，宽度为 980 像素，边框为 1 像素，居中。然后将光标置于表格后，输入“Shift+Enter”组合键，再插入一个 2 行 2 列的表格，宽度为 980 像素，边框为 1 像素，居中。效果如图 3-17 所示。

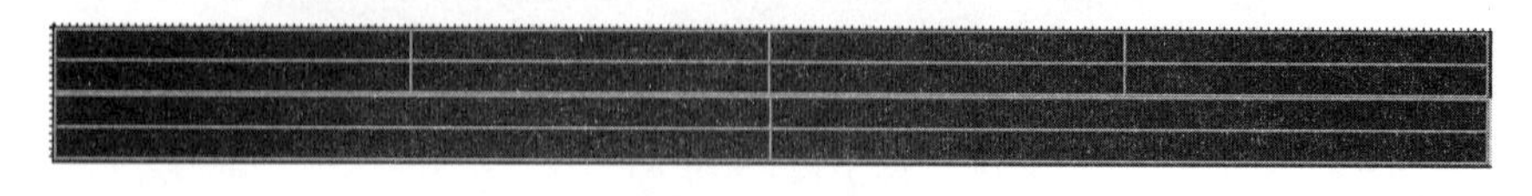

图 3-17　效果图

（2）将第一个表格的第 1 行合并，插入图像“2010gq1.jpg”。在第 2 行的 4 个单元格中分别输入“国庆首页”“国庆赞歌”“国庆阅兵”“国庆祝福”，修改字体、大小、颜色、文字居中。效果如图 3-18 所示。

图 3-18 输入文字效果图

（3）将第 2 个表格的第 2 行合并，输入版权信息。在第 1 行第 1 列，粘贴文本《沁园春 国庆》。在第 2 列插入“宣传图片”，依次插入“/images/zg/01.jpg、02.jpg、03.jpg”。这时候的页面不规整，需要我们进行细致的调整。

（4）编辑文本。

将文本中的硬回车（Enter）改成软回车（Shift+Enter），这样可以缩小诗的高度，编辑字体、大小、颜色，使之美观得体。右侧的三张图片因为没有用表格定位，所以只能通过回车键调整距离。

（5）布局调整。

将两个表格居中对齐。

步骤 4．保存、预览。

按“Ctrl+S”组合键保存，按快捷键 F12 预览。效果如图 3-19 所示。

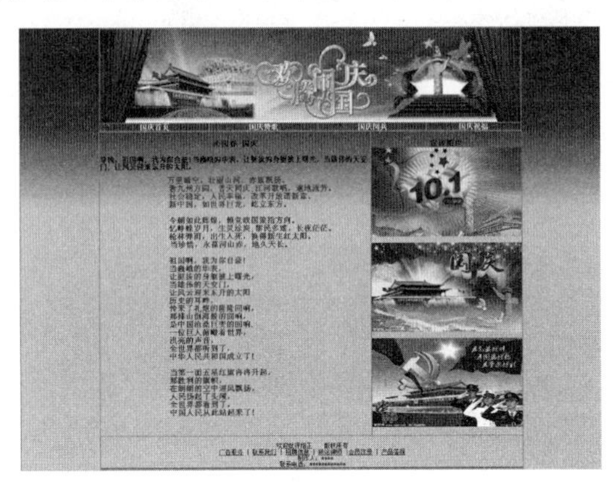

图 3-19 效果图

及时充电

（1）表格概述。

表格水平方向上的一行单元格称为行，垂直方向上的一列单元格称为列，行、列交叉部分称为单元格，单元格与单元格之间的距离称为间距，单元格与边框之间的距离称为边距，整个表格的边框称为边框。

（2）表格的布局作用。

利用表格是进行页面布局的重要方法之一。现在网页的版面通常有两种尺寸：1024×768

像素和 800×600 像素。为适应 1024×768 像素大小的页面，通常最外层的表格宽度为“1000 像素”，当制作适应 800×600 像素大小的页面时，通常最外层的表格宽度设为“778 像素”。

任务二　表格的嵌套

任务描述

（1）掌握表格嵌套的操作。

（2）理解嵌套与表格拆分的区别。

（3）能用表格布局网页。

任务实施

活动一　国庆祝福

【活动描述】

用表格嵌套的方式制作子页庆祝国庆。

【操作步骤】

让我们先看效果图，分析如何用表格布局，如图 3-20 所示。

图 3-20　效果图

步骤 1．新建网页，设置页面属性，保存网页。

选择菜单栏中的“文件”→“新建”命令，创建新的网页，设置页面属性，用“bj6.jpg”做背景图像，将网页保存在“files”文件夹下，命名为“gqzf.html”。

步骤 2．插入表格，添加网页元素。

（1）插入表格。

插入一个 4 行 1 列的表格，宽度为 980 像素，边框粗细为 1 像素，单元格边距、单元格间距均为 0。

（2）添加网页元素。

在第 1 行插入图像“2010gq1.jpg”，最后 1 行输入文本，编辑文本格式，效果如图 3-21 所示。

图 3-21 插入表格效果图

步骤 3. 嵌套表格，添加网页元素。

嵌套表格是指在表格的单元格中插入新的表格。若要在表格单元格中插入嵌套表格，只需将光标定位到该单元格中，然后再插入表格即可。

（1）嵌套表格。

将光标置于表格第 2 行，插入一个 1 行 4 列的表格，表格宽度为 100%，边框粗细、单元格边距、单元格间距均为 0。

（2）输入导航。

在嵌套的 4 列表格中分别输入“国庆首页”“国庆赞歌”“国庆阅兵”“国庆祝福”，修改文本格式为宋体、16 像素、 #0000FF，效果如图 3-22 所示。

图 3-22 输入导航效果图

（3）嵌套表格。

将光标置于表格第 3 行，插入一个 5 行 3 列的表格，宽度为 100%，具体参数设置如图 3-23 所示。

图 3-23 表格属性面板

（4）添加网页元素。

将嵌套的表格第 1 行的 3 列合并，插入图像“/images/zf/bjaa.jpg”。如果想在这张图像的上面输入文本，可以将图像作为单元格背景图像，如图 3-24 所示。

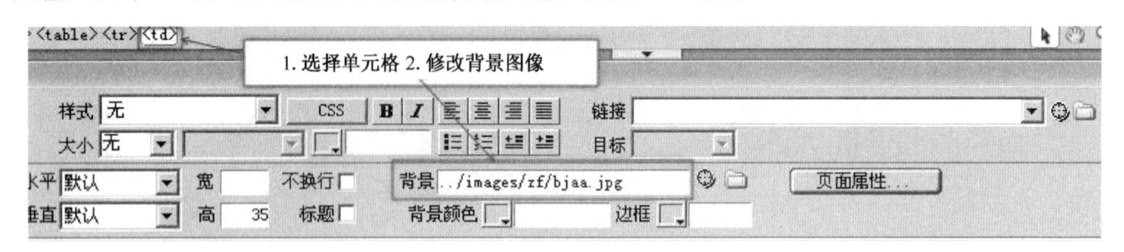

图 3-24　修改单元格属性面板

在嵌套表格的第 2 行分别插入 1.jpg、2.jpg、5.jpg 3 张图像，大小为 296*172。在嵌套表格的第 3 行输入文本并编辑，链接为空链接。在第 4 行的 3 列中分别插入 3.jpg、4.jpg、6.jpg 3 张图像，第 5 行输入文本。效果如图 3-25 所示。

图 3-25　在嵌套表格中插入图像效果图

步骤 4．调整布局，细致编辑。

选中整个表格，居中对齐，如图 3-26 所示。细致地编辑内部网页元素，争取做到尽善尽美。

图 3-26　表格属性面板

步骤 5．保存、预览。

按“Ctrl+S”组合键保存，或按快捷键 F12 预览。效果如图 3-27 所示。

图 3-27 效果图

活动二 国庆阅兵

【活动描述】

用表格嵌套的方式制作“国庆阅兵”子页。

【操作步骤】

让我们先看效果图，分析如何使用表格进行布局。效果如图 3-28 所示。

图 3-28 效果图

方案一：先插入一个 8 行 1 列的表格，在第 2 行插入一个 1 行 4 列的表格。在第 5 行插入一个 4 行 5 列的表格，将第 1 列的 4 个单元格合并。在第 7 行插入一个 4 行 5 列的表格，再将第 1 列的 4 个单元格合并。布局如图 3-29 所示。

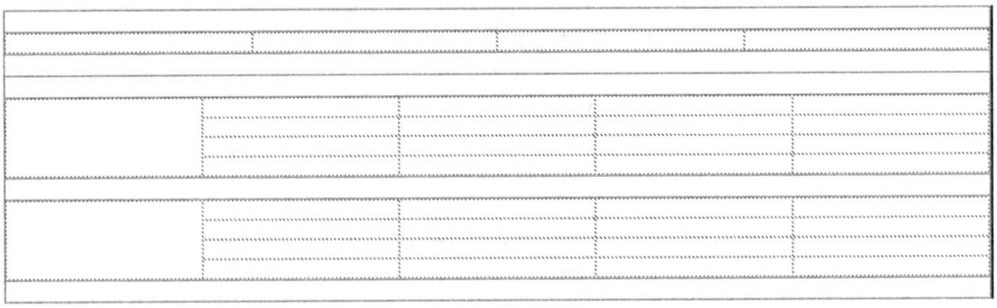

图 3-29　布局图（1）

方案二：先插入一个 4 行 1 列的表格，在第 2 行插入一个 1 行 4 列的表格。在第 3 行插入一个 11 行 5 列的表格，将第 1 行的 4 个单元格合并，第 2 行的 4 个单元格合并，第 3、4、5、6 行的第 1 列单元格合并，第 8、9、10、11 行的第 1 列单元格合并。布局如图 3-30 所示。

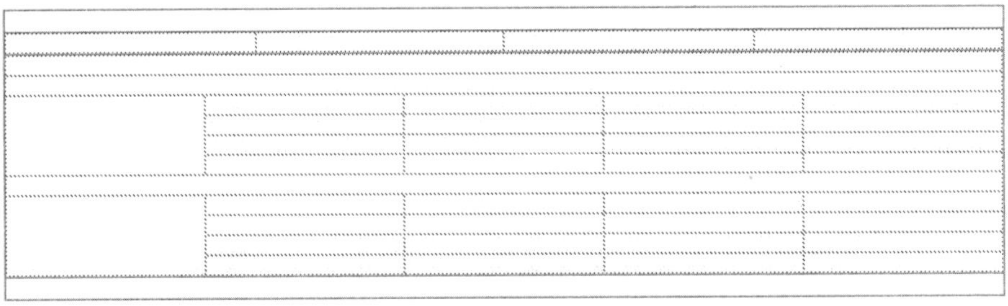

图 3-30　布局图（2）

当然还有其他的布局方式，区别在于边框线的显示方式和嵌套的层数。我们选择的标准是嵌套层数不能过多，以免影响运行速度，最好在 3 层以内。边框线的显示根据自己的喜好选择，有或无、单线或双线等。这里介绍第 2 套方案的制作过程。

步骤 1．新建网页，设置页面属性，保存网页。

选择菜单栏中的“文件”→“新建”命令，创建新的网页，设置页面属性，用“bj6.jpg”做背景图像，将网页保存在“files”文件夹下，命名为“gqyb.html”。

步骤 2．插入表格，添加网页元素。

（1）插入表格。插入一个 4 行 1 列的表格，宽度为 980 像素，边框粗细为 1 像素，单元格边距、单元格间距均为 0。

（2）在第 1 行插入图像“2010gq1.jpg”，最后 1 行输入文本，编辑文本格式。效果如图 3-31 所示。

图 3-31 插入表格效果图

步骤 3．嵌套表格，添加网页元素。

（1）将光标置于表格第 2 行，插入一个 1 行 4 列的表格，表格宽度为 100%，边框粗细、单元格边距、单元格间距均为 0。在嵌套的 4 列表格中分别输入“国庆首页”“国庆赞歌”“国庆阅兵”“国庆祝福”，修改文本格式：字体为宋体；大小为 16 像素；颜色为#0000FF。效果如图 3-32 所示。

图 3-32 嵌套表格效果图

（2）在第 3 行插入一个 11 行 5 列的表格，将第 1 行的 4 个单元格合并，第 2 行的 4 个单元格合并，第 3、4、5、6 行的第 1 列单元格合并，第 8、9、10、11 行的第 1 列单元格合并。布局如图 3-33 所示。

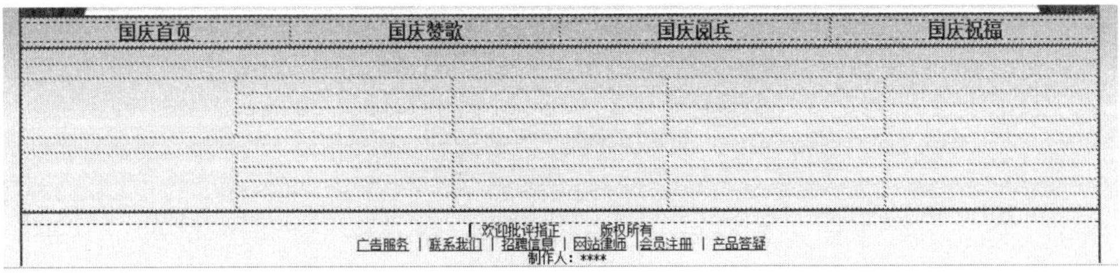

图 3-33 布局图

（3）分别在指定的位置添加网页元素。在第 1 行添加背景图像“/yb/dh.gif”，插入图像“/yb/jc.png”。在第 2 行输入文本“焰火晚会”，并修改格式，表格布局效果如图 3-34 所示。文本的格式为：楷体、14、黑色。当第一次设置完格式后，在样式下拉列表中可以选择对应的样

式，如图 3-35 所示。

图 3-34　表格布局效果图

步骤 4．细致编辑，调整布局，保存预览。

（1）表格线的编辑如图 3-36 所示，图像、文字居中。

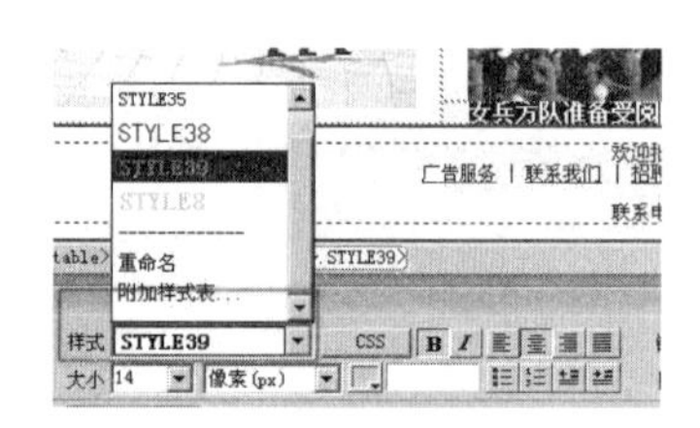

图 3-35　设置样式

图 3-36　表格线编辑

（2）调整布局，保存预览。

整体表格居中，保存预览。效果如图 3-37 所示。

图 3-37　效果图

及时充电

表格排版时的注意事项

（1）先规划好大致布局。

（2）建立最外层的表格，然后在其内部嵌套较小的表格。外层表格宽度用像素，内层表格用百分比。

（3）让最外层的表格居中，保证在不同分辨率下表格都居中显示。

（4）不要频繁拆分表格，尽量通过嵌套的方式完成元素定位，但嵌套次数尽量要少。

任务三　表格在网页布局中的应用

任务描述

（1）分析如何用表格布局网页。

（2）灵活运用各项属性设置。

任务实施

活动一　国庆首页

【活动描述】

用表格嵌套的方式制作以“迎国庆 颂华诞”为主题的网站主页。

【操作步骤】

步骤 1．参考上面两个活动，将网页制作成如图 3-38 所示的效果，命名为“index.html”，保存在站点文件夹下，如图 3-39 所示。

图 3-38　效果图

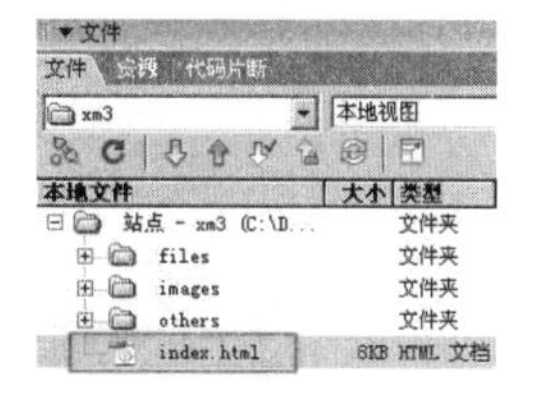

图 3-39　保存页面

步骤 2．嵌套表格，添加网页元素。

（1）嵌套表格。

将光标置于第 3 行中，插入一个 1 行 2 列，宽度为 100%，边框粗细、单元格边距、单元格间距均为 0 的表格。在第 1 列中插入一个 2 行 2 列、宽度为 580 像素的表格，并将第 1 行的 2 列合并。在第 2 列插入一个 5 行 1 列、宽度为 400 像素的表格。布局如图 3-40 所示。

图 3-40　布局图

（2）添加图像。

将光标置于左侧第 1 行，插入一个鼠标经过图像，如图 3-41 所示，在第 2 行第 1 列插入图像“/zy/zy01.jpg”，在第 2 行第 2 列插入图像“/zy/zy02.jpg”。效果如图 3-42 所示。

图 3-41 “插入鼠标经过图像”对话框

图 3-42 添加图像

（3）添加文本。

将光标置于右侧第 1 行，为单元格添加背景图像“/zy/lb_tdmc.jpg”，并在上面输入文本“焦点新闻”，如图 3-43 所示。

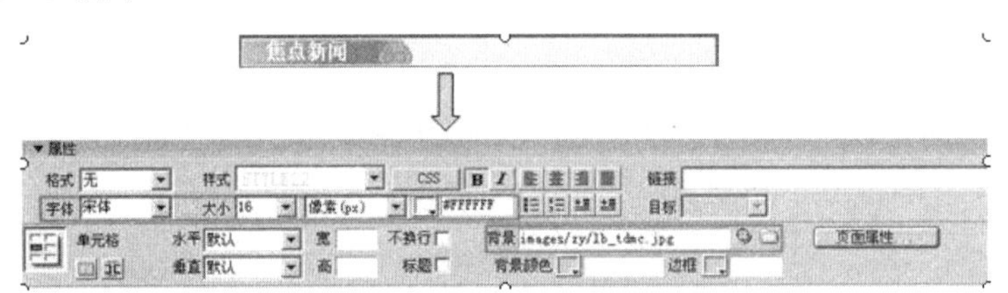

图 3-43 属性面板

下面的 4 行依次输入如图 3-44 所示的内容。

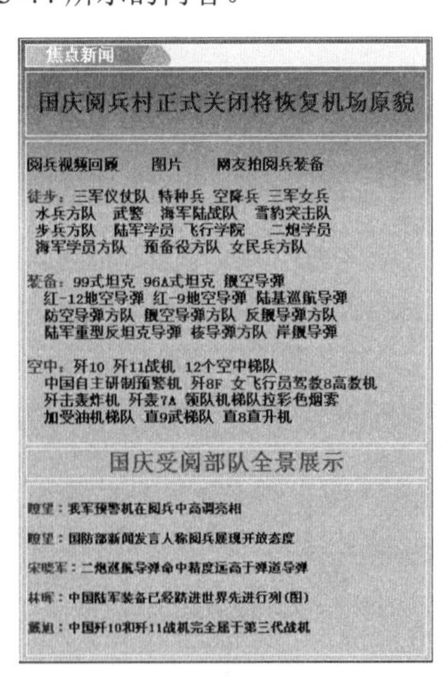

图 3-44 添加文本效果图

步骤 3．调整网页布局，保存预览。

整个表格居中对齐，各行调整高度以达到良好视觉效果。嵌套表格是否要边框线，表格的填充、间距是否设置，可根据自我的欣赏喜好来设定。在此过程中，随时保存，随时预览。效果如图 3-45 所示。

图 3-45　效果图

活动二　链接整个网站

【活动描述】

将本站点链接起来，要求每个子页都能实现正常链接。

【操作步骤】

步骤 1．打开主页，建立导航链接。

打开主页 index.html，选中“国庆首页”，创建链接，如图 3-46 所示。也可以通过单击链接旁的“文件夹”按钮实现，如图 3-47 所示。依次链接后面的“国庆赞歌”“国庆阅兵”和“国庆祝福”。

图 3-46　链接方法（1）

图 3-47　链接方法（2）

步骤 2．打开子页，建立链接。

依次打开各个子页，分别建立相应的链接。

步骤 3．预览调试。

保存、预览，单击每个链接，检查链接是否正确。

任务四　综合练习——“学雷锋 在行动”主题网站

任务描述

（1）分析效果图的整体布局与表格设置的规律。

（2）综合运用网页元素。

（3）掌握表格的各种操作，特别是表格嵌套。

任务实施

活动一　分析效果图并加工素材

【活动描述】

针对所给效果图分析表格的设置情况，特别是要找到表格嵌套的规律，有利于快速制作网站。对于需要加工的图片和需要自己制作的动画，在已知尺寸的前提下可以事先完成。

【操作步骤】

步骤 1．配置站点。

（1）建立站立文件夹。在 D 盘建立站点文件夹，并把素材中的项目三\作品素材\任务四素材\活动一素材复制到站点根目录中。

（2）建立站点。启动 Dreamweaver 并建立站点 rw4，如图 3-48 所示。

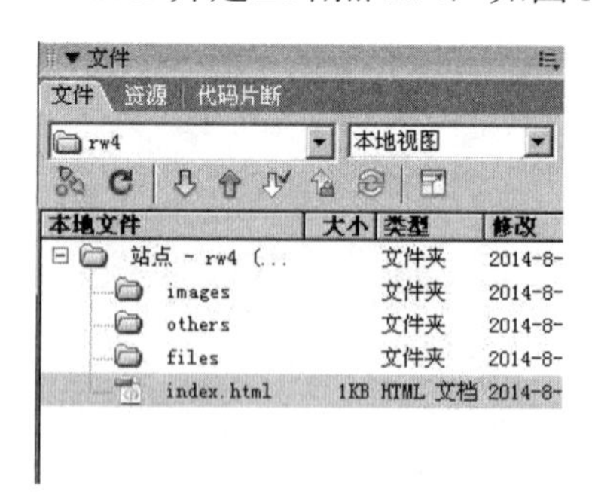

图 3-48　站点名称图

步骤 2．分析效果图。

（1）观察本站点的 4 个网页，找到 4 个网页的共同点。效果分别如图 3-49～图 3-52 所示。

图 3-49 主页效果图

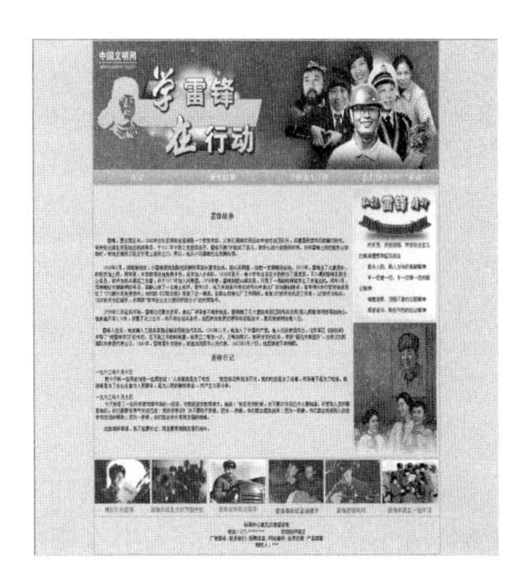

图 3-50 “雷锋故事”效果图

图 3-51 “志愿者在行动”效果图

图 3-52 “我们的名字叫雷锋”效果图

4 个网页整体风格一致，布局基本相同，都是由主题图片、导航、具体内容、友情链接或照片流动动画、版权信息 5 部分组成。

（2）分析表格设置。先插入一个 5 行 1 列的表格，在第 1 行插入主题图片。在第 2 行嵌套一个 1 行 4 列的表格，分别输入 4 个导航。第 3 行作为每个网页的具体内容，我们在制作过程中再做具体分析，在这里可以先预留位置。第 4 行如果是照片流动效果，我们只需预留位置即可。如果是友情链接，应该嵌套一个 3 行 5 列的表格，其中第 1 行的 5 列合并，2、3 行分别插入图片。第 5 行输入版权信息。框架图如图 3-53 所示。

步骤 3．利用 Photoshop 编辑图片。

在制作网页的过程中，难免会遇到图片不太合适的情况，有的图片太大，有的需要剪裁，这就要求我们掌握简单的编辑图片的方法。这里介绍两个实用的小方法。

（1）修改图片大小。

在 Dreamweaver 中插入一张照片，通常的尺寸是 2048×1536 像素，如果想将照片变小，还要调整表格的尺寸，非常麻烦。如果在 Photoshop 中将照片尺寸改小，用起来就会方便多了。

主题图片

主页	雷锋故事	志愿者在行动	我们的名字叫雷锋

预留网页主要内容

友情链接

新闻中心意见反馈留言板
电话：022-******** 欢迎批评指正
广告服务 | 联系我们 | 招聘信息 | 网站律师 | 会员注册 | 产品答疑
制作人：***

图 3-53 框架图

在 Photoshop 中打开需要修改尺寸的照片，单击菜单栏中的“图像”→“图像大小”命令，如图 3-54 所示，修改“像素大小”中的宽度、高度，然后单击“确定”按钮。照片的尺寸就修改好了。

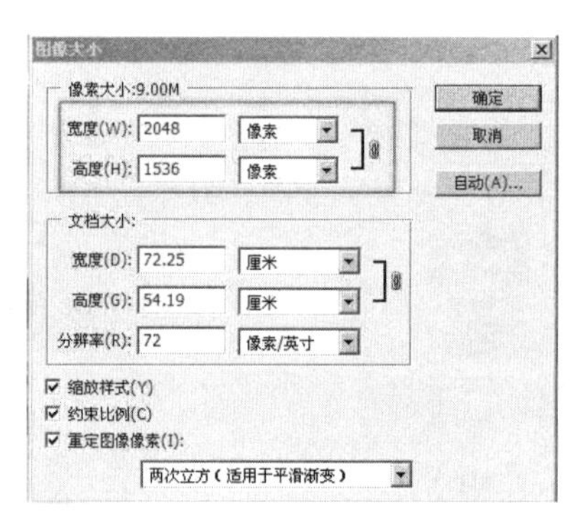

图 3-54 “图像大小”对话框

如果不做其他的修改就可以保存了，保存时会弹出“JPEG 选项”对话框，单击“确定”按钮即可。

（2）剪裁图片。

对于需要剪裁的图片，只需单击工具箱中的剪裁工具 ，选中合适的尺寸后，双击“确定”，或者单击“其他工具”，在弹出的对话框中选择“剪裁”按钮即可。剪裁效果如图 3-55 所示。

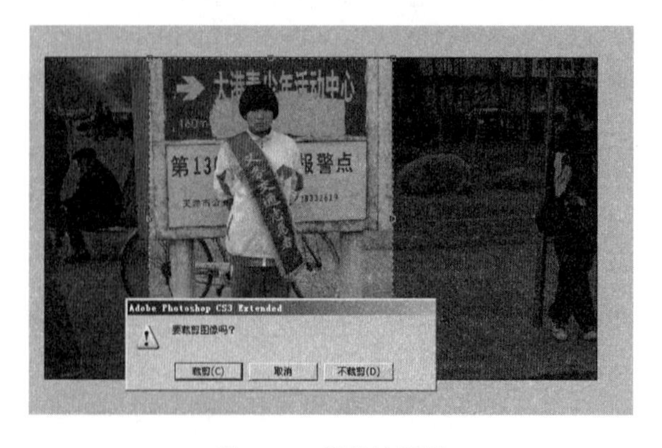

图 3-55 剪裁效果图

步骤 4．制作动画效果。

有动画效果的网页显得生动活泼，这就需要我们掌握简单的动画制作。这里介绍常见的照片流动效果的制作。

（1）打开 Flash CS3 软件，新建文件，单击属性面板中的大小按钮，修改动画属性。动画的宽度、高度要依据网页中的预留位置设置，背景颜色也要与网页中预留位置的颜色一致。本页中的动画属性如图 3-56 所示。

（2）选择菜单栏中的“文件”→“导入”→“导入到库”命令，将需要的图片导入到库，如图 3-57 所示。

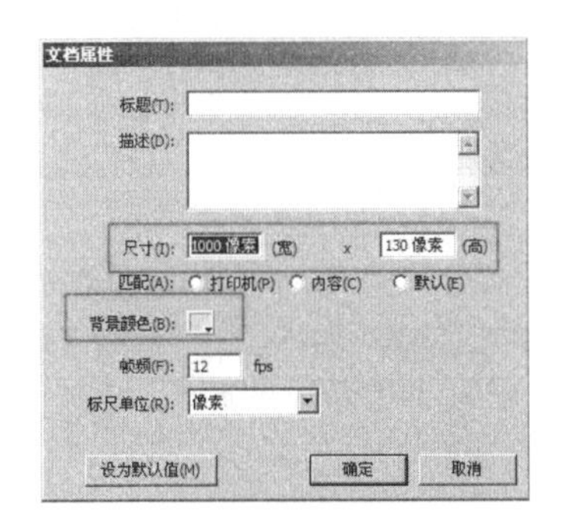

图 3-56 “文档属性”对话框

图 3-57 导入到库中的图片

选择菜单栏中的“插入”→“新建元件”命令，制作一个图形元件。将若干张图片排列整齐，每张图片的下方还可以加入注释文字，图片之间留有缝隙。将制作好后的元件复制、粘贴一次，形成一个连在一起的较长的元件。已完成的图形元件如图 3-58 所示。

图 3-58 已完成的图形元件

（3）在场景 1 中，将制作好的元件拖入场景并在第 1 帧的位置与场景对齐。依据流动速度的快慢，在 300 帧位置插入关键帧，将元件中和第 1 张图片相同的图片与场景开始处对齐，中间插入补间动画。效果如图 3-59 所示。

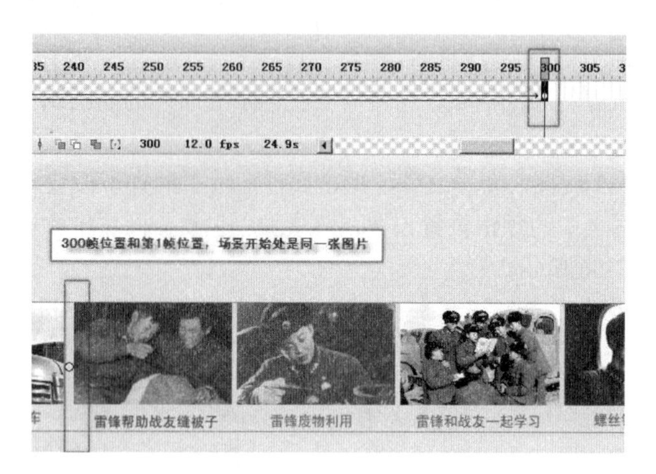

图 3-59　制作补件动画

（4）将动画保存在“others”文件夹下，命名为“zpldxg.fla”。单击“控制”→“测试影片”命令或者按“Ctrl+Enter”组合键，在测试影片的同时生成了同名的.swf 文件。在制作的网页中插入.swf 文件即可。

活动二　制作网页

【活动描述】

根据活动中一分析的效果图，有计划高效率地完成 4 个网页的制作。

【操作步骤】

步骤 1．配置站点。

（1）建立站点文件夹。在 D 盘建立站点文件夹，并把素材中的项目三\作品素材\任务四素材\活动二素材复制到站点根目录中。

（2）双击 index.html，设置页面属性中上、下、左、右边距均为 0，背景颜色为#E2DED2。

步骤 2．搭建 4 个网页的框架，保存预览。

（1）依据活动一中对 4 个网页的分析，先在主页中插入一个 5 行 1 列的表格。按照如图 3-53 所示，分别插入相应的网页元素。效果如图 3-60 所示。

图 3-60　插入网页元素

（2）这里为了表示表格嵌套，将边框都设为 1 像素，后面可以去掉不必要的表格边框线。这里介绍两个技巧。一是如何让若干列平均分布。例如，导航条需要平均分布为 4 列，我们只需选中这 4 列，在下面的属性面板中修改宽的值为 25%，即可实现平均分布各列，效果如图 3-61 所示。二是如何让图片有外边框线。可以选中图片，在下方的属性面板中将边框设置相应的数值，效果如图 3-62 所示。

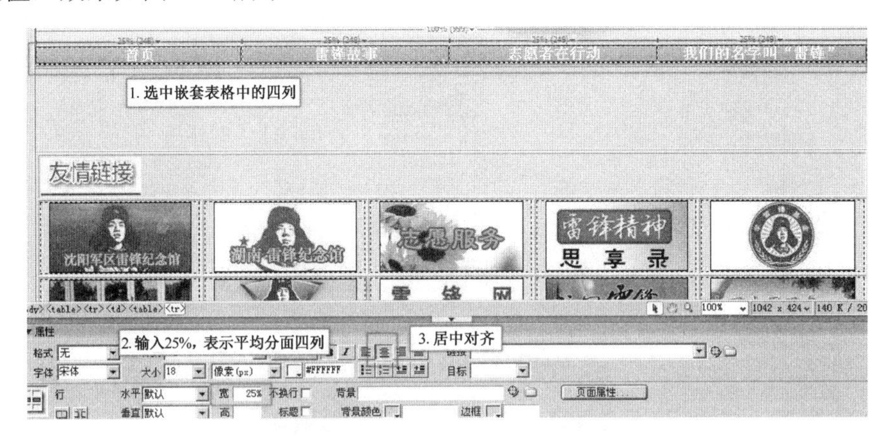

图 3-61 平均分布列效果图

图 3-62 图片设置外边框线

（3）选中整个表格，复制、新建、粘贴文件，将不显示的图片都重新插入一遍。将网页保存在“files”文件夹下，分别命名为“lfgs.html”（子页——雷锋故事）、“zyzzxd.html”（子页——志愿者在行动）、“wmdmzjlf.html”（子页——我们的名字叫雷锋）。

步骤 3．制作主页。

（1）在主页外表格第 3 行上嵌套一个 2 行 2 列的表格。

（2）在第 1 行第 1 列插入一个电子相册，具体方法参照项目二任务三活动二中的插入电子相册部分。电子相册大小为 400×300 像素，图片来源于站点文件夹“images”下的“dzxc”文件夹中。具体参数如图 3-63 所示。效果图如图 3-64 所示。

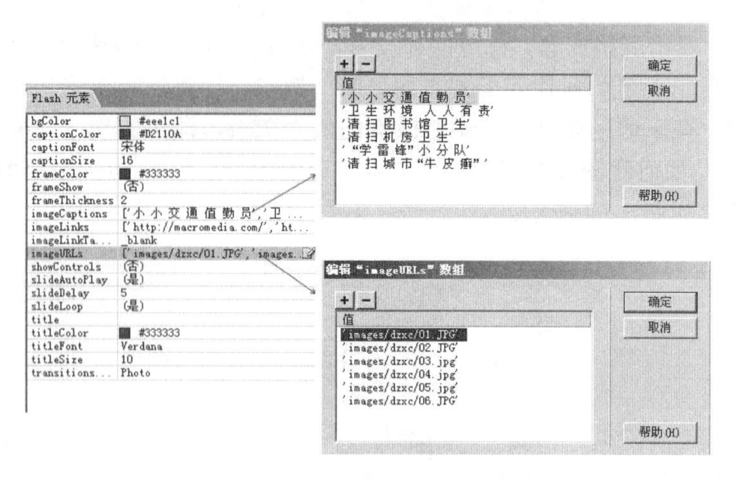

图 3-63　电子相册的参数设置

图 3-64　电子相册效果图

（3）在第 1 行第 2 列输入相应文本。

（4）在第 2 行第 1 列插入图片、输入文字。

（5）在第 2 行第 2 列插入视频，具体方法参照项目二任务三活动二中的插入视频。效果如图 3-65 所示。

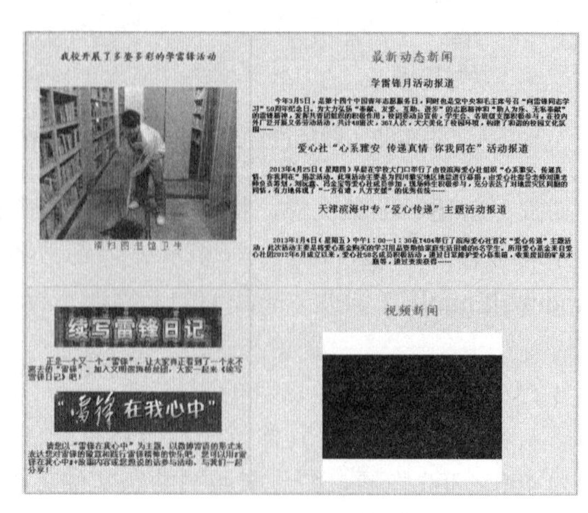

图 3-65　效果图

步骤 4．制作子页“雷锋故事”。

（1）打开子页“lfgs.html”，参照图 3-50，将友情链接部分删除。方法是将光标置于友情链接内嵌表格中的任意位置，选中这个内嵌表格，单击“Delete”删除键，如图 3-66 所示。

图 3-66　删除指定表格方法

在此位置制作一个照片流动效果，依照本任务活动一中的步骤 4，效果如图 3-67 所示。

图 3-67　效果图

（2）分析外表格第 3 行主要内容区域应如何编辑？这里只需嵌套一个 1 行 2 列的表格，在第 1 列中输入文本，在第 2 列中插入图像。输入文本时如何实现题目居中对齐，内容两端对齐呢？只需用【Enter】键分隔题目和内容，即可实现分别的对齐方式。如何调整两张图片之间的距离以及图片与边线之间的距离呢？可以在此嵌套一个 2 行 1 列的表格，让每一张图片位于一个单元格内，再调整表格属性里的填充、间距的值即可。效果如图 3-68 所示。

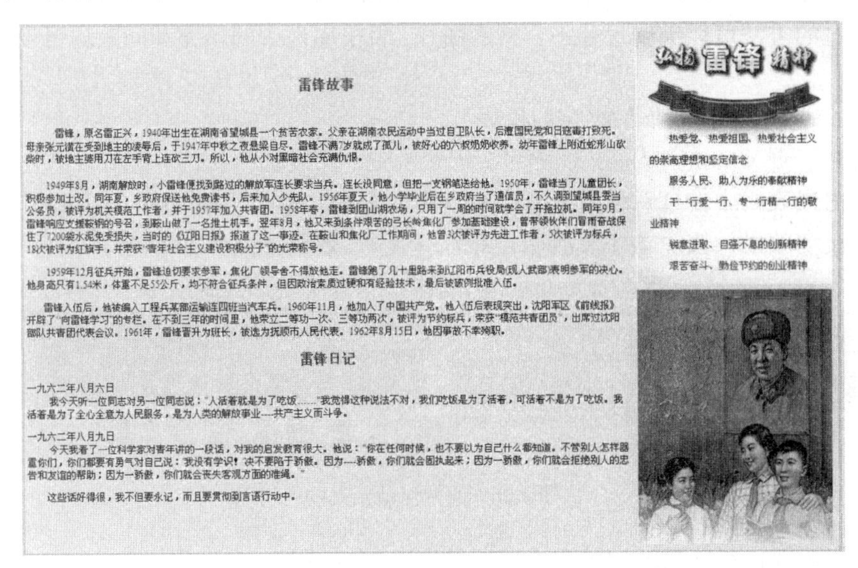

图 3-68　“雷锋故事”子页

步骤 5．制作子页“志愿者在行动”。

（1）打开子页“zyzzxd.html”，参照效果图 3-69，分析主要内容区域的编辑方法。

图 3-69　效果图

（2）经过仔细分析，应在此嵌套一个 8 行 4 列的表格，将第 1 行前 3 列合并，输入文本，最后一列插入图片。第 2 行前 3 列合并，输入文本，最后 1 列插入图片。第 3 行 4 列合并，在属性面板中设置背景图片，输入文本“交通志愿者”，并编辑文本格式。第 4 行的 4 列分别插入图片。第 5 行的 4 列合并，设置背景图片，输入文本“社区志愿者”，并编辑文本格式。第 6 行的 4 列分别插入图片，第 7 行的 4 列合并，设置背景图片，输入文本“校内志愿者”，并编辑文本格式。

（3）图片之间应留有空隙才更舒服，因为整个表格为 1000 像素，如果每张图片都为 250 像素的话，很难留出空隙，所以将每张图片设计为 245 像素。根据这一原则，在 Photoshop 中，利用前面讲过的方法可以编辑尺寸不合格的图片。表格属性中的填充和间距均可设置图片之间的空隙。

步骤 6．制作子页“我们的名字叫雷锋”。

（1）打开子页 wmdmzjlf.html，参照效果图 3-52，将友情链接部分删除。方法是将光标置于友情链接内嵌表格中的任意位置，选中这个内嵌表格，单击“Delete”删除键。在此位置制作一个照片流动效果，依照本任务活动一中的步骤 4，效果如图 3-70 所示。

图 3-70　照片流动效果图

（2）分析主要内容区域的编辑方法。效果如图 3-71 所示。

图 3-71　主要内容区域的编辑效果图

经过仔细分析，应在此嵌套一个 7 行 4 列的表格，第 1 行第 1 列插入一个动画效果，将后 3 列合并，输入文本。第 2 行的 4 列合并，插入图片。第 3 行的 4 列合并，输入并编辑文本。第 4 行的 4 列分别插入图片。第 5 行的 4 列分别输入文本，并编辑文本格式。第 6 行的 4 列分别插入图片。第 7 行的 4 列分别输入文本，并编辑文本格式。

（3）关于动画效果的说明。

先将要展示的图片制作成图形元件，如图 3-72 所示。场景的尺寸和一张图片的尺寸一样，第 1 张图片停留 10 帧，然后移动到第 2 张图片，再停留 10 帧，然后停留到第 3 张图片，依此类推。动画的要点如图 3-73 所示。

图 3-72　图形元件

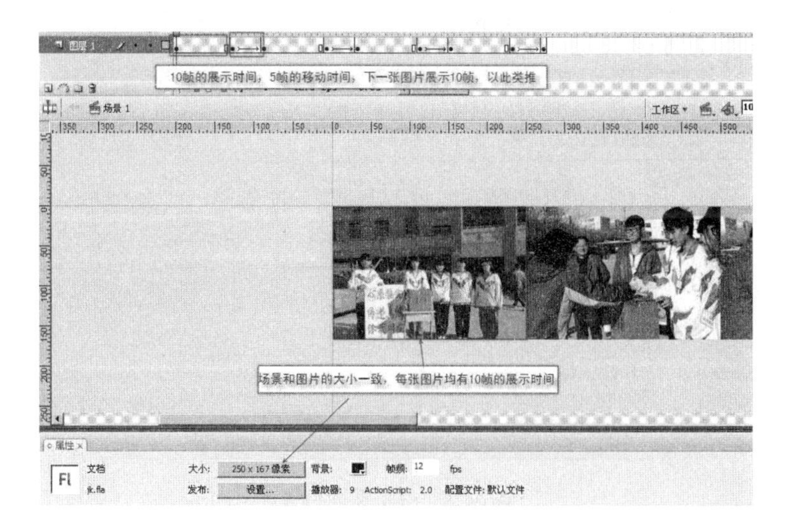

图 3-73　动画说明图

至此，我们将 4 个网页都制作完成了，下一步是将这 4 个网页链接成一个完整的站点。

活动三　链接属性的设置

【活动描述】

熟练掌握网页之间的链接，可以修改链接属性。

【操作步骤】

（1）建立站点文件夹。在 D 盘建立站点文件夹，并把素材中的项目三\作品素材\任务四素材\活动三素材复制到站点根目录中。

（2）打开主页，实现主页与其他 3 页及自己本页的链接。其他 3 个子页操作相同，以实现页页相同。

（3）友情链接部分可做空链接处理。方法是在属性面板链接后输入“#”即可，如图 3-74 所示。

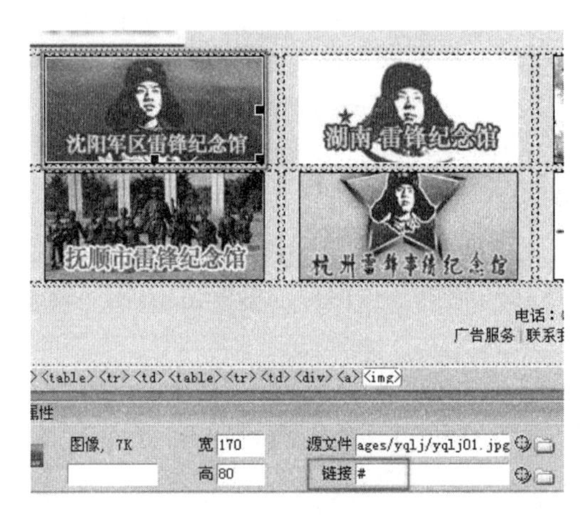

图 3-74　空链接

（4）链接属性的设置可通过单击属性面板中的“页面属性”按钮设置。如图 3-75 所示，可以设置链接状态无下划线样式、链接颜色、已访问链接、变换图像链接、活动链接。

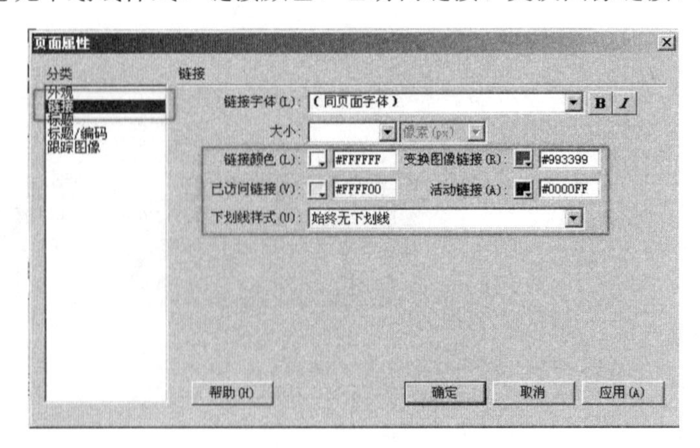

图 3-75　链接属性设置

及时充电

表格嵌套的注意事项

（1）在使用表格布局页面时，首先需要对页面中的各类元素作一个大致的规划，事先构思好布局的草图，这样可以在创建表格时节省大量的时间。

（2）创建表格时，最外层表格宽度单位最好采用像素，内部嵌套表格宽度单位采用百分比。为防止浏览过程中出现水平方向的滚动条，通常在 800×600 分辨率下，把表格宽度最大设置为 778 像素，在 1024×768 分辨率下最大设置为 1002 像素。

（3）嵌套表格的宽度受所在单元格宽度的限制。

（4）在网页表格中，表格嵌套层数不宜过多，否则会影响浏览速度。

项目评价

项目评价标准

等级	等级说明	评价
一级任务	能自主完成项目所要求的学习任务	合格（不能完成任务定为不合格等级）
二级任务	能自主、高质量地完成拓展学习任务	良好
三级任务	能自主、高质量地完成拓展学习任务并能帮助别人解决问题	优秀

项目评价表

项目	评价内容	分值	评分				所占价值	项目得分
			自评（30%）	组评（40%）	师评（30%）	得分		
职业能力	站点的创建与管理	20					60%	
	表格合理布局	20						
	表格属性的设置	20						
	网页元素的合理使用	10						
	超级链接的使用	10						
	整体布局、颜色搭配	20						
	合计	100						
通用能力	合作能力	20					40%	
	沟通能力	10						
	组织能力	10						
	活动能力	10						
	自主解决问题能力	20						
	自我提高能力	10						
	创新能力	20						
	合计	100						

项目总结

本项目通过制作两个完整的网站介绍了表格的作用和相关操作，特别是表格嵌套的合理使用，为初学者制作复杂网页提供了平台。希望通过本项目，学生的制作水平能大幅度提升！

项目拓展

（1）一级任务：完成“迎国庆 颂华诞”主题网站的制作，掌握基本技能的前提下可以自由发挥。

（2）二级任务：完成“学雷锋 在行动”主题网站的制作。能熟练掌握制作流程，独立快速完成作品。

（3）三级任务：利用所学技术制作一个关于戒烟的主题网站，要求用表格定位，布局合理，能灵活使用表格嵌套，图文并茂、主题鲜明、链接正常。素材需自行在网络上搜集。

层和框架布局

项目目标

了解框架和框架集的创建方法。
掌握框架的属性设置。
掌握层的创建与属性。
掌握层和时间轴。
了解层与表格的转换方法。

项目分析

本项目将介绍关于框架的基本知识，并结合具体实例讲解在 Dreamweaver CS3 中如何创建、使用框架，设置框架属性，利用框架进行布局。学习层的创建，使用层实现多个元素的重叠效果，通过层与时间轴的配合实现网页的动态效果。

项目实施

本项目通过 3 个任务学习框架和框架集的创建；熟悉框架的属性设置；掌握层的创建与属性设置；熟悉利用层和时间轴的配合来实现网页动态效果；了解层与表格的转换方法。

任务一　框架布局

任务描述

（1）学习创建和保存框架与框架集。
（2）学习框架的属性设置。
（3）能使用框架制作网页。

任务实施

活动一　创建框架与框架集

【活动描述】

学习创建框架与框架集。

【操作步骤】

步骤 1．创建一个框架集网页。

（1）运行 Dreamweaver CS3，选择菜单栏中的“文件”→“新建”命令，弹出“新建文档”对话框，在对话框中选择“示例中的页”→“框架集”→“上方固定，左侧嵌套”选项，如图 4-1 所示。

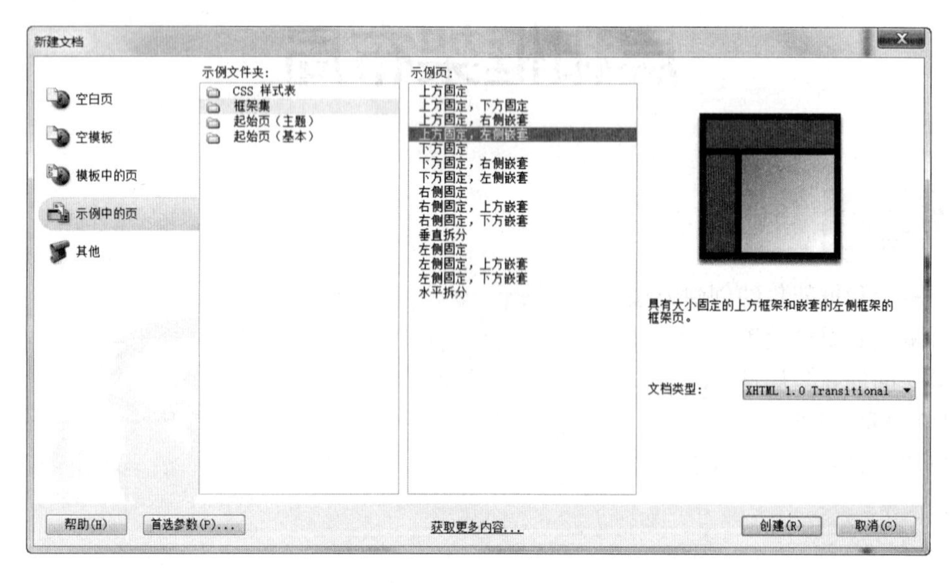

图 4-1　新建框架集

（2）单击“创建”按钮，弹出“框架标签辅助功能属性”对话框，如图 4-2 所示，在此可为每一个框架指定一个标题。

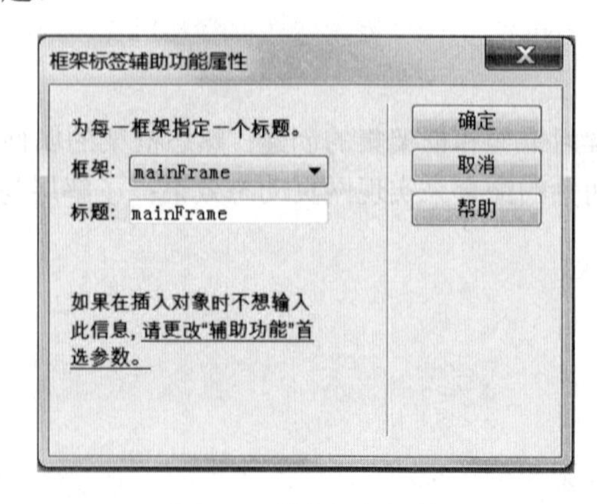

图 4-2　指定框架标题

（3）单击“确定”按钮，即可创建一个“上方固定，左侧嵌套”的框架集，如图 4-3 所示。

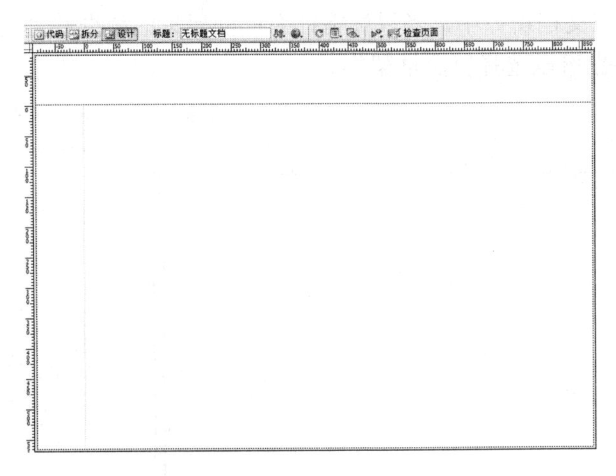

图 4-3 生成框架集

步骤 2．打开框架面板，选择框架和框架集。

（1）选择菜单栏中的“窗口”→“框架”命令，或按“Shift+F2”组合键，打开“框架”面板，可以看到所建框架结构，如图 4-4 所示。

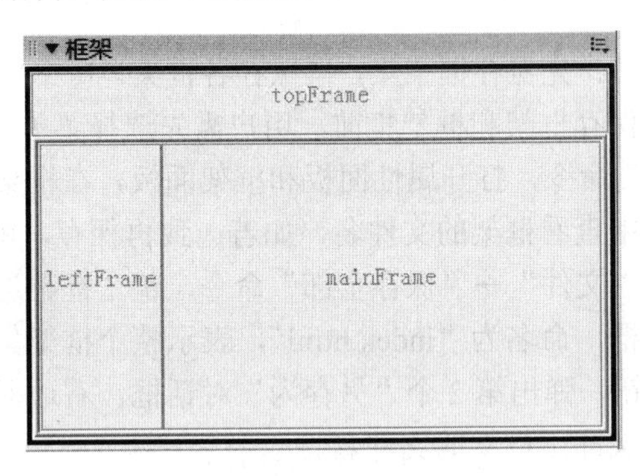

图 4-4 框架面板

（2）在框架面板中单击框架“mainFrame”。此时，框架“mainFrame”被选中，其边框被虚线环绕，如图 4-5 所示。也可按“Alt”键，在要选择的框架内单击即可选中，或者在文档窗口中，单击要选择的框架，即可选中该框架。

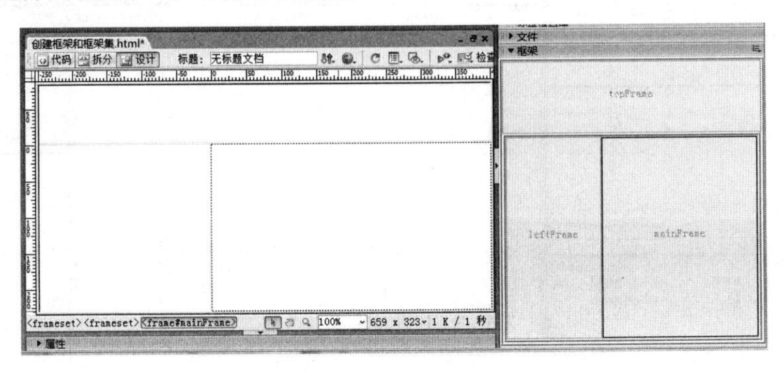

图 4-5 选中框架

（3）在框架面板中单击整个框架边框，则可以将整个框架集选中，其边框被虚线环绕，如图 4-6 所示。或者，在文档窗口中，当鼠标指针靠近框架集的边框并且出现上下箭头时，单击整个框架集的边框，也可以选择整个框架集。

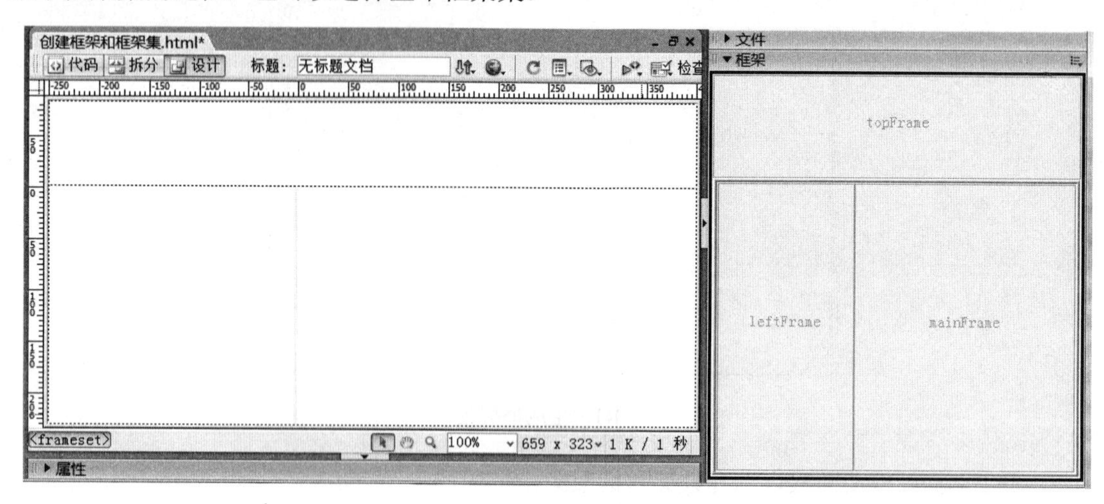

图 4-6　选中框架集

步骤 3．保存框架。

保存框架时分两步进行：先保存框架集，再保存各框架。每个框架都要保存为一个 HTML 文件。为避免保存出错，保存框架和框架集前，用户需先选择菜单栏上的“窗口”→“属性”命令和“窗口”→“框架”命令，打开属性面板和框架面板，在框架面板中选择一个框架，在属性面板的有源文件选项中查看框架的文件名，如若一致再保存，就不会出错。

（1）选择菜单栏上的“文件”→“保存全部”命令，整个框架边框会出现一个阴影框，同时会弹出“另存为”对话框，命名为“index.html”，表示整个框架集的名称。

（2）单击“保存”按钮，弹出第 2 个“另存为”对话框，右边框架内侧出现阴影，命名为“main.html”，表示右边框架即主框架的文件名。

（3）单击“保存”按钮，依次弹出第 3 个和第 4 个“另存为”对话框，分别命名为“left.html”和“top.html”，表示左边框架和上方框架的文件名，如图 4-7 所示。

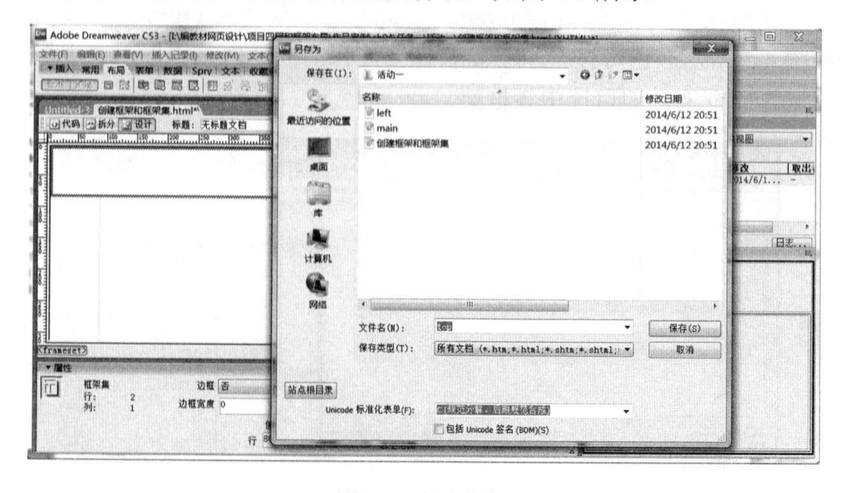

图 4-7　保存框架

步骤 4. 调整框架大小。

调整框架有两种方法，一是通过鼠标操作，一是在属性面板中设置。

（1）在文档窗口中，将鼠标指针放在框架边框上，当鼠标指针呈双向箭头时，拖曳鼠标到合适的位置后，松开鼠标即可。

（2）选择框架中左右两个的框架集，如图 4-8 所示。在属性面板中设置列值为“200”，单位为“像素”，如图 4-9 所示。使用这种方法可以精确地调整框架的大小。

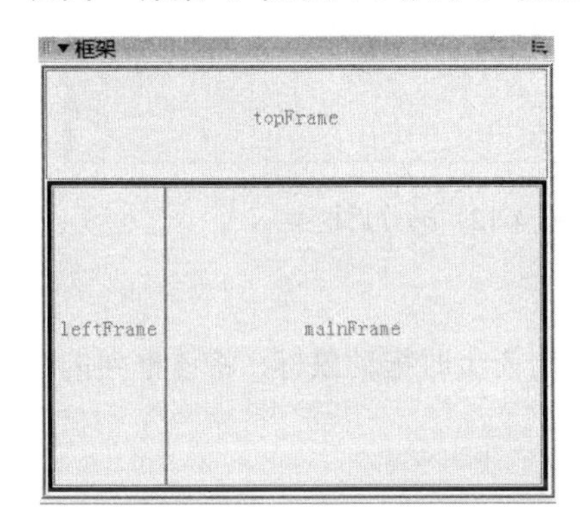

图 4-8 选中左右两个的框架集

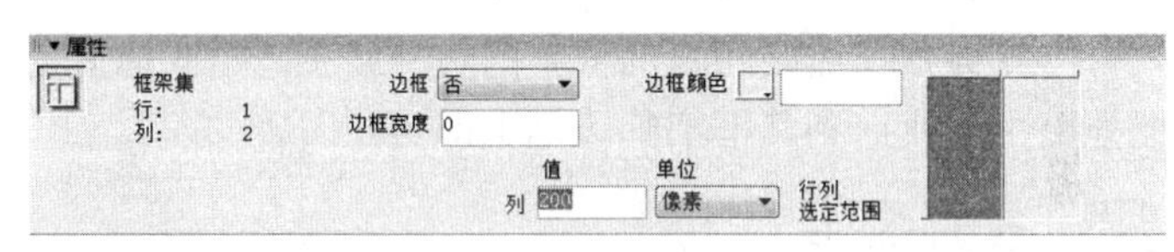

图 4-9 设置框架的大小

步骤 5. 编辑框架。

系统提供的 15 种框架类型有时并不能满足网页的需要，可以根据需要在预定义的框架页面基础上进行拆分，或删除多余的框架，以符合设计要求。

（1）拆分框架。

将光标放置在要拆分的框架窗口中，选择菜单栏上的“修改”→“框架集”→“拆分左框架”命令，如图 4-10 所示。此时原框架被拆分为两列，如图 4-11 和图 4-12 所示。

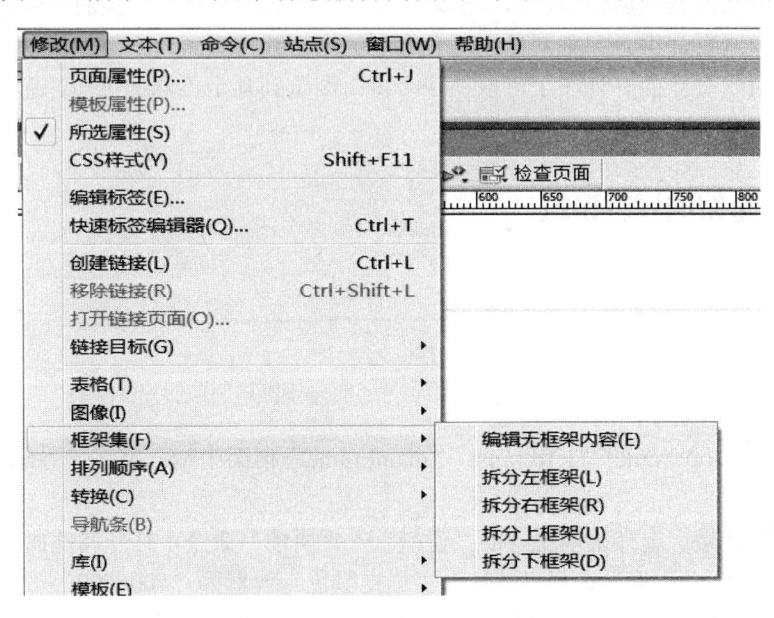

图 4-10 “框架集”子菜单

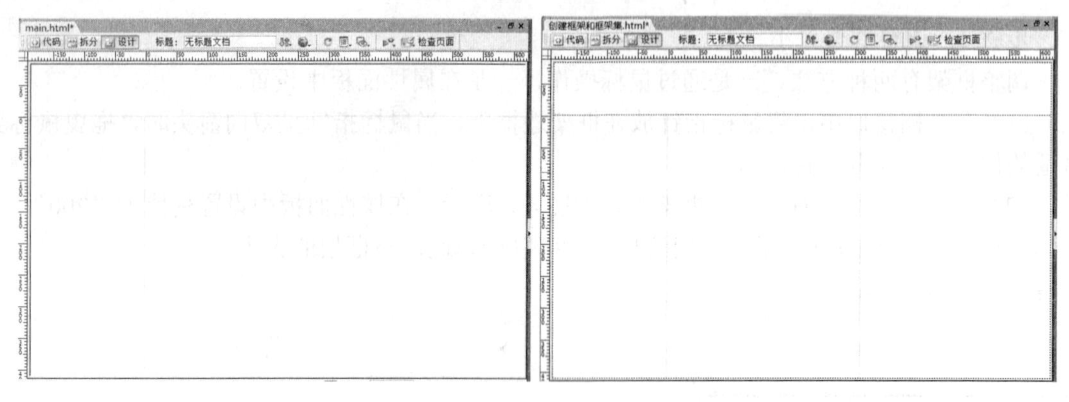

图 4-11　拆分前框架　　　　图 4-12　拆分后框架

（2）删除框架。

将鼠标移至需要删除的框架的边界线上，当鼠标变为双向箭头时拖动鼠标，将该框架的边框拖离页面或拖到父框架的边框上即可。

 及时充电

1．框架

框架实际上是一种特殊的网页，它可以根据需要把浏览器窗口划分为多个区域，每个框架区域都是一个单独的网页。

2．框架集

框架（Frames）由框架集（Frameset）和单个框架（Frame）两部分组成。

框架集是一个定义框架结构的网页，它包括网页内框架的数量、每个框架的大小、框架内网页的来源和框架的其他属性等。单个框架包含在框架集中，是框架集的一部分，每个框架中都放置一个内容网页，组合起来就是浏览者看到的框架式网页。

使用框架组织页面的好处在于可以在一个窗口浏览到几个不同的页面，避免了来回翻页的麻烦。

活动二　框架的属性设置

【活动描述】

学习框架的属性设置。

【操作步骤】

步骤 1．设置框架集的属性。

（1）分别在“topFrame”“leftFrame”“mainFrame”框架中输入文字“导航区”“目录区”和“文字区”。

（2）选中框架集。选择菜单栏中的“窗口”→“属性”命令，打开属性面板，在属性面板中设置框架集属性。“边框”选择“默认”，“边框颜色”设置为“#006600”，“边框宽度”设置为“1”，单位是“像素”，如图 4-13 所示。（注意：只有在边框宽度不为 0 的情况下，设置的边框颜色才有效。）

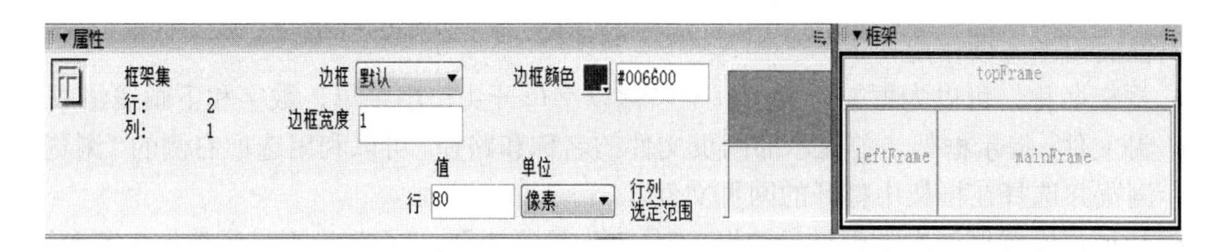

图 4-13 框架集属性设置

属性面板中各项作用如下：

● 边框：设置框架集中是否显示边框。“是”为显示边框；“否”为不显示边框；若允许浏览器确定是否显示边框，则设置为“默认”。

● 边框颜色：设置框架集中所有边框的颜色。

● 边框宽度：设置框架集中所有边框的宽度。

● 行或列：设置选定框架集的各行和各列的框架大小。

● 单位：设置行或列的值的单位，有“像素”“百分比”“相对于”三种。

（3）此时，在文档窗口中，框架集并没有发生改变，而在浏览器中预览可看到设置效果如图 4-14 所示。

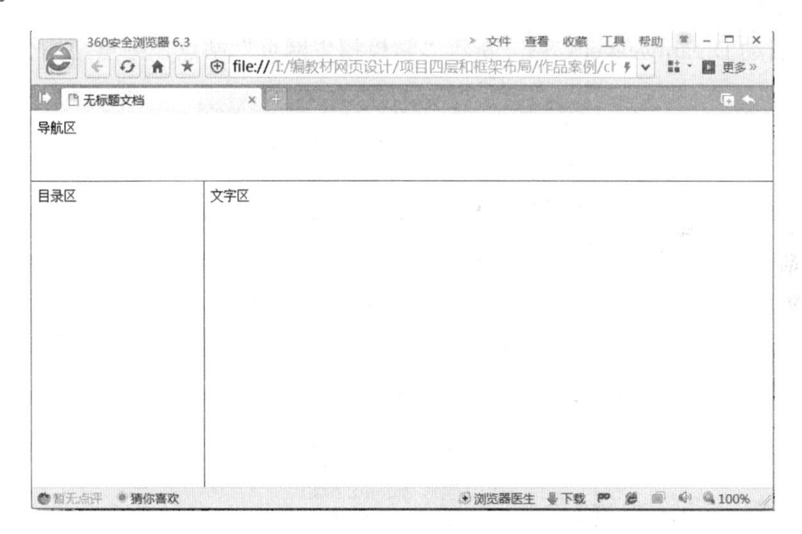

图 4-14 预览效果

步骤 2．设置框架属性。

（1）选中需要进行属性设置的“mainFrame”框架。

（2）在属性面板中设置框架集属性。“滚动”选项选择“是”，选中“不能调整大小”单选框，“边框”选择“否”。“边界宽度”“边界高度”选择“0”，表示框架中的内容与框架上、下、左、右的距离为 0，这样就可以保证相邻框架之间的无缝衔接，如图 4-15 所示。

图 4-15 框架属性设置

属性面板中各项作用如下：

● 框架名称：可以为框架命名。框架名称以字母开头，由字母、数字和下画线组成。

● 源文件：提示框架当前显示的网页文件的名称和路径。可以利用选项右侧的“浏览文件”按钮，浏览并选择在框架中打开的网页文件。

● 边框：设置框架内是否显示边框。“是”为显示边框；“否”为不显示边框；若允许浏览器确定是否显示边框则设置为“默认”。为框架设置“边框”选项将重写框架集的边框设置。

● 滚动：设置框架集内是否显示滚动条，一般设置为“默认”。

● 不能调整大小：设置用户是否可以在浏览器中通过拖曳鼠标手动修改框架大小。

● 边框颜色：设置框架边框的颜色。只有在边框显示时才有效。

● 边界宽度、边界高度：以像素为单位设置框架内容和框架边界间的距离。

活动三　框架网页实例——学校招生网页

【活动描述】

学生能用框架进行网页的布局。

【操作步骤】

步骤 1．启动 Dreamweaver CS3，新建“学校招生网页”站点，站点结构如图 4-16 所示。

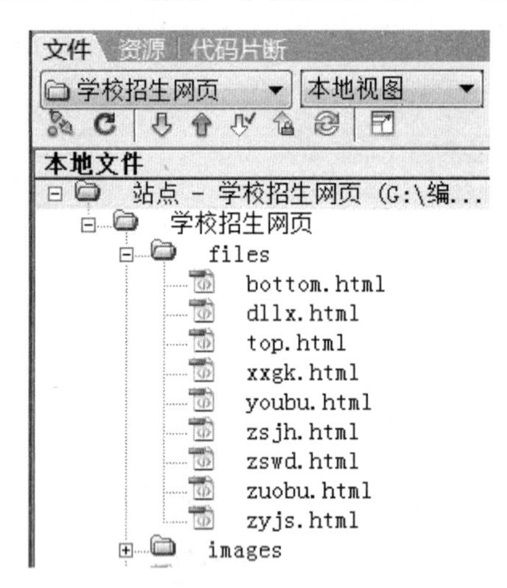

图 4-16　“学校招生网页”站点

步骤 2．要使用框架布局网页，首先要制作框架中需要连接的网页以及超链接需要的网页。

将素材文件夹中的素材复制到本地站点文件夹中，其中“files”文件夹中已经制作好网页“top.html”“zuobu.html”“youbu.html”“bottom.html”，另外，需要将链接的网页文件“学校概况”等 5 个子网页做好，保存到“files”文件夹中。

步骤 3．创建框架结构。

（1）选择菜单栏中的“文件”→“新建”命令，弹出“新建文档”对话框，在对话框中选择“示例中的页” →“框架集”→“上方固定，下方固定”选项，单击“创建”按钮，在弹出的“框架标签辅助功能属性”对话框中，按默认值，为每一个框架设定标题，得到如图 4-17 所示的“上方固定，下方固定”框架。

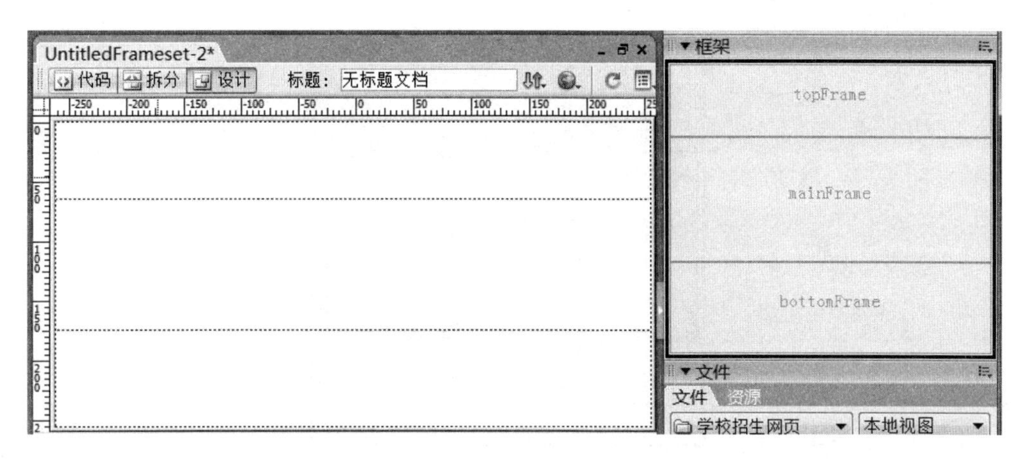

图 4-17 框架结构

（2）在“框架”面板中选中中部“mainFrame”框架，在文档窗口中，将光标放置在中部框架的左边框，当光标呈“双向箭头”形状时，向右拖动鼠标到合适位置释放，将中部框架拆分为左右两个框架，如图 4-18 所示。

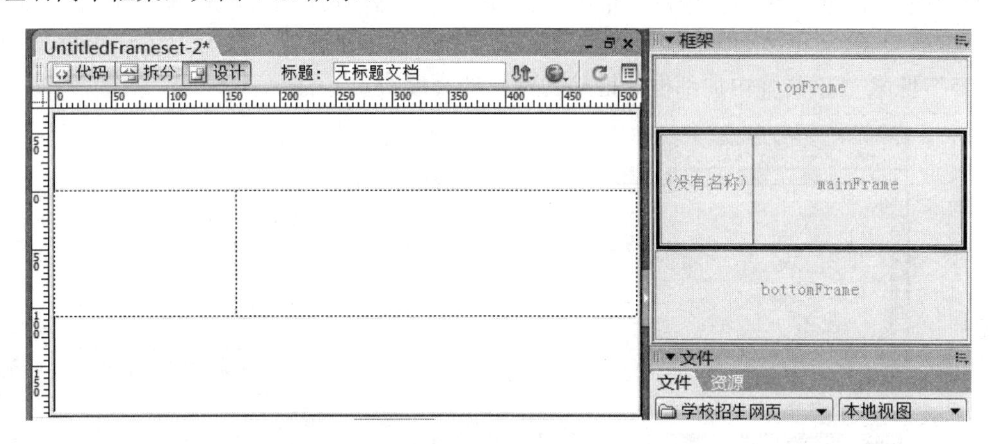

图 4-18 拆分后的框架结构

步骤 4．保存框架集和框架。

（1）选择菜单栏中的“文件”→“保存全部”命令，打开“另存为”对话框，保存框架集为“Index.html”，依次保存 4 个框架为“top.html”“zuobu.html”“youbu.html”“bottom.html”，其中“youbu.html”对应框架集中的“mainFrame”框架。

（2）在框架面板中选中中部左侧框架，在属性面板中将其框架命名为“zuobu”，如图 4-19 所示。框架面板显示如图 4-20 所示。

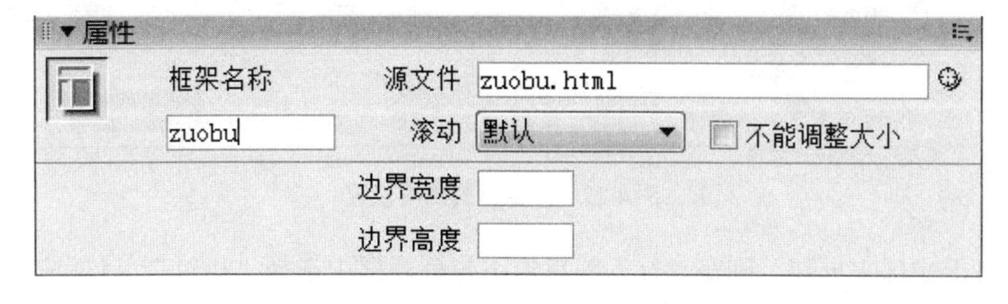

图 4-19 将左侧框架命名为“zuobu”

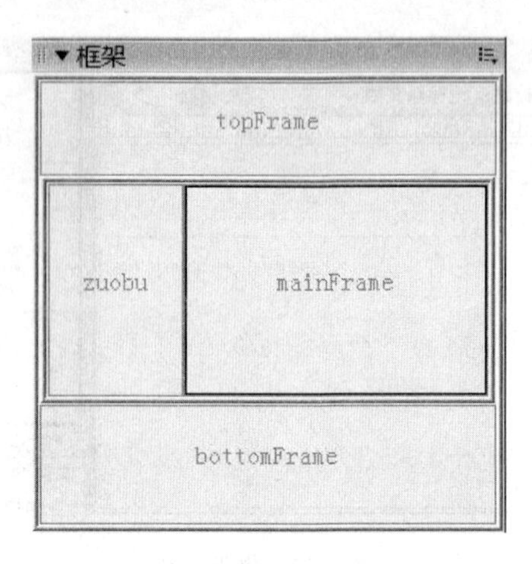

图 4-20　框架面板中各框架名称

步骤 5．设置框架集属性及框架高度。

（1）在框架面板中选中最外层框架集边框，“边框”“边框高度”“边框颜色”默认，如图 4-21 所示，在框架集面板中的“框架示意图”中单击“顶部框架图”即可选中顶部框架，此时，在框架的“行”值框中输入数值“105”后按【Enter】键，就设定了顶部框架的高度为“105”像素（该高度由顶部框架链接的网页的高度决定）。

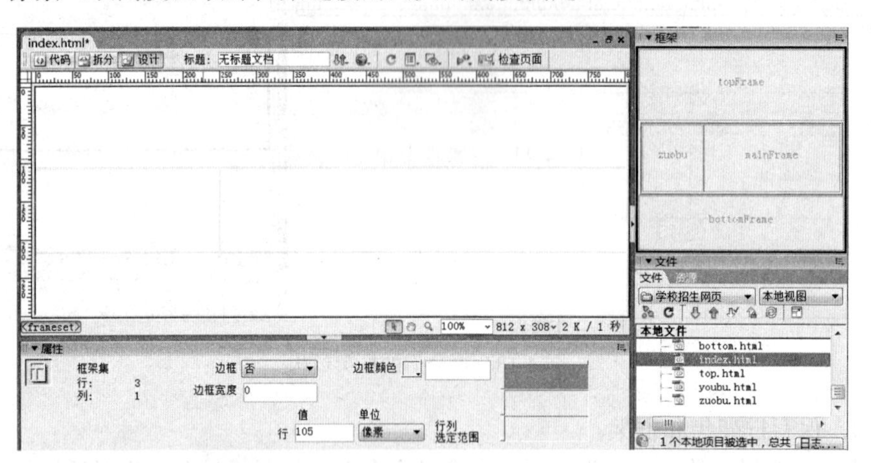

图 4-21　顶部框架的高度设置

（2）选择底部框架，设置高度为 90 像素（由底部框架链接的网页的高度决定），如图 4-22 所示。

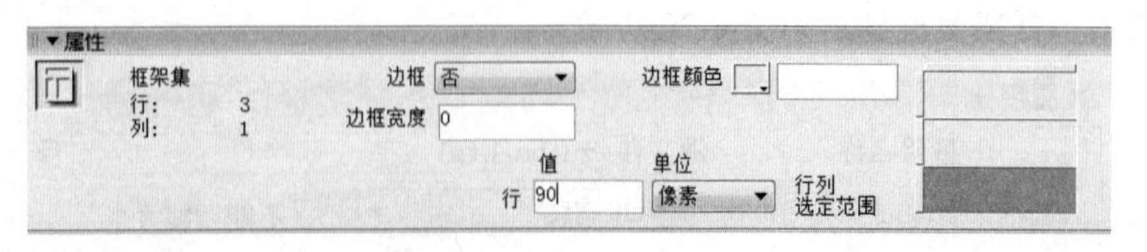

图 4-22　底部框架高度设置

（3）对于中部主框架，则在“行”的单位下拉列表框中选择“相对”，以适应不同网页的内容多或少的显示，如图 4-23 所示。

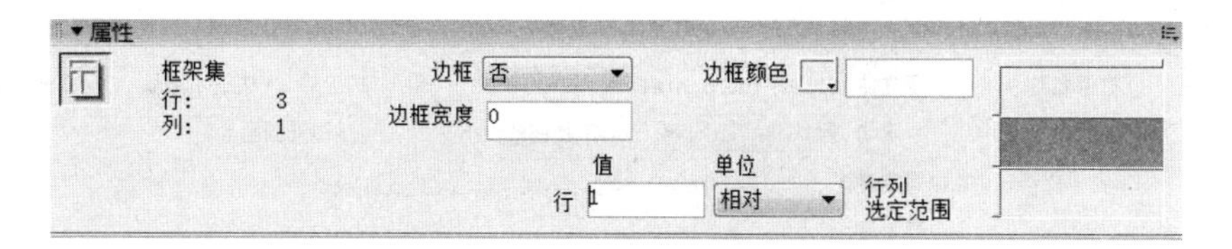

图 4-23 中部主框架的设置

（4）在框架面板中选中中部框架，在属性面板中设置左侧“列”数值为“180”（该宽度由左部框架链接的网页的宽度决定），如图 4-24 所示。

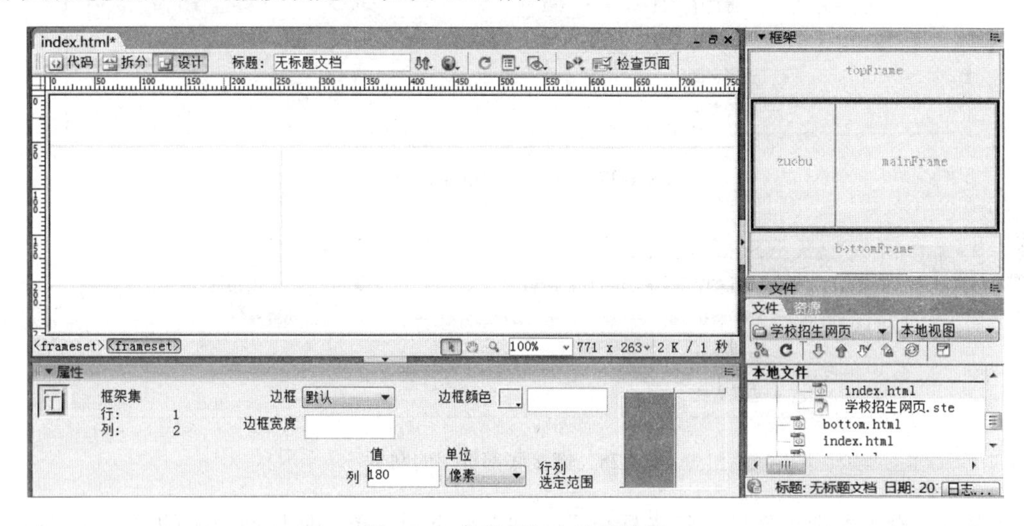

图 4-24 左部框架宽度的设置

步骤 6．设置框架属性。在框架面板中选中顶部框架“topFrame”，在框架“topFrame”属性面板中的“源文件”栏中单击“浏览文件”按钮，选择要链接的网页文件“top.html”，内容就会显示在顶部框架中，如图 4-25 所示。同样按照如图 4-26 所示设置左部框架链接的网页“zuobu.html”。同样按照如图 4-27 所示设置右部框架链接的网页“youbu.html”。同样按照如图 4-28 所示设置底部框架链接的网页“bottom.html”。其他设置为默认值。

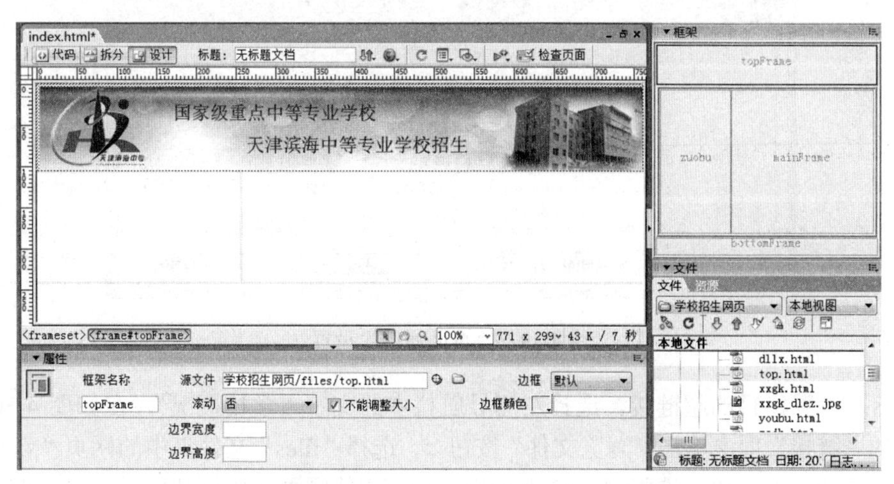

图 4-25 链接顶部框架的网页

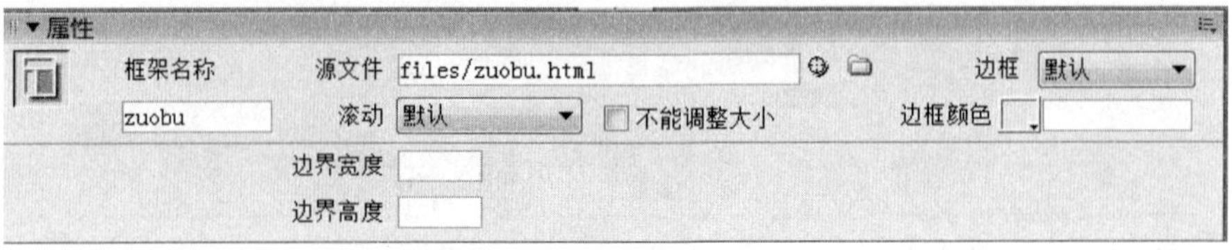

图 4-26　链接左部框架的网页

图 4-27　链接右部框架的网页

图 4-28　链接底部框架的网页

步骤 7．设置框架页属性。将光标至于顶部框架页中，单击属性面板中的“页面属性”按钮，在弹出的“页面属性”对话框中设置上、下、左、右页边距均为“0”像素（为使内容与网页无缝衔接），如图 4-29 所示。最后，单击“确定”按钮。依此方法设置左部、右部、底部框架页的属性。

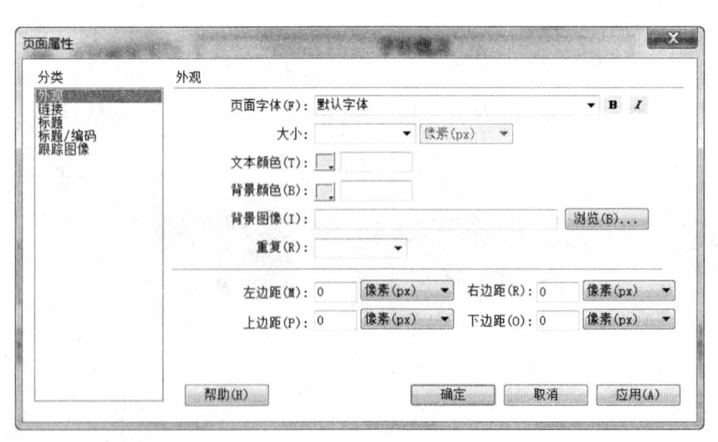

图 4-29　“页面属性”设置

步骤 8．设置栏目的超链接。选择左侧导航栏中的文字“学校概况”，在如图 4-30 所示的属性面板的“链接”项中单击“浏览文件”按钮，选择“files”文件夹中的网页“xxgk.html”，在“目标”项的下拉菜单中选择主框架“mainFrame”，使网页在主框架中显示，本例即在右部框架中显示。按照同样的操作，选择文字“专业介绍”，链接到“files”文件夹中的网页“zyjs.html”，选择文字“招生计划”，链接到“files”文件夹中的网页“zsjh.html”，选择文字“招生问答”，链接到“files”文件夹中的网页“zswd.html”，选择文字“地理路线”，链接到“files”文件夹中的网页“dllx.html”，链接的“目标”都为主框架“mainFrame”。

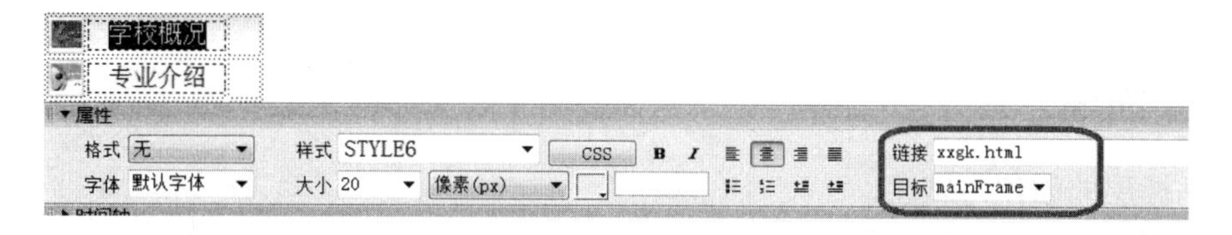

图 4-30 超链接设置

步骤 9. 选择菜单栏中的“文件”→“保存全部”命令，按快捷键 F12 预览效果，如图 4-31 所示。

图 4-31 学校招生网页

及时充电

链接框架

要在一个框架中使用链接打开另一个框架中的文档，必须设置链接目标，链接的目标属性指定在其中打开链接的内容框架或窗口。如果导航条位于左框架，而希望链接的材料显示在右侧的主要内容框架中，则必须将主要内容框架的名称指定为每个导航条链接的目标。当访问者单击导航链接时，将在主框架中打开指定的内容。在属性面板中的“目标”下拉列表中选择“mainFrame”选项，用来作为指向链接的目标。

在属性面板中的“链接”下拉列表中选择链接文档，即应在其中显示的框架或窗口。

- 【_blank】打开一个新窗口显示目标网页。
- 【_parent】目标网页的内容在父框架窗口中显示。
- 【_self】目标网页的内容在当前所在框架窗口中显示。

- 【_top】目标网页的内容在最顶层框架窗口中显示。

任务二　层的使用

任务描述

（1）掌握层的创建与属性。

（2）掌握层和时间轴的应用，创建时间轴动画。

（3）熟悉层与表格的转换方法。

任务实施

活动一　层的创建与属性

【活动描述】

掌握层的创建与属性设置，熟悉层的操作。

【操作步骤】

步骤 1．创建层。

（1）创建层有以下几种方法。

方法 1．将光标置于文档窗口中要插入层的位置，选择菜单栏中的“插入记录”→“布局对象”→“AP Div”命令，如图 4-32 所示，将自动在插入点的位置插入一个层。

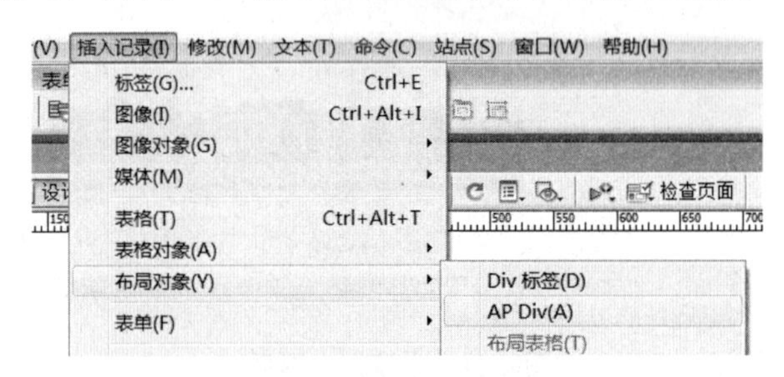

图 4-32　“插入记录”菜单

方法 2．单击“插入”面板“布局”选项卡中的“绘制 AP Div” 按钮，如图 4-33 所示。此时在文档窗口中鼠标指针呈“+”形，按住鼠标左键拖曳，画出一个矩形层。

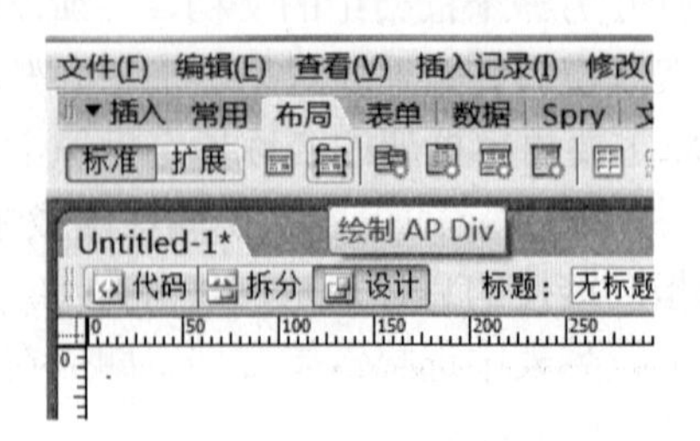

图 4-33　“绘制 AP Div”按钮

方法 3．将“插入”面板“布局”选项卡中的“绘制 AP Div” 按钮拖曳到文档窗口中，释放鼠标，在文档窗口中出现一个层，如图 4-34 所示。

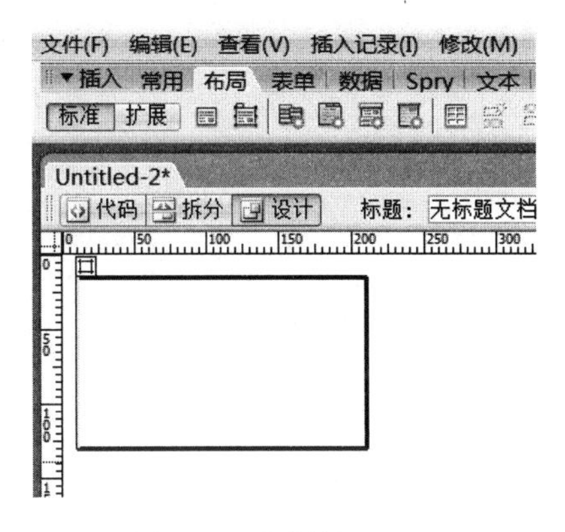

图 4-34　绘制的“层”

方法 4．单击“插入”面板“布局”选项卡中的“绘制 AP Div” 按钮。按住“Ctrl”键的同时按住鼠标左键拖曳，画出一个矩形层。只要不释放“Ctrl”键，就可以绘制多个层，如图 4-35 所示，绘制了“apdiv1”和“apdiv2”两个层。

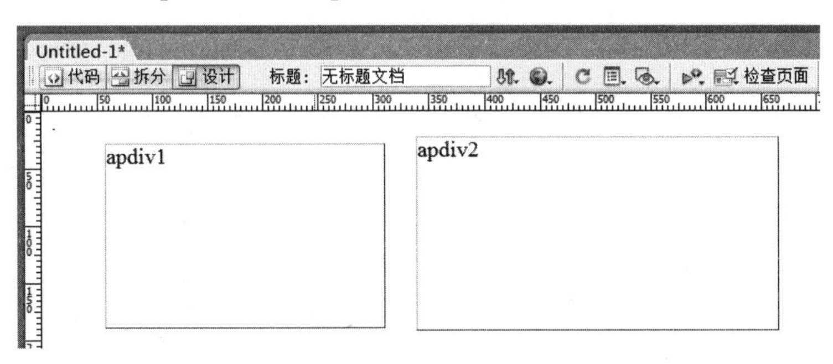

图 4-35　“apdiv1”和“apdiv2”两个层

此时，选择菜单栏中的“窗口”→“AP 元素”命令，或按快捷键 F2 命令，打开“AP 元素”控制面板，如图 4-36 所示，可以看到“apDiv1”和“apDiv2”两个层。

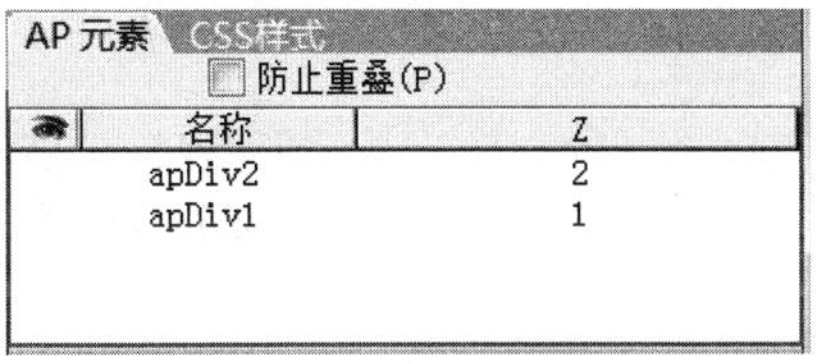

图 4-36　“AP 元素”控制面板显示的层结构

（2）创建嵌套层。

嵌套层是指在一个层内插入另外一个层。嵌套层可以与被嵌套层一起移动，并可继承被嵌套层的可见性。

方法 1．将光标放在“apdiv1”层内，选择菜单栏中的“插入记录”→“布局对象”→“AP Div”命令，即可在该层内插入一个层“apdiv3”。

方法 2．将光标放在“apdiv2”层内，然后按下“绘制 AP Div” 按钮，当光标变成“十”字形时，按“Alt”键直接在该层内绘制一个嵌套层“apdiv4”，如图 4-37 所示。

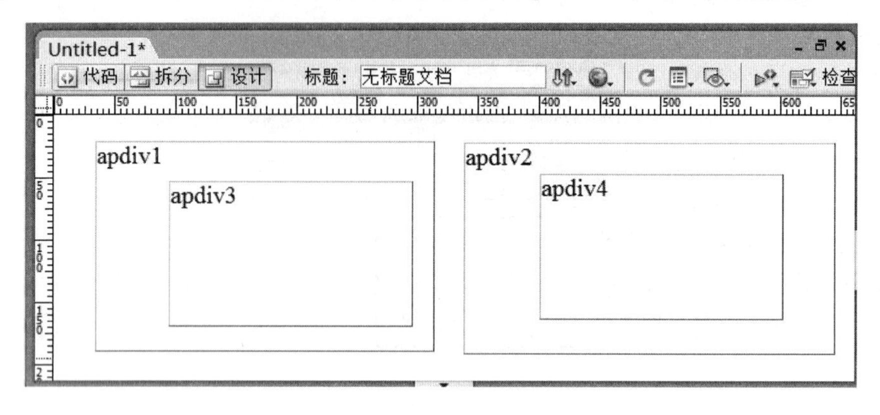

图 4-37 嵌套层

我们从图 4-37 无法识别 AP 层之间是否有嵌套关系。可以打开 “AP 元素”控制面板，如图 4-38 所示，可以看到“apDiv3”嵌套于“apDiv1”，“apDiv4”嵌套于“apDiv2”。

AP 元素 CSS样式
防止重叠(P)

名称	Z
⊟ apDiv2	2
└ apDiv4	3
⊟ apDiv1	1
└ apDiv3	3

图 4-38 “AP 元素”控制面板显示的嵌套层结构

方法 3．在层面板中选择需要嵌套的层，此时按住“Ctrl”键同时拖动到另外一个层上，释放“Ctrl”键和鼠标，这样普通层就转换为嵌套层了。

步骤 2．设置层的属性。

选中要设置的层，可以在属性面板中设置层的大小和位置等属性，如图 4-39 所示。

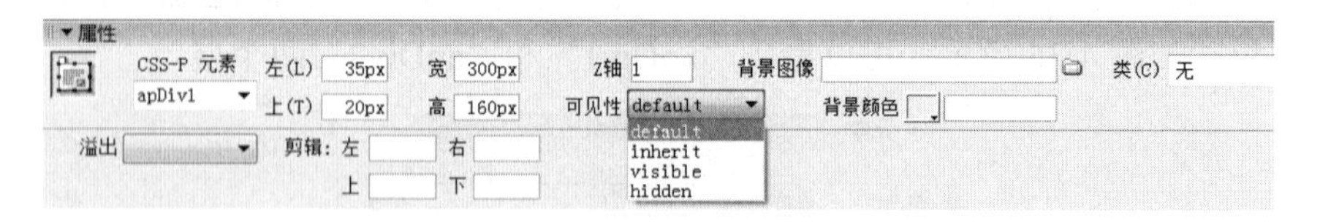

图 4-39 层属性面板

属性面板中各项作用如下：

CSS-P 元素：指定层的名称。

- 左、上：指定层的左上角相对于页面（如果嵌套，则为父层）左上角的位置。
- 宽、高：指定层的宽度和高度。如果层的内容超过指定大小，层的底边缘会延伸以容纳这些内容。（如果“溢出”属性没有设置为“可见”，那么当层在浏览器中出现时，底边缘将不会延伸。
- Z 轴：用来指定层的层叠顺序。Z 轴值用整数表示，没有单位。Z 值大的层出现在 Z 值小的层之上。当更改层的堆叠顺序时，使用“层”面板要比输入特定的 Z 轴值更为简便。

● 可见性：指定层的初始显示状态。在“可见性”下拉列表中，有 4 个选项：

Default：选择该选项，则不指明层的可见性。

Inherit：选择该选项，可以继承父层的可见性。

Visible：选择该选项， 可以显示层及其包含的内容，无论其父级层是否可见。

Hidden：选择该选项，可以隐藏层及其包含的内容，无论其父级层是否可见。

● 背景颜色：用来设置层的背景颜色。

● 背景图像：用来设置层的背景图像。

● 溢出：指定当层内容超过层的大小时的处理方式。有四个选项：

Visible（显示）：选择该选项，当层内容超出层的范围时，可自动增加层尺寸。

Hidden（隐藏）：选择该选项，当层内容超出层的范围时，保持层尺寸不变，隐藏超出部分的内容。

Scroll（滚动条）：选择该选项，则层内容无论是否超出层的范围，都会自动增加滚动条。

Auto（自动）：选择该选项，当层内容超出层的范围时，自动增加滚动条（默认）。

● 剪辑：设置层的可视区域。通过上、下、左、右文本框设置可视区域与层边界的像素值。层经过“剪辑”后，只有在指定的矩形区域才是可见的。

● 类：结合 CSS 设定层内元素的形式。

步骤 3．层的基本操作。

（1）新建一网页，绘制 3 个层“apdiv1”“apdiv2”“apdiv3”。

（2）选择层。

选择单个层有 3 种方法。

方法 1：直接单击层的边框。

方法 2：在层中单击，再单击该层的选择柄。

方法 3：在“AP 元素”控制面板中，单击该层的名称。

如图 4-40 所示，在“AP 元素”控制面板中，单击“apdiv1”层名称，该层被选中，在文档窗口中，该层显示蓝色。

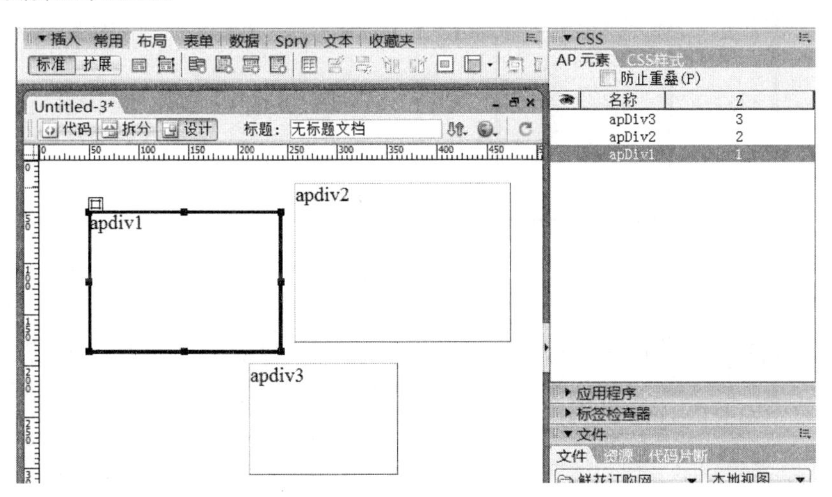

图 4-40 选中单个层

选择多个层有两种方法。

方法 1：在“AP 元素”控制面板中，按住“Shift”键并单击两个或多个层名称。

方法 2：在文档窗口中，按住“Shift”键并单击两个或多个层的框内（或边框上）。

如图 4-41 所示，同时选中“apdiv1”“apdiv2”“apdiv3”三个层。

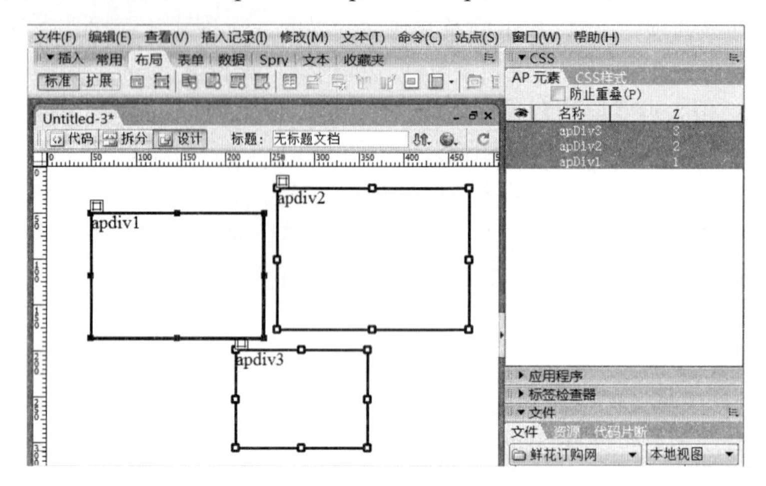

图 4-41　选中多个层

步骤 4．改变层的大小。

调整单个层的大小有以下方法。

方法 1：选中一个层后，拖曳该层边框上的任一调整柄到合适的位置即可。

方法 2：选中一个层后，在属性面板中修改“宽”和“高”选项的数值，可以精确设置层的大小。如图 4-42 所示，选中层 apDiv1，在“属性”面板中修改“宽”和“高”选项的数值均为 150 像素。

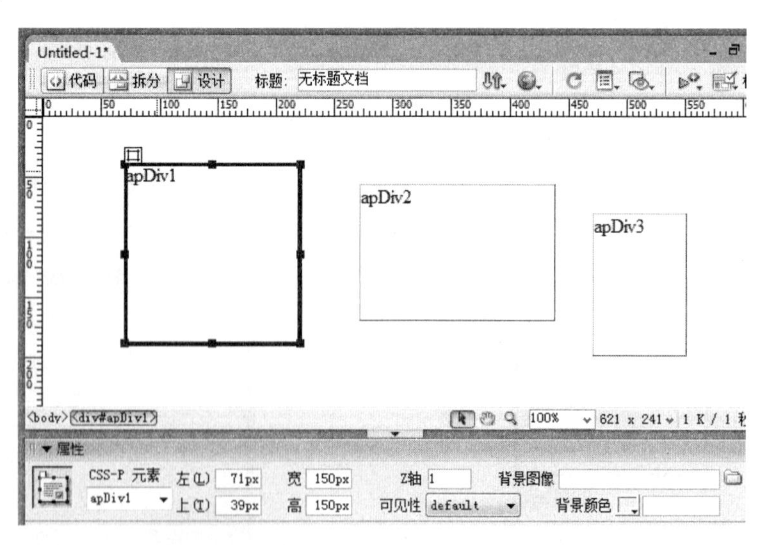

图 4-42　修改“宽”和“高”选项的数值

同时调整多个层的大小有以下方法。

方法 1：选中多个层后，选择菜单栏中的“修改”→“排列顺序”→“设置宽度相同”或“设置高度相同”命令，就会以当前层为标准同时调整多个层的高度和宽度。如图 4-43 所示，同时选中“apDiv1”“apDiv2”“apDiv3”3 个层，选择“设置宽度相同”命令，使 3 个层宽度相同。

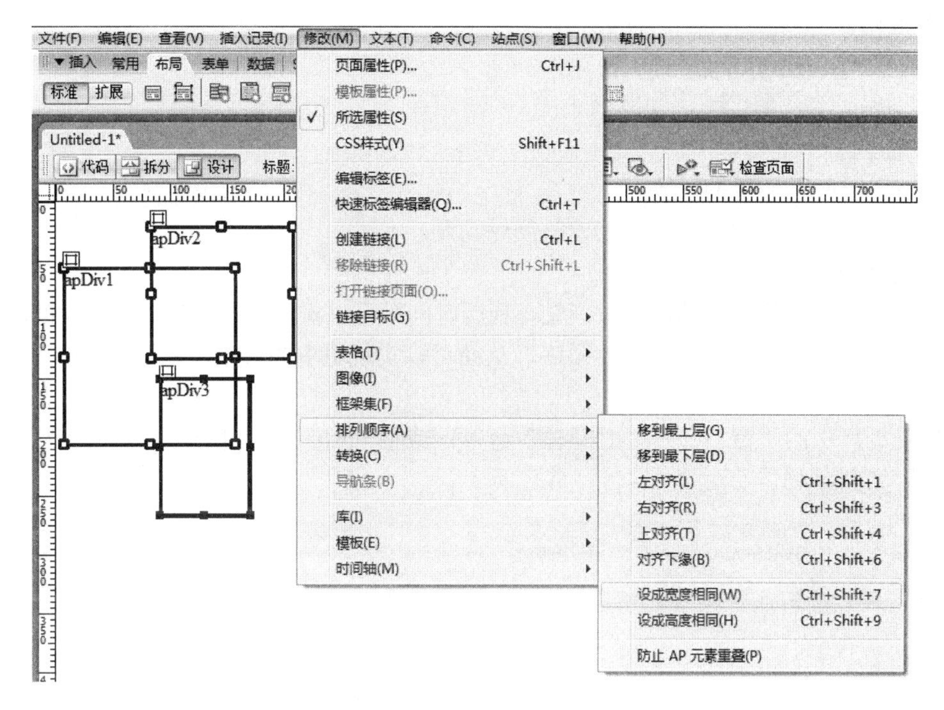

图 4-43　调整多个层的高度和宽度

方法 2：选中多个层后，在属性面板中修改“宽”和“高”选项的数值即可。

步骤 5．移动层。

方法 1：选中一个或多个层后，按住鼠标左键，拖动当前层（蓝色突出显示）的选择柄回到合适位置释放。

方法 2：选中一个或多个层后，按住“Shift”键的同时按方向键，则按当前网格靠齐增量来移动选定层的位置。

步骤 6．对齐层。

方法 1：选中多个层后，选择菜单栏中的“修改”→“排列顺序”命令，在其子菜单中选择一个对齐选项。

方法 2：选中多个层后，在属性面板中修改“上”选项的数值，则以多个层的上边线相对于页面顶部的位置来对齐。

步骤 7．“AP 元素”面板。

选择菜单栏中的“窗口”→“AP 元素”命令，可打开“AP 元素”面板，如图 4-44 所示。使用“AP 元素”面板可以防止层重叠，更改层的可见性，将层嵌套或层叠，以及选择一个或多个层。

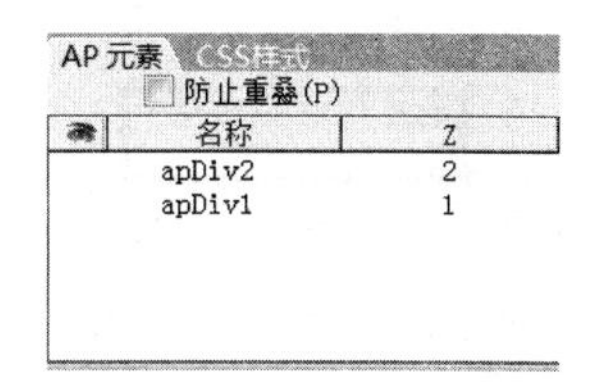

图 4-44　AP 元素面板

及时充电

在 Dreamweaver 中，层是网页中用以放置文本、图像、动画、表单、视频、对象和插件等网页元素的载体，是一种网页元素定位技术，改变层在网页中的位置，即可实现对层中的元素以像素为单位进行精确定位。任何可以加在 HTML 文件中的对象都可以加入层中，用户还可以使用行为控制层的显示与隐藏，从而可以轻松地制作出动态效果。

活动二　层和时间轴的应用

【活动描述】

（1）熟悉时间轴面板的设置。

（2）掌握层和时间轴的应用，创建时间轴动画。

【操作步骤】

与层密切相关的另一个功能是时间轴，利用时间轴可以实现动画效果，随着时间的变化改变层的位置、尺寸、可视性以及叠放顺序，从而可以实现更多的效果。

步骤 1．打开时间轴面板。

选择菜单栏中的“窗口”→“时间轴”命令，或按“Alt+F9”组合键，即可以打开“时间轴”面板，如图 4-45 所示。

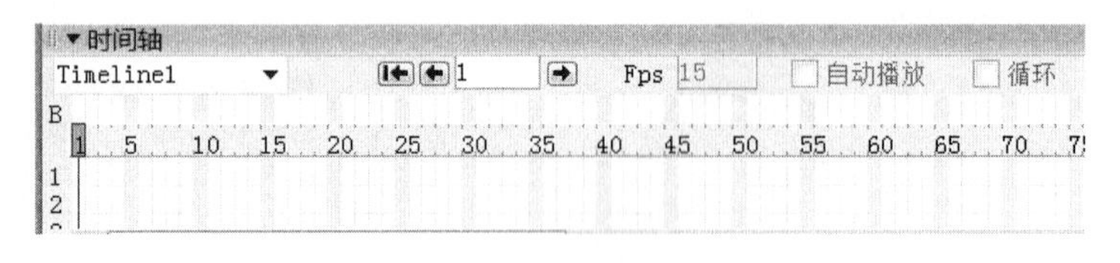

图 4-45　“时间轴”面板

面板中各项作用如下：

- 播放头：显示当前页面上的层是时间轴的哪一帧。
- 动画通道：显示层与图像的动画条。
- 动画条：显示每个对象的动画持续时间。
- 关键帧：在动画条中被指定动画属性的帧。
- 行为通道：在时间轴上某一帧执行指令的显示。

帧频：每秒钟播放的帧数，但超过用户浏览器可处理的速率则会被忽略掉，15fps 是平均较好的速率。

- 自动播放：选中后，在浏览器中打开该页面，动画就自动播放。
- 循环：选中该单选项后在浏览器中会无限循环播放，在行为通道中可以看到循环的标签，双击标签可以修改行为的参数和循环次数。

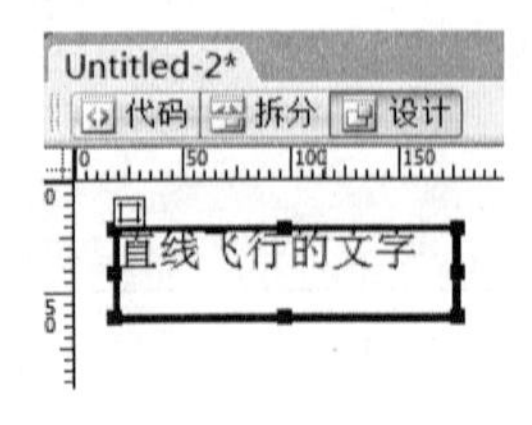

图 4-46　层内输入文字

步骤 2．时间轴动画——直线飞行的文字。

（1）新建一个网页文件，插入一个层“apDiv1”，在其中输入文字“直线飞行的文字”，如图 4-46 所示。

（2）选中层，将层“apDiv1”用鼠标拖入时间轴面板中，此时一个动画条出现在第一个通道中，层的名字出现在动画条上，如图 4-47 所示。

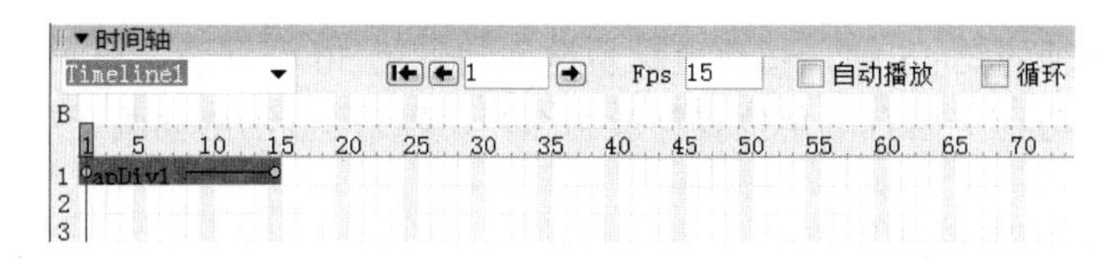

图 4-47　层拖入时间轴

（3）选中时间轴的最后一帧即第 15 帧，在文档窗口中将层水平拖动到动画结束的位置释放。此时一条线段显示出动画运动的轨迹，如图 4-48 所示。

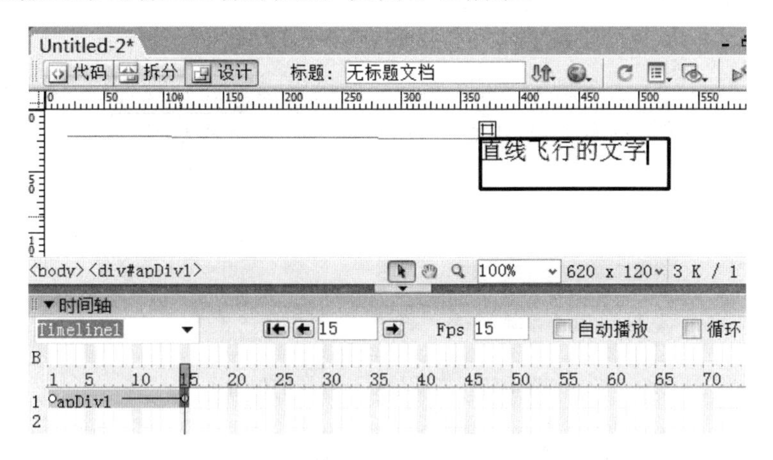

图 4-48　拖动最后一帧层的位置

（4）选中时间轴的自动播放和循环播放选项。保存文件后在浏览器中可看到动画效果。

步骤 3．时间轴动画——曲线飞行的图片。

（1）新建一网页文件，插入一个层“apDiv1”，在其中插入图片。

（2）选中层“apDiv1”，将层用鼠标拖曳到时间轴面板中，此时一个动画条出现在时间轴的第一个通道中，层的名字出现在动画条中，如图 4-49 所示。

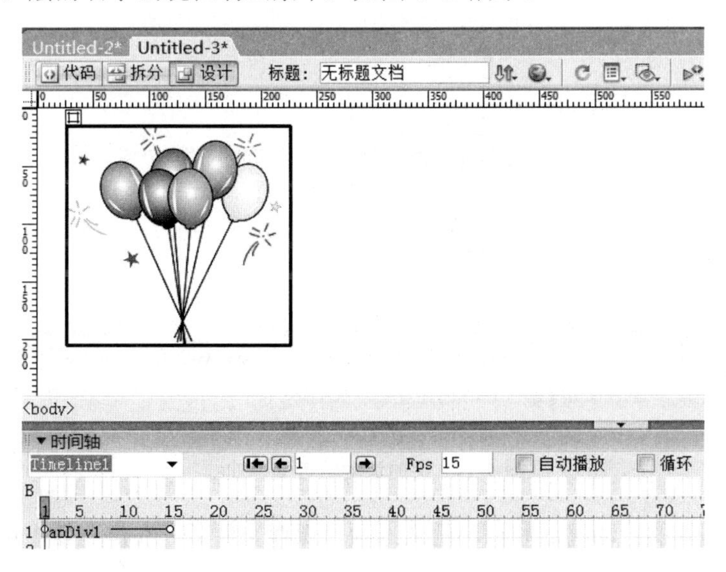

图 4-49　将层拖入时间轴面板中

（3）选中时间轴的第 15 帧，按住鼠标左键拖动到第 50 帧释放，延长动画时间。在文档窗口中将层水平拖动到文档右下角位置释放。此时一条线段显示出动画运动的轨迹，如图 4-50 所示。

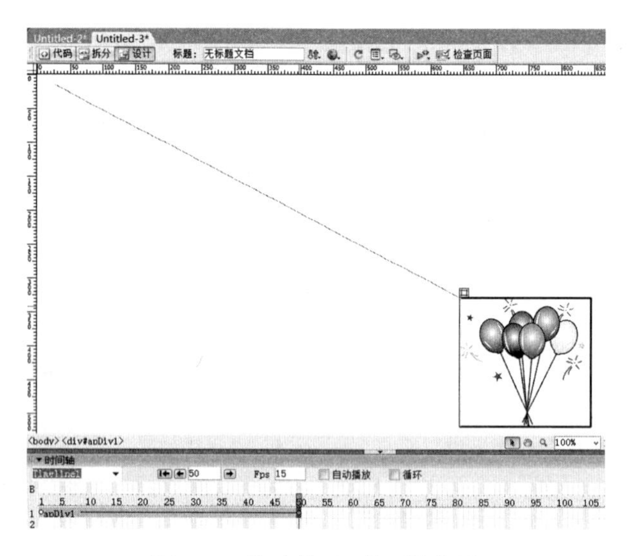

图 4-50　拖动最后一帧层的位置

（4）选中动画条上的第 20 帧，右击，在弹出的快捷菜单中选中“增加关键帧”命令，并在文档窗口中调整层的位置，层的运动轨迹变为曲线，如图 4-51 所示。可通过添加关键帧改变层的运动轨迹。

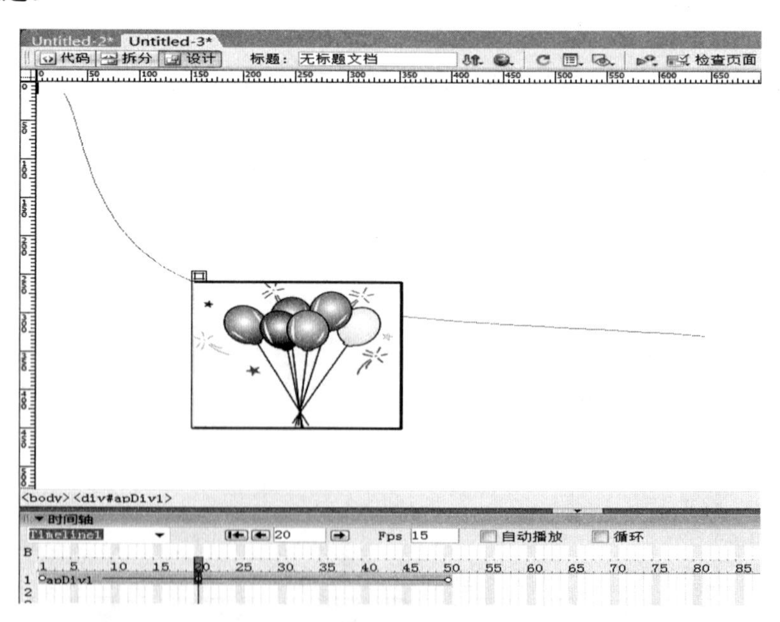

图 4-51　层的运动轨迹变为曲线

（5）选中时间轴的自动播放和循环播放选项，保存文件后，在浏览器中可看到动画效果。

活动三 转化层和表格

【活动描述】

熟悉层与表格的相互转换。

【操作步骤】

步骤 1．打开站点目录下的“活动三” 文件夹中的网页“xhjj.html”。

步骤 2．选择菜单栏中的“修改”→“转换”→“将表格转化为 AP Div”命令，出现“将表格转化为 AP Div”对话框，如图 4-52 所示，单击“确定”按钮，效果图如图 4-53 所示。

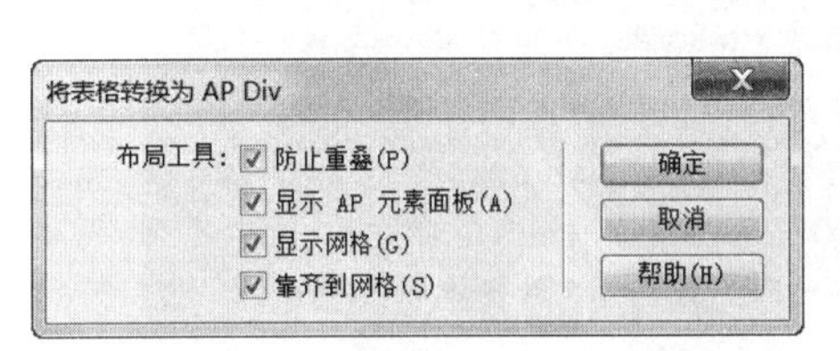

图 4-52 “将表格转化为 AP Div”对话框

图 4-53 将表格转化为 AP Div 的效果

步骤 3．把页面底部的两个层位置互换，选择菜单栏中的“修改”→“转换”→“将 AP Div 转化为表格”命令，如图 4-54 所示，在弹出的“将 AP Div 转化为表格” 对话框中，按图中内容对选项进行设置，单击“确定”按钮，完成将层转换为表格，效果如图 4-55 所示。

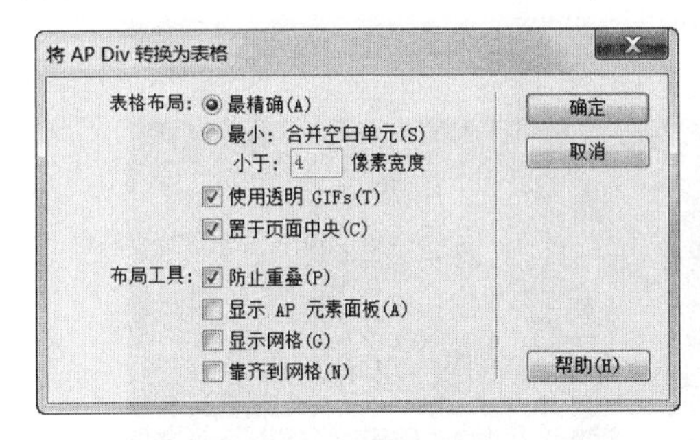

图 4-54 “将 AP Div 转化为表格”对话框

图 4-55 将 AP Div 转化为表格的效果

活动四 层网页实例——无限音乐网页

【活动描述】

使用层进行无线音乐网页的制作。利用层进行网页布局，利用层与时间轴制作简单动画，增加网页的动态效果。

【操作步骤】

步骤 1．打开 Dreamweaver CS3，新建“无线音乐网页”网站，在站点图像文件夹“images”中存放制作好的图片文件。

步骤 2．新建一网页文件，以文件名“index.html”保存到站点文件夹中。将“images” 文

件夹中的“bj1.jpg”设置为网页背景图像，设置为“不重复”。网页如图 4-56 所示

步骤 3．在“index.html”文档中绘制 4 个层，每个层宽为 200 像素、高为 180 像素，并分别设置层的背景颜色，依次为“#66CCFF”“#FF9999”“#FFFFFF”“#996699”，如图 4-57 所示。

图 4-56　设置背景

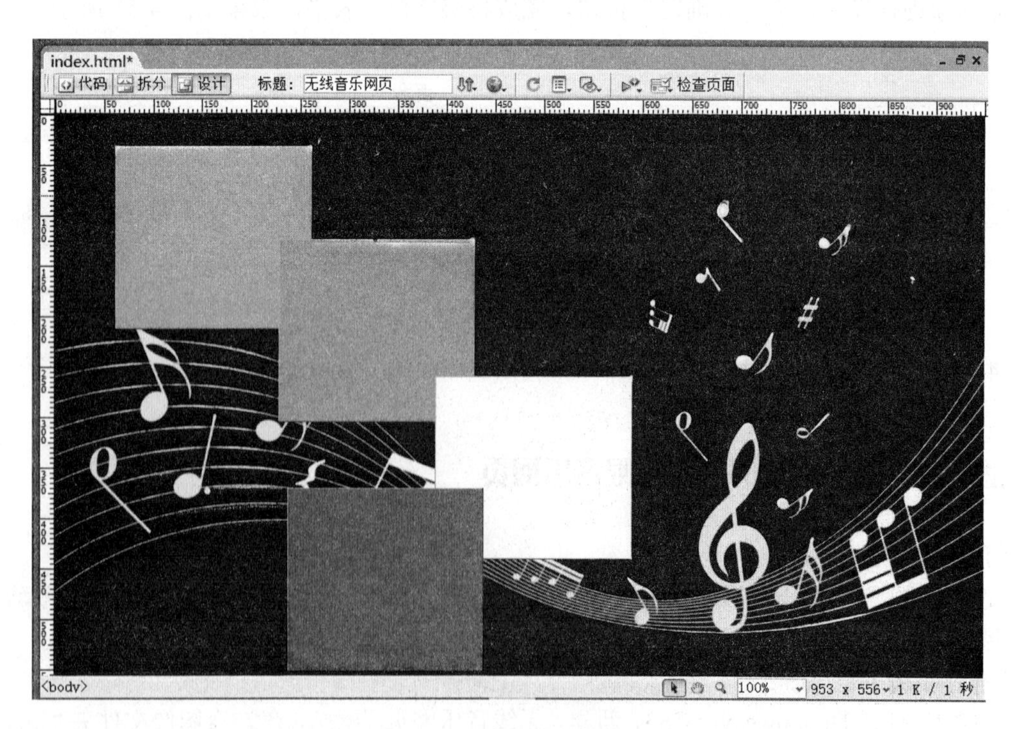

图 4-57　4 个层的设置效果

步骤 4．从“images”文件夹中选择“tu1.jpg”“tu2.jpg”“tu3.jpg”“tu4.jpg”4 个图片文件，

分别插入 4 个层中，如图 4-58 所示。

图 4-58　层内插入图片

步骤 5．选中左上角层“apdiv1”，选择“布局”面板的“绘制 APDiv”按钮，按住“Alt”键，在层“apdiv1”中绘制一个层，在其中输入文字“流行新歌”；按同样的方法，在其他 3 个层中依次绘制层，分别输入文字“轻音乐”“温馨情歌”“经典老歌”，设置文字为“加粗”“居中”，如图 4-59 所示。

图 4-59　层内嵌套文字层

步骤 6．在页面右侧进行相关设置，利用层工具绘制文字部分，如图 4-60 所示。

图 4-60　利用层绘制阴影框效果

绘制阴影框文字：

（1）绘制一个层作为背景层，设置层背景颜色为“#FFFFCC”。

（2）添加一个背景颜色为“#666666”的灰色层作为阴影。

（3）再添加一个背景颜色为“#FFCCFF”的层作为文字区域。

（4）在层中插入 1 个 1 行 1 列宽为 100%的表格，调整与阴影层大小一致，微调位置。输入文字“无线音乐”，文字设置为“隶书”，大小为“60”。在表格中，设置水平居中、垂直居中。

步骤 7．打开时间轴，把左侧的 4 个层分别拖入时间轴，添加关键帧到 50，选择自动播放，如图 4-61 所示。

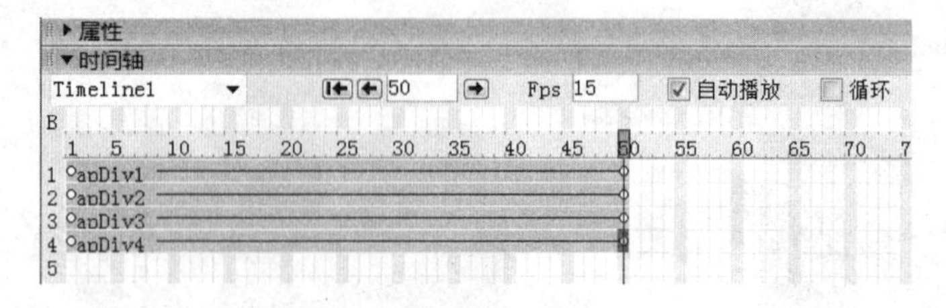

图 4-61　时间轴设置 4 个层的动态效果

步骤 8．选中层 1，在第 1 关键帧，把层拖出页面外，4 个层依次操作。

步骤 9．保存网页，预览动画效果，4 张图片同时飞入画面定格，如图 4-62 所示。

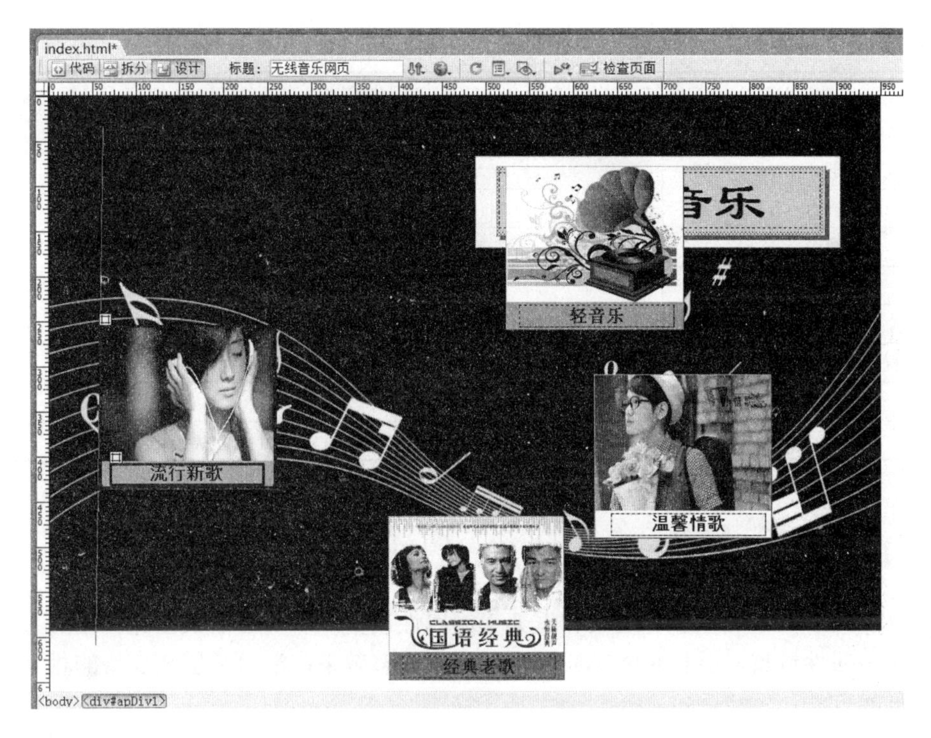

图 4-62 “无限音乐”预览效果

项目评价

项目评价标准

等级	等级说明	评价
一级任务	能自主完成项目所要求的学习任务	合格（不能完成任务定为不合格等级）
二级任务	能自主、高质量地完成拓展学习任务	良好
三级任务	能自主、高质量地完成拓展学习任务并能帮助别人解决问题	优秀

项目评价表

项目	评价内容	分值	评分				所占价值	项目得分
			自评（30%）	组评（40%）	师评（30%）	得分		
职业能力	框架和框架集的创建	10					60%	
	框架和框架集的属性设置	10						
	学校招生网页制作	30						
	层的创建及基本操作	10						
	层和时间轴的应用	10						
	层和表格的相互转换	5						
	无限音乐网页制作	25						
	合计	100						

续表

项目	评价内容	分值	评分				所占价值	项目得分
			自评（30%）	组评（40%）	师评（30%）	得分		
通用能力	合作能力	20					40%	
	沟通能力	10						
	组织能力	10						
	活动能力	10						
	自主解决问题能力	20						
	自我提高能力	10						
	创新能力	20						
	合计	100						

项目总结

本项目介绍了框架的创建，框架和框架集的属性设置，以及用框架创建网站的方法；介绍了层的创建与属性设置，层和时间轴应用实现网页动态效果；学习了层和表格的相互转换，用层创建网页的方法。

项目拓展

（1）任务一：完善“学校招生网页”和“无限音乐网页”，进一步熟悉并掌握框架技术和层技术在网页布局中的运用。

（2）任务二：请使用框架技术设计制作一个介绍自己班级的站点，框架结构如图 6-63 所示。自己按各导航栏目查找收集素材，内容和标志自行设计，链接要完整。要求：

① 使用框架类型为“上方固定，左侧嵌套”。

② 上方为横幅图片，大小为 780 像素。

③ 中间左侧的目录结构为“班级理念”“班级成员”“班级活动剪影”“所学专业介绍”“我的老师”。

④ 单击左边的目录名时，在右边网页呈现相应的内容。

⑤ 最下边为版权信息。

⑥ 最上和最下的框架不能滚动，中间框架可以滚动。

⑦ 在页面中创建文字飞行、图片飞行的动态效果。

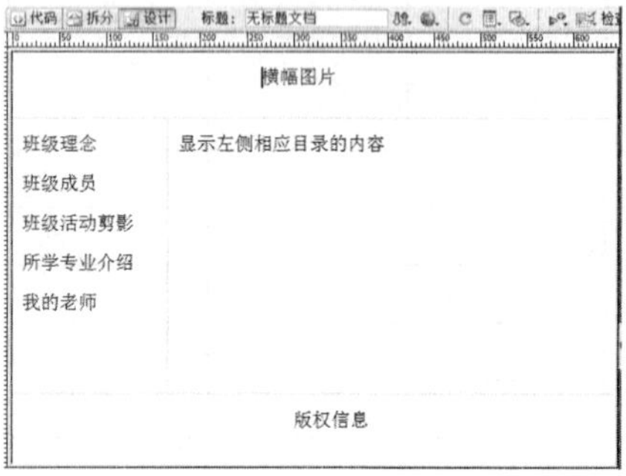

图 6-63　网站结构图

（3）任务三：设计制作“星座”主题网站作品，要求：利用层技术布局，网页自由设计和创意，收集素材，主页和子页不少于 5 个，内容健康，布局合理，图文并茂，颜色和谐统一，链接完整。

网页“行为”的添加

项目目标

识记“行为”的概念。

熟悉“行为”面板的基本操作。

掌握常用的动作功能及实现动作功能的方法。

任务分析

Dreamweaver CS3 提供了丰富的“行为”，这些“行为”的使用可以为网页对象添加一些动态效果和简单的交互功能。本项目通过两个任务完成网页“行为”的学习。首先介绍一些基本概念，以及“行为”面板的基本操作；接着结合实例具体讲解常用“行为”功能操作。

项目实施

本项目通过两个任务学习“行为”的相关概念；熟悉“行为”面板的设置功能；能够在网页中设置打开浏览器窗口、弹出信息、交换图像、显示隐藏层、转到 URL 、播放声音等“行为”以实现用户和网页的交互。

任务一　认识“行为”面板

任务描述

（1）识记“行为”的概念。

（2）熟悉“行为”面板的基本操作。

任务实施

活动　添加“打开浏览器窗口”行为

【活动描述】

熟悉“行为”面板的基本操作。

【操作步骤】

步骤 1．打开“行为”面板。

选择菜单栏中的“窗口”→“行为”命令，或按“Shift+F4”组合键，即可打开“行为”面板，如图 5-1 所示。

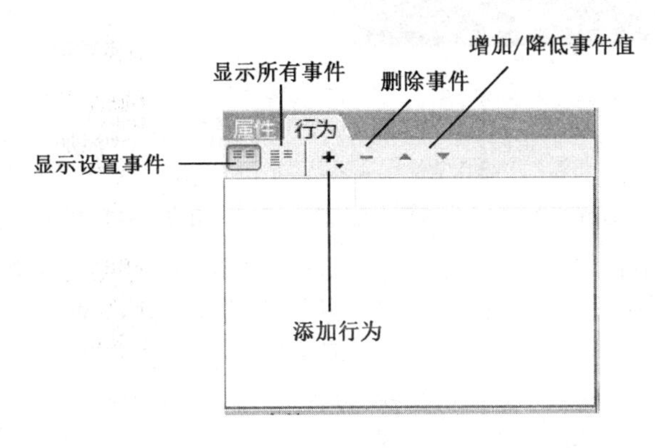

图 5-1　“行为”面板

“行为”面板由以下几部分组成。

- 显示设置事件：单击该按钮，显示已设置动作的事件。
- 显示所有事件：单击该按钮，显示所有事件。
- 添加行为：单击该按钮，在弹出的动作菜单中为对象选择需要的动作。
- 删除事件：选中要删除的行为，单击该按钮，将删除所选的事件和动作。
- 增加事件值：单击该按钮，可将选择的动作向上移动。
- 降低事件值：单击该按钮，可将选择的动作向下移动。

通过“增加/减低事件值”按钮可以调整动作的顺序。

步骤 2．添加行为“打开浏览器窗口”。

“打开浏览器窗口”动作的功能是在一个新窗口中打开指定的网页。常用来制作弹出广告窗口。

（1）新建一网页文件，保存为“index.html”。

（2）再新建一个网页文件“guanggao.html”，作为弹出的广告窗口。在文件中插入图片，设置页面属性的上、下、左、右的边距均为 0，如图 5-2 所示。

（3）打开“行为”面板，单击“添加行为”按钮，在下拉菜单中选择“打开浏览器窗口”命令，如图 5-3 所示。

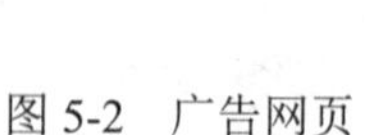

图 5-2　广告网页

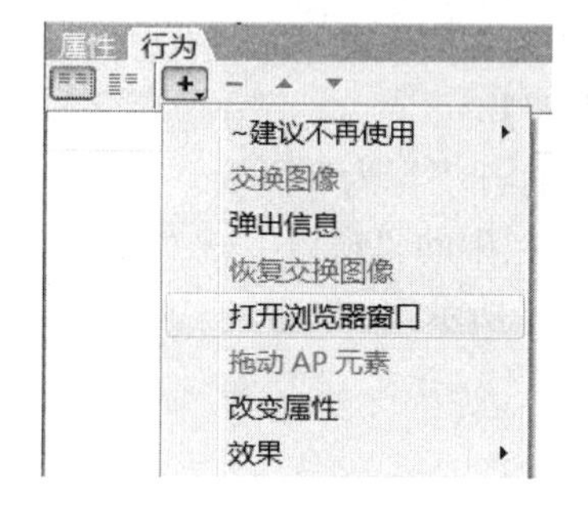

图 5-3　“添加行为”菜单

（4）在弹出的“打开浏览器窗口”对话框中，进行如图 5-4 所示的设置。在“要显示的 URL”文本框中输入新窗口要显示文件的路径和文件名“files/guanggao.html”；“窗口宽度”“窗口高度”均设为 400；“属性”复选框中列出了新窗口的属性，选择“状态栏”，则新窗口包括状态栏，其他属性类似；在“窗口名称”文本框中输入名称“广告”；单击“确定”按钮。

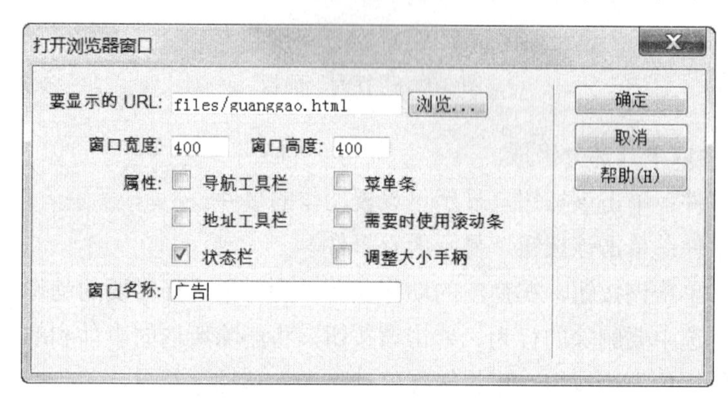

图 5-4　“打开浏览器窗口”对话框

（5）在“行为”面板中，把事件默认设为 onLoad，如图 5-5 所示。如果单击该事件，会出现“箭头”按钮，单击该按钮，会弹出包含全部事件的事件列表，如图 5-6 所示，用户可根据需要选择相应的事件。

图 5-5　“行为”面板

图 5-6　事件列表

（6）保存文件，在浏览器中预览，即可看到效果。

及时充电

1．什么是行为

行为是页面和用户实时交互的动态技术，是页面中的一些元素对象在一定的操作事件下产生的相应的动作。

一个行为是由事件（Event）和动作（Action）构成的。事件是动作被触发的结果，而动作是用于完成特殊任务的预先编好的 JavaScript 代码。事件是指鼠标经过、动作为交互图像、弹出信息、转到 URL 等。例如，当用户把鼠标移动至对象上（事件），这个对象会发生预定义的变化（动作）。

行为是由预先书写好的 JavaScript 脚本代码构成的，使用它可以完成诸如打开新浏览窗口、播放背景音乐等任务。事件是为大多数浏览器理解的通用代码，例如，onMouseOver、onMouseOut 和 onClick 都是用户在浏览器中对浏览页面的操作，而浏览器通过一定的释义执行来响应用户的动作。举个例子，当把鼠标移动至一个链接上时，浏览器获取了一个 onMouseOver 事件，并通过调用事先已经写好的与此事件关联的 JavaScript 语言来响应这个动作。因此精简一点说，行为就是一段预先定义好的程序代码，通过浏览器的释义并响应用户操作的过程。

对象是产生行为的主体。网页中的很多元素都可以成为对象，例如：整个 HTML 文档、图像、文本、多媒体文件、表单元素等。事件是触发动态效果的条件，而动作是最终产生的动态效果。动态效果可能是图片的翻转、链接的改变、声音播放等。一个事件也可以触发许多动作，用户可以为一个事件指定多个动作。动作按照其在“行为”面板列表中的顺序依次发生。

2．常用事件介绍

表 5-1　常用事件

常用事件	事件功能
OnBlur	当指定的元素停止从用户的交互动作上获得焦点时，触发该事件。例如，当用户在交互文本框中单击后，再在文本框之外单击，浏览器会针对该文本框产生一个 onBlur 事件
OnClick	当用户在页面中单击使用行为的元素，如文本、按钮或图像时，就会触发该事件
OnDblclick	在页面中双击使用行为的特定元素（文本、按钮或图像）时，就会触发该事件
OnError	当浏览器下载页面或图像发生错误时触发该事件

续表

常用事件	事件功能
OnFocus	指定元素通过用户的交互动作获得焦点时触发该事件。例如，在一个文本框中单击时，该文本框就会产生一个“onFocus”事件
OnKeydown	当用户在浏览网页时，按下一个键后且尚未释放该键时，就会触发该事件。该事件常与“onKeydown”与“onKeyup”事件组合使用
OnKeyup	当用户浏览网页时，按下一个键后又释放该键时，就会触发该事件
OnLoad	当网页或图像完全下载到用户浏览器后，就会触发该事件
OnMouseDown	浏览网页时，单击网页中建立行为的元素且尚未释放鼠标之前，就会触发该事件
OnMousemove	在浏览器中，当用户将光标在使用行为的元素上移动时，就会触发该事件
OnMouseover	在浏览器中，当用户将鼠标指向一个使用行为的元素时，就会触发该事件
OnMouseout	在浏览器中，当用户将光标从建立行为的元素移出后，就会触发该事件
OnMouseup	在浏览器中，当用户在使用行为的元素上按下鼠标并释放后，就会触发该事件
OnUnload	当用户离开当前网页（关闭浏览器或跳转到其他网页）时，就会触发该事件

任务二　行为网页实例——摄影网页

 任务描述

掌握常用的动作功能及实现动作功能的方法。

 任务实施

活动一　添加“弹出信息”行为

【活动描述】

学习“弹出信息”行为的基本操作。

【操作步骤】

步骤 1．选择菜单栏中的“文件”→“打开”命令，打开素材文件夹中的“摄影网”的网页“index.html”，如图 5-7 所示。

图 5-7　“摄影网”的网页

步骤 2．在文档中插入一个图层，在其中输入文字“‘拥抱春天’摄影比赛通知 点击查看”，放置位置如图 5-8 所示。

图 5-8 添加层后的效果

步骤 3．选中该图层，在“行为”面板中单击“添加行为”按钮，在弹出的菜单中选择“弹出信息”命令，如图 5-9 所示。

步骤 4．打开“弹出信息”对话框，在文本框里输入比赛通知内容，如图 5-10 所示，单击“确定”按钮。

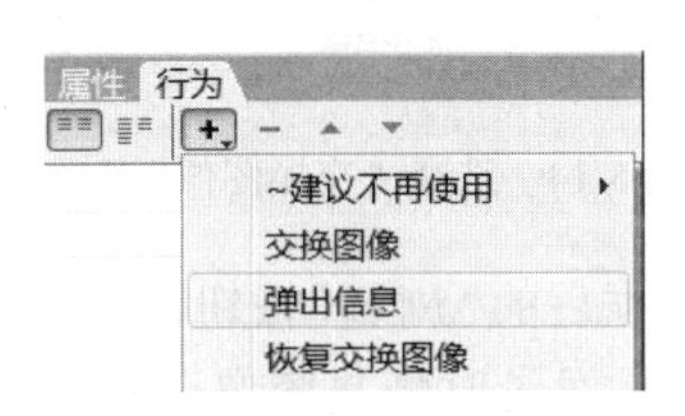

图 5-9 “添加行为”菜单

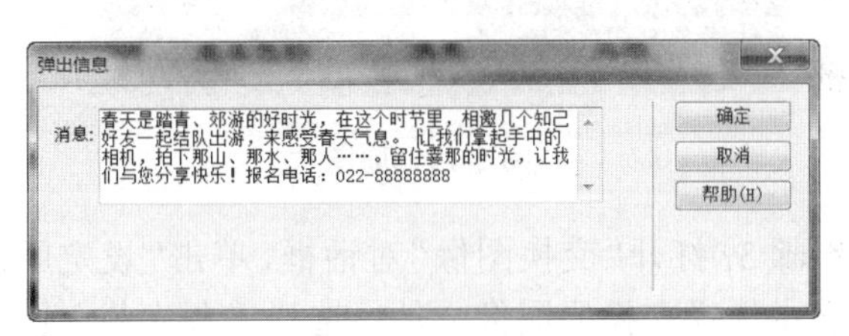

图 5-10 “弹出信息”对话框

步骤 5．在“行为”面板中将事件选为“onMouseDown”，如图 5-11 所示。

步骤 6．保存网页，按快捷键“F12”，在浏览器中预览效果，如图 5-12 所示。

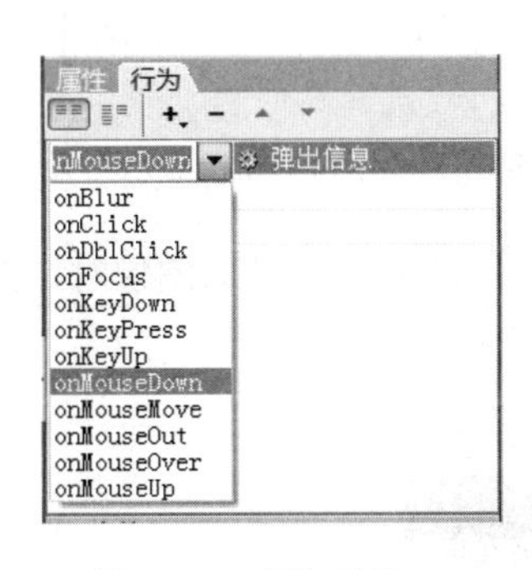

图 5-11 事件列表

图 5-12 “弹出信息”预览效果

活动二 添加“交换图像”行为

【活动描述】

学习“交换图像”行为的基本操作。

【操作步骤】

步骤 1．选择菜单栏中的“文件”→“打开”命令，打开素材文件夹中的“摄影网”的网页“index.html”。

在文档中选择如图 5-13 所示的图片。

步骤 2．在“行为”面板中单击“添加行为”按钮，在弹出的菜单中选择“交换图像”命令，如图 5-14 所示。

图 5-13　原图片

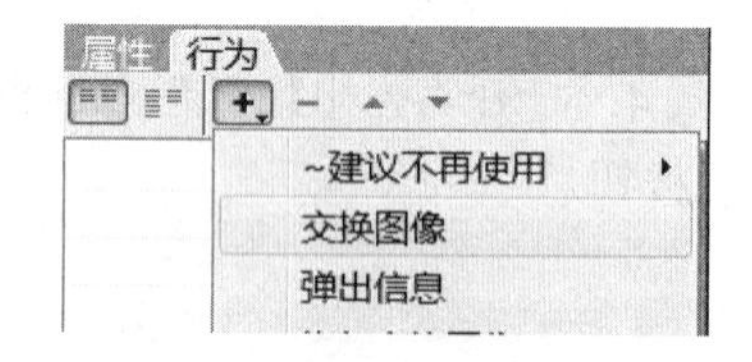

图 5-14　选择“交换图像”命令

步骤 3．打开“交换图像”对话框，单击“设定原始档为”框后的“浏览”按钮，在“images”文件夹中选择交换的图像文件，选择“预先载入图像”“鼠标滑过时恢复图像”复选框，如图 5-15 所示。单击“确定”按钮。“行为”面板显示结果如图 5-16 所示。

图 5-15　“交换图像”对话框

图 5-16　“行为”面板显示结果

步骤 4．保存网页，按快捷键“F12”，在浏览器中预览效果。当鼠标经过原图像时，图像进行了交换，效果如图 5-17 所示。

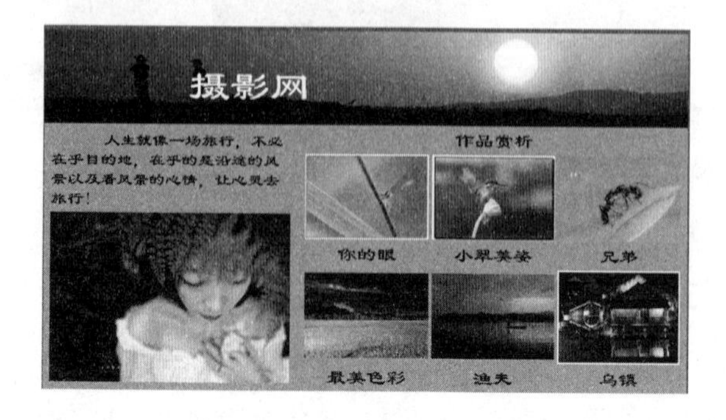

图 5-17　“交换图像”效果

活动三　添加“转到URL”行为

【活动描述】

学习“转到URL”行为的基本操作。

【操作步骤】

步骤1．选择菜单栏中的“文件”→“打开”命令，打开素材文件夹中的“摄影网”的网页“index.html”。

步骤2．在文档中插入一个图层，在其中插入站点图像文件夹“images”中蜂鸟网的Logo图像文件，放置位置如图5-18所示。

图5-18　插入层后效果

步骤3．选中该图层，在“行为”面板中单击“添加行为”按钮，在弹出的菜单中选择“转到URL”命令，如图5-19所示。

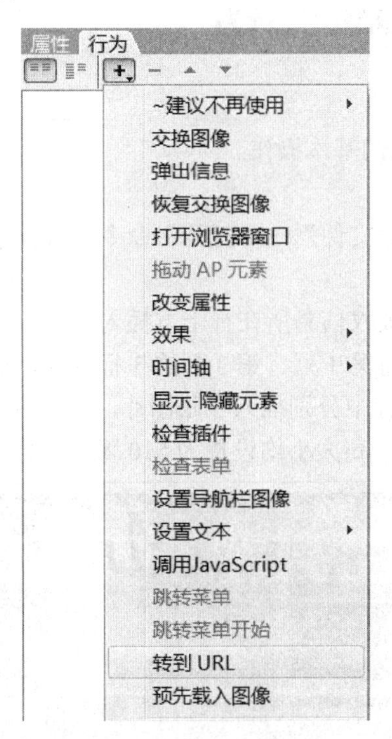

图5-19　“添加行为”菜单

步骤4．打开“转到URL”对话框，在“URL”文本框中输入要转到的蜂鸟网网址“http://www.fengniao.com/”，如图5-20所示，单击“确定”按钮。“行为”面板如图5-21所示。

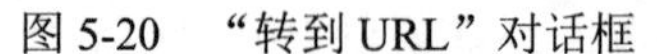
图 5-20 “转到 URL”对话框

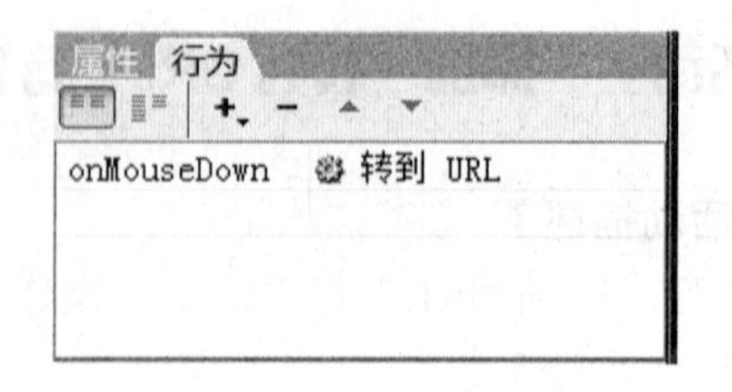

图 5-21 “行为”面板

步骤 5．保存网页，按快捷键“F12”，在浏览器中预览效果。当单击层时，跳转到“蜂鸟网”的主页，跳转后的网页如图 5-22 所示。

图 5-22 跳转后的网页

活动四 添加“显示-隐藏层”行为

【活动描述】

学习“显示-隐藏层”行为的基本操作。

【操作步骤】

步骤 1．选择菜单栏上的“文件”→“打开”命令，打开素材文件夹中的“摄影网”的网页“index.html”。

步骤 2．在文档中最下边版权信息所在行上方插入 1 空行，在其中插入 3 行 3 列的表格，表格宽设置为“100%”。分别将第 1 列、第 3 列的 3 行合并，在第 1 列输入文字“美图推荐”，并进行相应设置；在第 2 列 3 行中分别插入 3 张图片，宽、高均设置为 160 像素；在第 3 列中插入第 2 列中第一张图片，宽、高大小均设置为 510 像素，插入表格后的效果如图 5-23 所示。

图 5-23 插入表格后效果

步骤 3. 在“插入”面板“布局”选项卡中选择“绘制 AP Div”按钮，在文档中绘制 3 个层，分别插入第 2 列中小图的原图像，图像宽、高大小均设为 510 像素，3 个层与第 3 列图像大小位置一致，如图 5-24 所示。

步骤 4. 选择第 2 列的第一幅图片，在“行为”面板中单击“添加行为”按钮，在弹出的菜单中选择“显示-隐藏元素”命令，如图 5-25 所示。打开 “显示-隐藏元素”对话框，如图 5-26 所示。

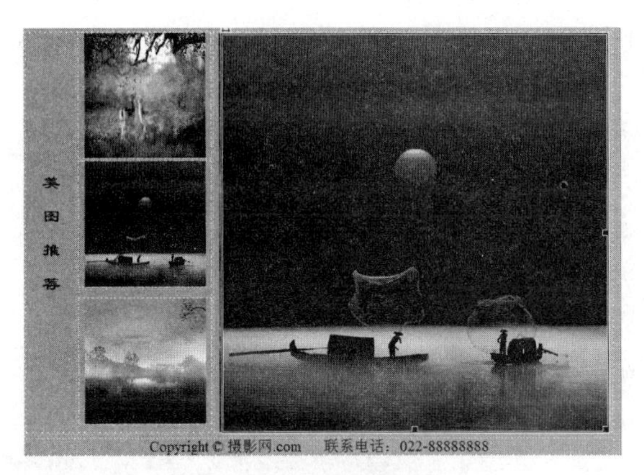

图 5-24 大图所在层的位置

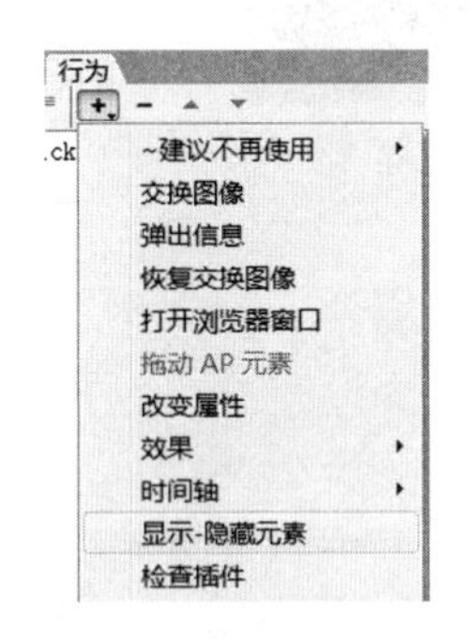

图 5-25 “添加行为”菜单

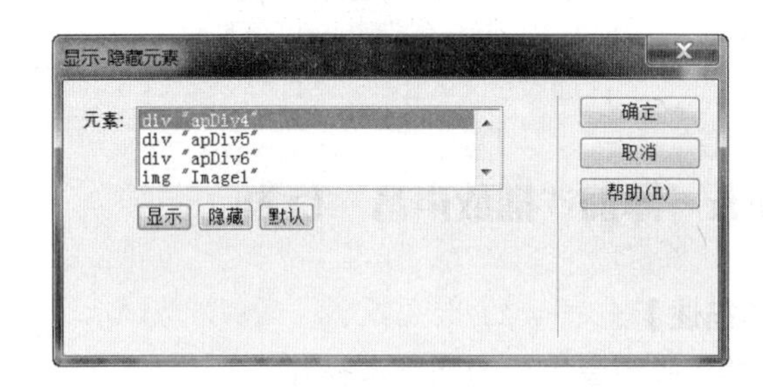

图 5-26 “显示-隐藏元素”对话框

对话框中各项的作用如下：

- “元素”选项框：显示和选择要更改其可见性的层。
- “显示”按钮：单击此按钮可以显示在“元素”选项中选择的层。
- “隐藏”按钮：单击此按钮可以隐藏在“元素”选项中选择的层。
- “默认”按钮：单击此按钮可以恢复层的默认可见性。

步骤 5. 选择第一幅图片的大图所在的层，单击“显示”按钮，然后分别选择另外两个大图的层并单击“隐藏”按钮，将它们设为隐藏状态，如图 5-27 所示，然后再单击“确定”按钮。“行为”面板显示如图 5-28 所示。

步骤 6. 重复步骤 4，将第 2 列小图片对应的大图片所在的层设置为“显示”，其他两个大图片所在层设置为“隐藏”，并设置其为行为事件。

步骤 7. 保存网页，按快捷键“F12”，在浏览器中预览网页效果。当鼠标单击小图时可显示相应的大图片，如图 5-29 所示。

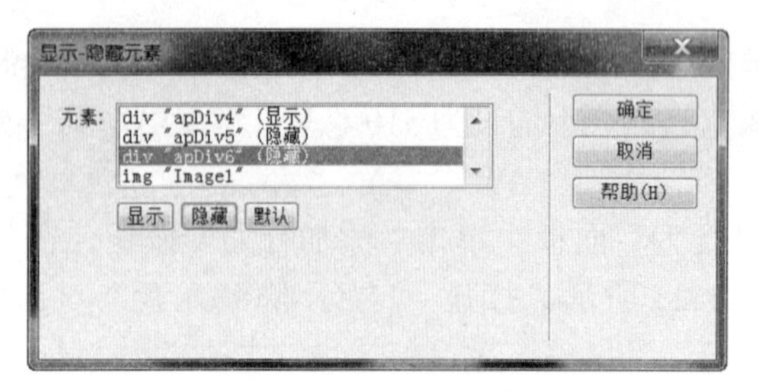

图 5-27　对层进行显示、隐藏设置

图 5-28　“行为”面板

图 5-29　预览网页效果

活动五　添加“播放声音”行为

【活动描述】

学习“播放声音”行为的基本操作。

【操作步骤】

步骤 1．选择菜单栏上的“文件”→“打开”命令，打开素材文件夹中“摄影网”的网页“index.html”。

步骤 2．在网页文档中插入一个新层，在其中输入“Music”，设置文字大小，调整层位置，如图 5-30 所示。

步骤 3．选中该层，在“行为”面板中单击“添加行为”按钮，在弹出的菜单中选择“播放声音”命令，如图 5-31 所示，打开“播放声音”对话框。

图 5-30　新插入层的位置

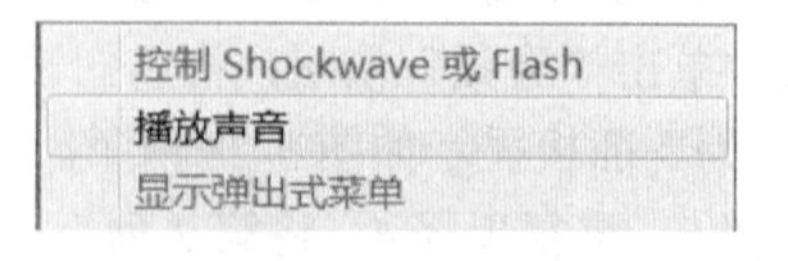

图 5-31　选择“播放声音”命令

步骤 4．单击对话框中“播放声音”框后的“浏览”按钮，在站点“others”文件夹中找到音乐文件，如图 5-32 所示。单击“确定”按钮。在“行为”面板中选择事件“onMouseDown”，如图 5-33 所示。

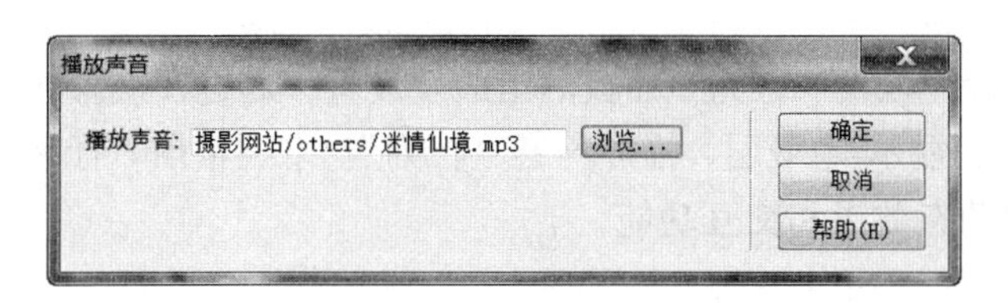

图 5-32 “播放声音”对话框

图 5-33 “行为”面板

步骤 5．保存网页，按快捷键“F12”，在浏览器中预览效果。当鼠标单击“Music”时，开始播放音乐。

项目评价

项目评价标准

等级	等级说明	评价
一级任务	能自主完成项目所要求的学习任务	合格（不能完成任务定为不合格等级）
二级任务	能自主、高质量地完成拓展学习任务	良好
三级任务	能自主、高质量地完成拓展学习任务并能帮助别人解决问题	优秀

项目评价表

项目	评价内容	分值	评分				所占价值	项目得分
			自评（30%）	组评（40%）	师评（30%）	得分		
职业能力	“行为”面板的使用	20					60%	
	打开浏览器窗口	10						
	弹出信息	10						
	交换图像	10						
	转到 URL	10						
	显示-隐藏层	20						
	播放声音	10						
	摄影网页的完善	10						
	合计	100						
通用能力	与人合作能力	20					40%	
	沟通能力	10						
	组织能力	10						
	活动能力	10						
	自主解决问题的能力	20						
	自我提高能力	10						
	创新能力	20						
	合计	100						

项目总结

本项目学习了“行为”的基本概念，以及“行为”面板的组成及设置；通过在摄影网页中添加弹出信息、交换图像、转到URL、显示-隐藏层、播放声音“行为”，掌握常用“行为”功能设置，体会“行为”为网页增加的动态效果和交互功能。

项目拓展

（1）任务一：完善“摄影网”作品，进一步熟悉并掌握“行为”技术。

（2）任务二：打开“摄影网”，利用 “显示-隐藏层”“行为”，添加“行为”实现如下效果：

① 在网页中插入两个层，分别插入图像。两个层并排对齐、大小一样。

② 添加行为：当鼠标单击左边层图像时，显示右边层图像；鼠标离开时，右边层图像不显示。

（3）任务三：设计制作一个关于圣诞节的网页作品，在页面内添加弹出信息、交换图像、转到URL的“行为”。弹出信息、交换图像等“行为”的效果要求布局合理，所加“行为”适合主题。同学们可以自学其他的行为效果，应用到网页作品中，使网页作品更加生动多彩。

快速建立网站技术——模板与库应用

项目目标

理解模板与库的概念、作用。

能创建模板并可以利用模板创建页面。

能创建库项目并能应用库项目。

项目探究

在网页制作过程中，常常会遇到很多页面具有相同或相似的布局，很多页面还会有相同的图片、文字等对象。对于这种类型的网页，如果每个页面都要逐个制作，不但效率低且不便于更新，为了避免大量的重复劳动，可以使用 Dreamweaver 软件提供的模板技术和库技术很好地解决这个问题。本项目重点学习模板与库的创建与应用。

项目实施

本项目通过两个任务学习模板与库的创建与应用，并加深对模板与库的理解，从而提高建站的速度。

任务一　使用模板快速制作网页

任务描述

（1）为使学生了解 H1N1 的预防知识，关注健康，提升人文素养，学校体卫处想制作一个预防流感的专题网站，为了快速完成建站任务，我们使用模板技术进行网站的建设。

（2）通过网站制作使学生们掌握创建模板、定义可编辑区域、使用模板更新网页等技术。

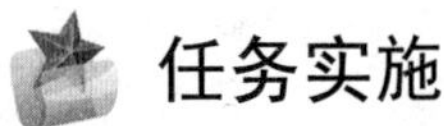

任务实施

活动一　创建模板

【活动描述】

创建流感专题网站模板，为快速建站做好准备。

【操作步骤】

步骤 1．理清思路。

建站 5 步法：硬盘建夹→建立站点→制作主页→制作子页→创建链接。

① 硬盘建夹。在 D 盘建立站点文件夹，并把素材中的项目六\作品素材\任务一中的素材复制到站点根目录中。

② 建立站点。启动 Dreamweaver 并创建站点。新建站点窗口如图 6-1 所示。

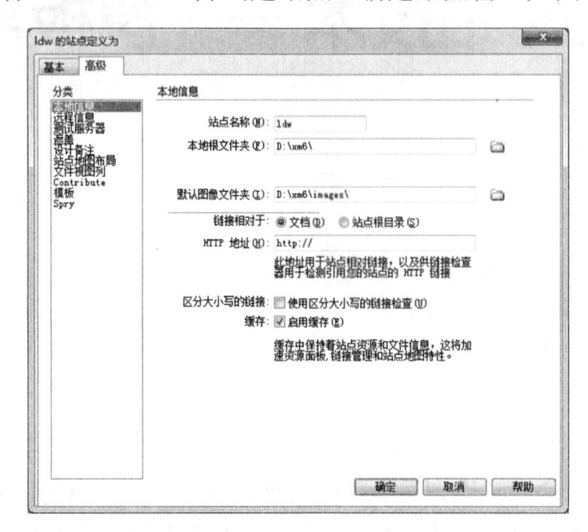

图 6-1　新建站点窗口

步骤 2．创建模板

（1）选择菜单栏上的“文件”→“新建”→“常规”→“模板页”→“HTML 模板”命令，单击“创建”按钮，如图 6-2 所示。

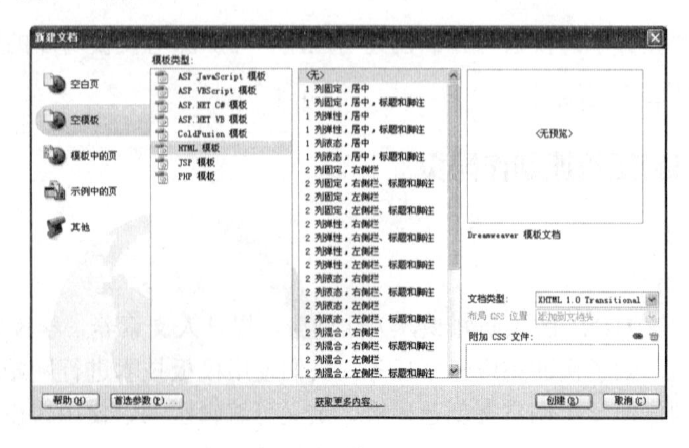

图 6-2　新建模板文档窗口

（2）插入表格进行网页布局，进行页面属性设置。

（3）插入相关元素，完成后的模板文档窗口如图 6-3 所示。

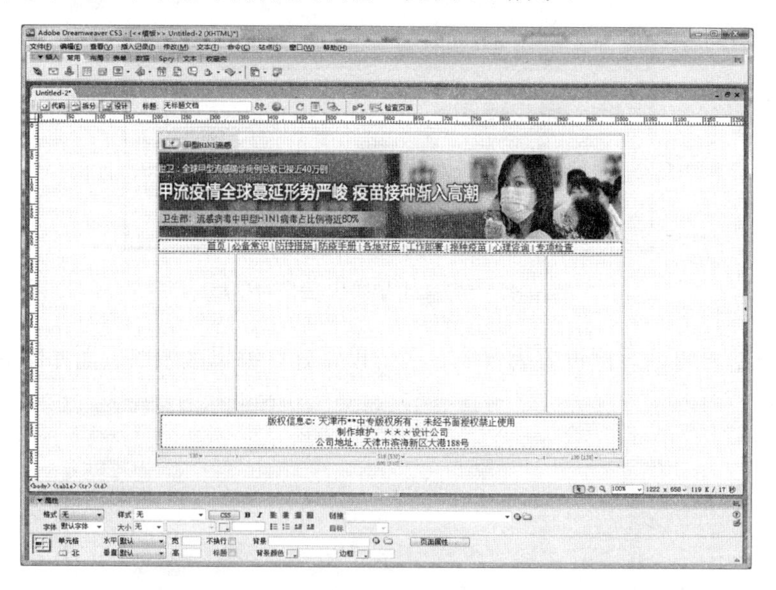

图 6-3 模板文档窗口

活动二 定义可编辑区域

【活动描述】

在新建模板文档中定义可编辑区域。

【操作步骤】

步骤 1．设置可编辑区。

（1）选择菜单栏上的“插入记录”→“模板对象”→“可编辑区域”命令，或按“Ctrl+Alt+V”组合键，如图 6-4 所示。

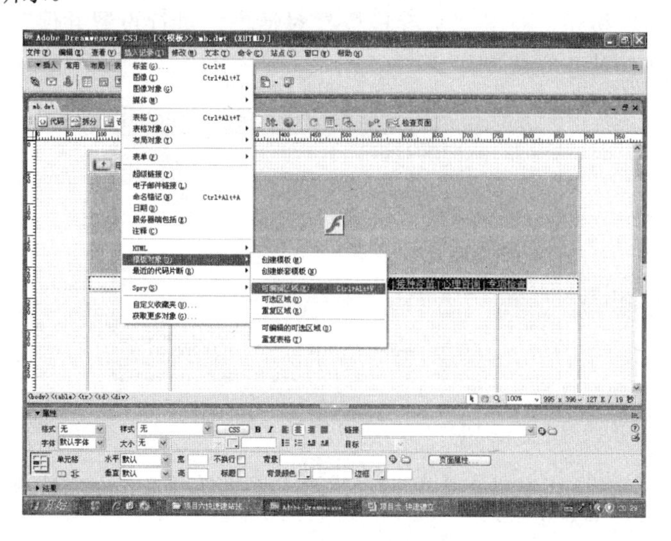

图 6-4 选中“可编辑区域”

（2）打开“新建可编辑区域”对话框，在“名称”文本框中输入可编辑区域名称，单击“确定”按钮，如图 6-5 所示。一个可编辑区域设置成功。

图 6-5　“新建可编辑区域”对话框

（3）依此方法再将内容区设置为可编辑区，设置好可编辑区域的页面如图 6-6 所示。

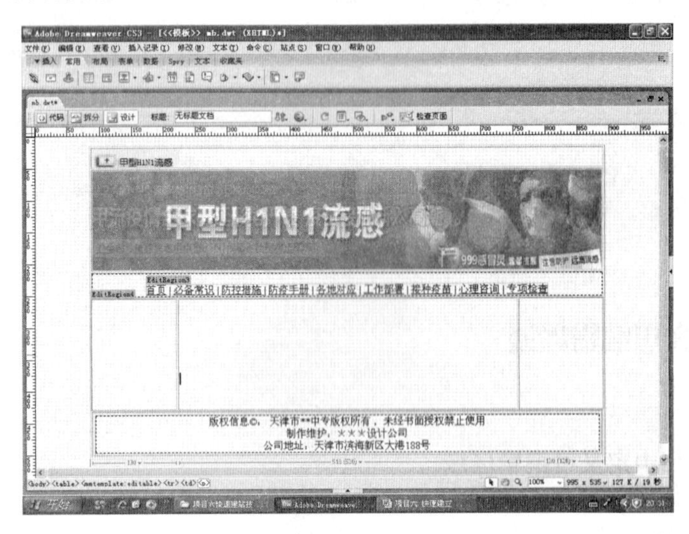

图 6-6　设置好可编辑区域的页面

步骤 2．保存模板。

（1）单击“保存”按钮，打开“另存模板”对话框，进行设置并保存，如图 6-7 所示。此时一个网站模板文件就建立成功了。

图 6-7　“另存模板”对话框

（2）模板建成后，在站点文件夹中会自动生成一个名为“Templates”的子文件夹，里面存有“18dmb.dwt”模板文件，如图 6-8 所示。

图 6-8 模板文件夹

活动三 使用模板制作网站

【活动描述】

使用模板制作流感专题网站首页。

【操作步骤】

步骤 1．使用模板建立网页。

选择菜单栏上的“文件”→“新建”→“模板中的页”命令，选择站点及模板，勾选“当模板改变时更新页面”复选项，单击“创建”按钮，如图 6-9 所示。

注意：“当模板改变时更新页面”可以在网站建成后便于对所有网页进行调整。

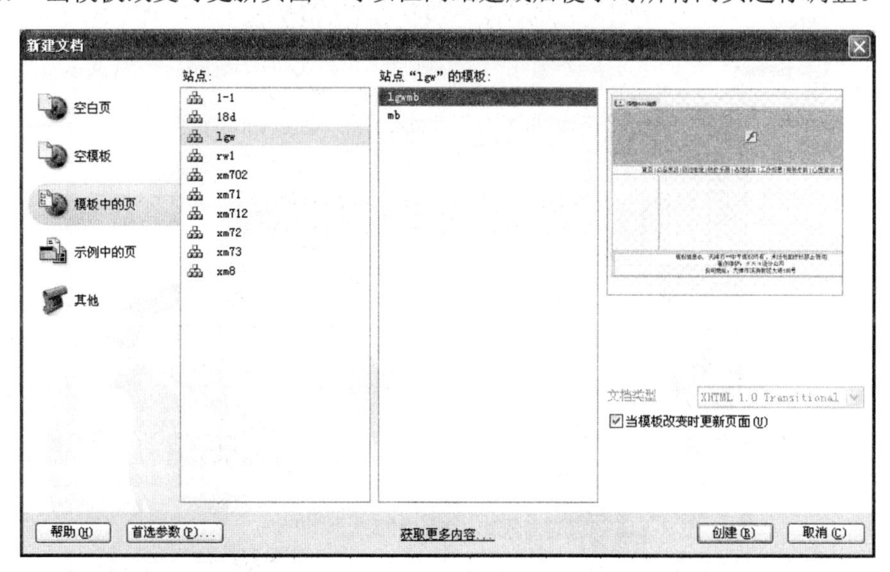

图 6-9 勾选“当模板改变时更新页面”

步骤 2．编辑网站首页。

（1）将首页保存为“Index.html”。网站首页效果图如图 6-10 所示。

（2）在页面中插入相关网页元素。

图 6-10　网站首页效果图

步骤 3．使用模板创建子页。

（1）选择菜单栏上的“文件”→“新建”→“模板中的页”命令，选择站点及模板，勾选“当模板改变时更新页面”复选项，单击“创建”按钮。

（2）将网页保存为“1.html”并存放到“Files”文件夹中。

（3）在页面中插入相关网页元素。“文件决议”子页效果图如图 6-11 所示。

图 6-11　“必备常识”子页效果图

（4）使用模板依次将其他子页制作完成。

步骤 4．创建超级链接。

（1）在导航区选中“首页”，在属性面板链接区，使用鼠标按住“指向文件”按钮，拖曳到文件面板区中“Index.html”处，即可完成超级链接的创建，如图 6-12 所示。

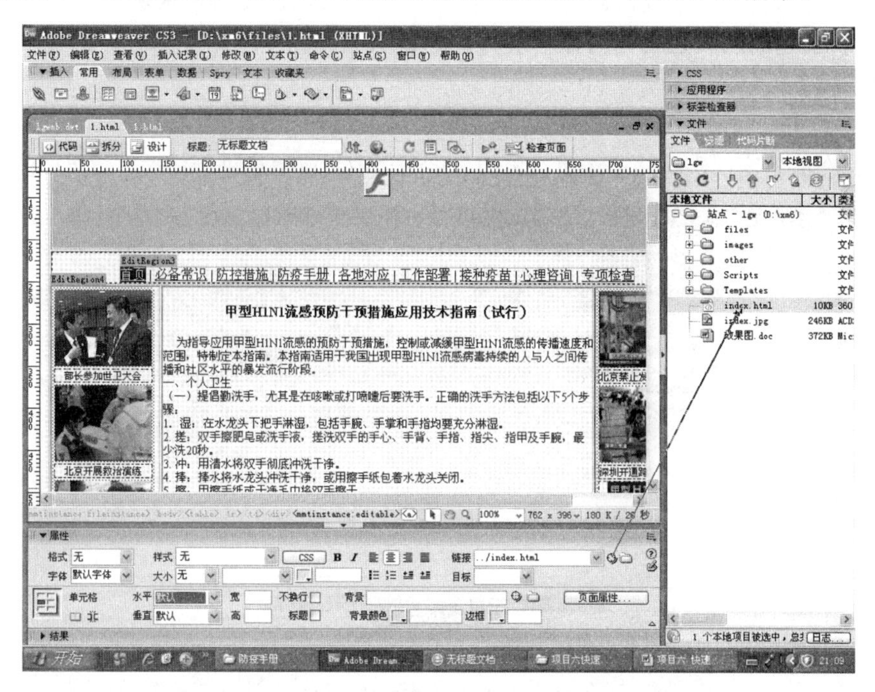

图 6-12　创建“首页”链接界面

（2）依次将其他链接制作好，即可完成整个网站的制作，效果如图 6-13 所示。

图 6-13　网站首页效果图

活动四　使用模板更新网页

【活动描述】

使用模板更新网页。模板被创建好后，我们也可以根据需要对模板进行修改，当模板变化后，基于模板创建的网页也会同时跟着变化，这就大大提高了网站更新维护的效率。

【操作步骤】

步骤 1．打开“lgwmb.dwt”模板文件。

步骤 2．在编辑窗口中按照要求进行修改。将网页中版权信息进行修改，效果如图 6-14 所示。

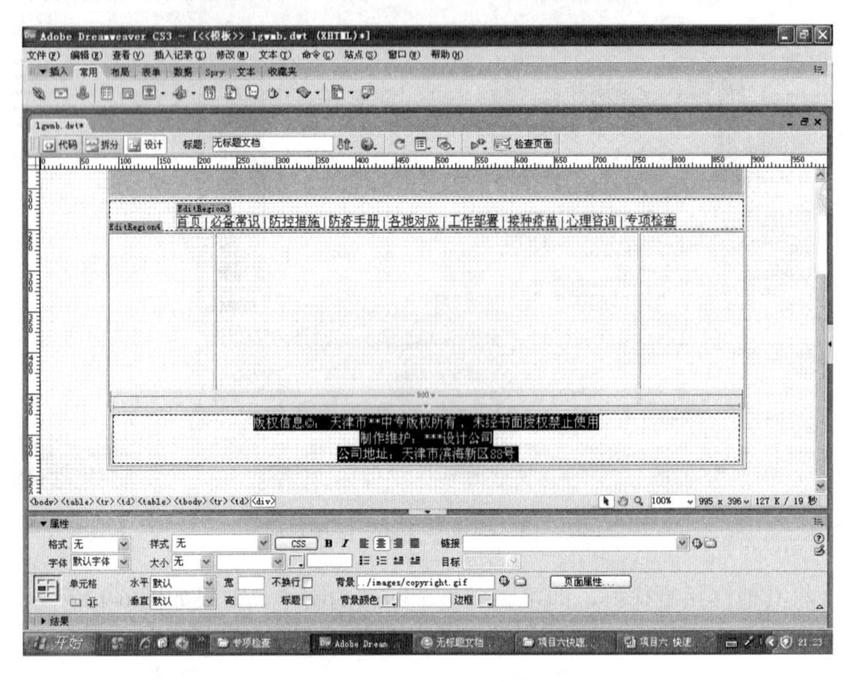

图 6-14　版权信息修改效果图

步骤 3．更新模板文件。

（1）使用“Ctrl+S”组合键保存模板文件，弹出“更新模板文件”对话框，如图 6-15 所示。

（2）单击“更新”按钮后，弹出“更新页面”对话框，如图 6-16 所示。

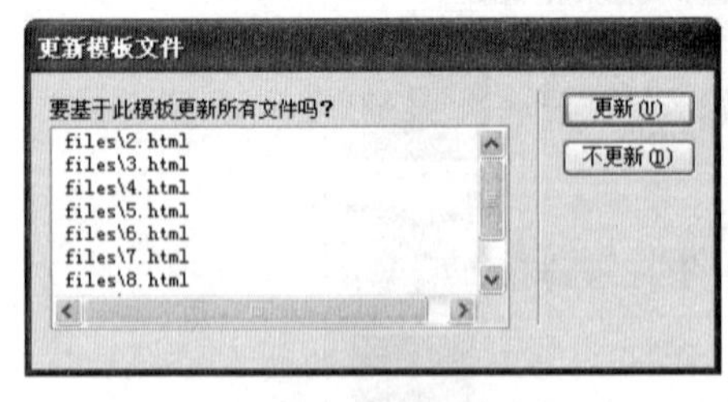

图 6-15　“更新模板文件”对话框

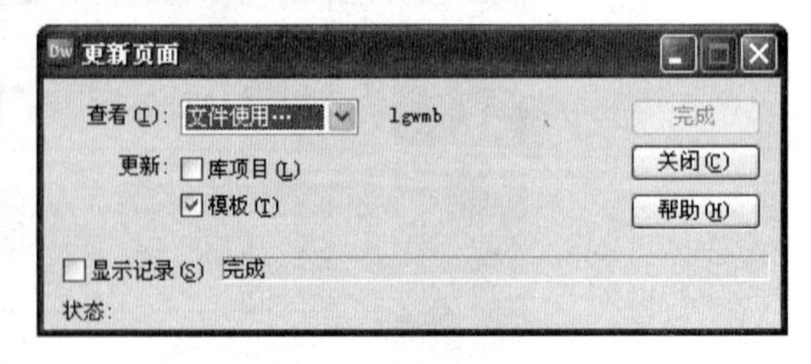

图 6-16　“更新页面”对话框

（3）更新页面完成后，查看首页和子页文件会发现相应位置都已经被修改。需要注意的是要对这些已修改的文件进行及时保存。

（4）如果在更新模板后并没有更新网页，要选择菜单栏中的“修改”→“模板”→“更新页面”命令，在弹出的“更新页面”对话框中，单击“查看”下拉列表并选择“整个站点”选项，在右边新出现的下拉列表中选择模板名称，单击“开始”按钮，即可完成对网页的更新。

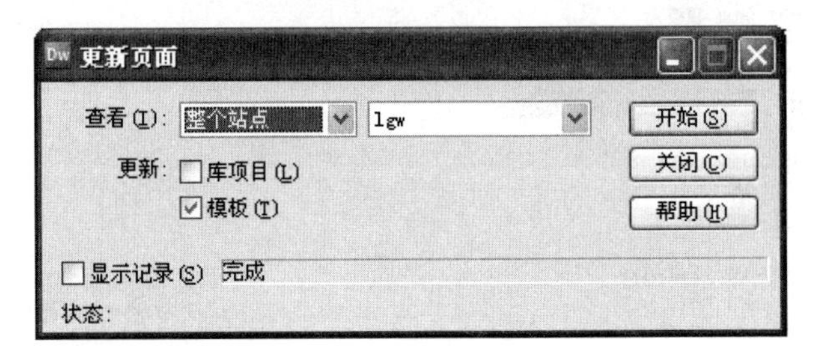

图 6-17　“更新页面”对话框

及时充电

（1）模板含义：模板是一种预先设计好的网页样式，在制作风格相似的页面时，只要套用模板就可以设计出一批风格一致的网页。简单地说，模板实质上就是创建其他网页文档的基础文档，是一个“模子”。

（2）创建模板有两种途径，可以从新建的空白 HTML 文档中创建模板，或把现有的 HTML 文档另存为模板。

任务二　库项目的建立与应用

任务描述

（1）使用库项目技术完成流感专题网站页面的制作。

（2）通过任务学习使学生们掌握库项目的建立与应用。

任务实施

活动一　创建库项目

【活动描述】

把网站中经常出现的图像或版权信息等内容创建为库项目。

【操作步骤】

步骤 1．硬盘建夹。

（1）在 D 盘建立站点文件夹，并把素材中的项目六\作品素材\任务二中的素材复制到站点根目录中。

（2）启动 Dreamweaver 并创建站点。

步骤 2．创建库项目。

（1）选择菜单栏上的“文件”→“新建”命令，选择“空白页”→“库项目”，再单击“创建”按钮，如图 6-18 所示。

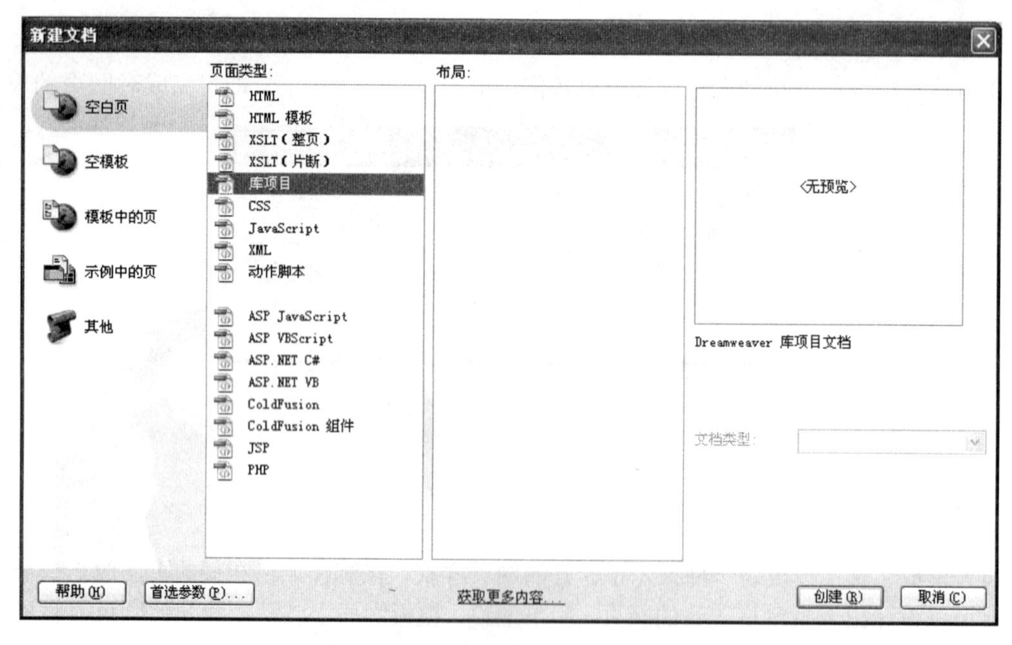

图 6-18　新建库项目对话框

（2）在“编辑”窗口插入 1 行 1 列、宽度为 800、边框为 1 的表格，如图 6-19 所示。
（3）在表格中插入图片，作为网站的 Banner 区，效果如图 6-20 所示。

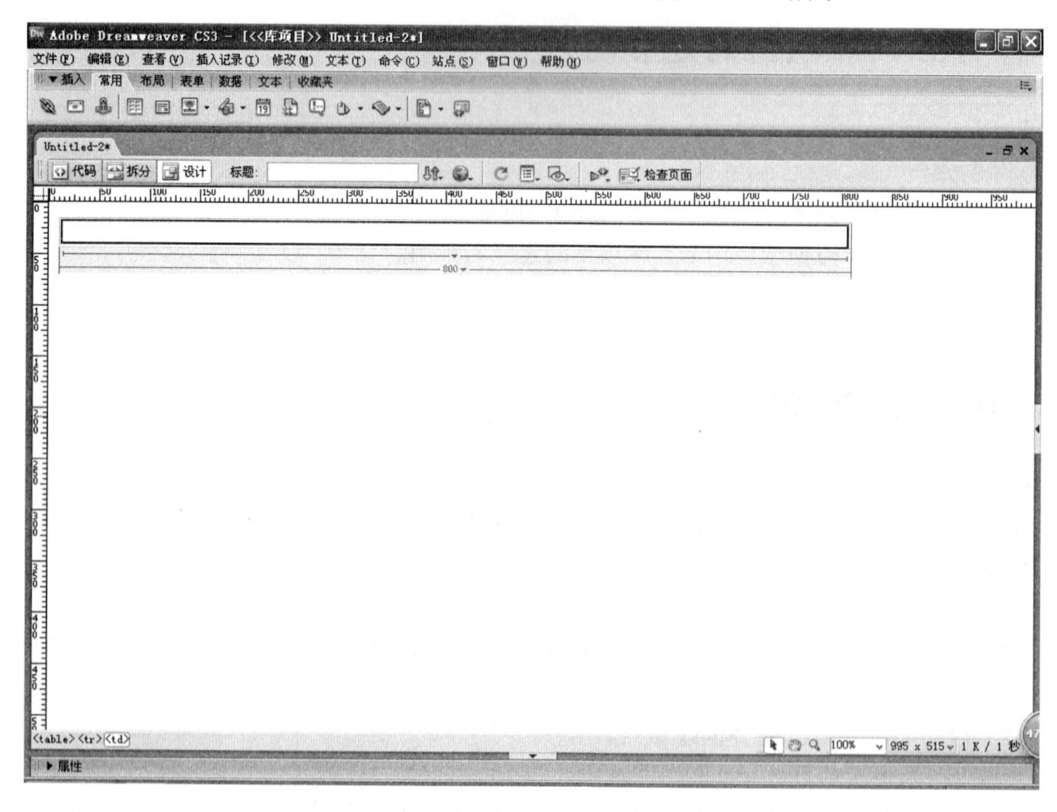

图 6-19　在“编辑”窗口插入表格

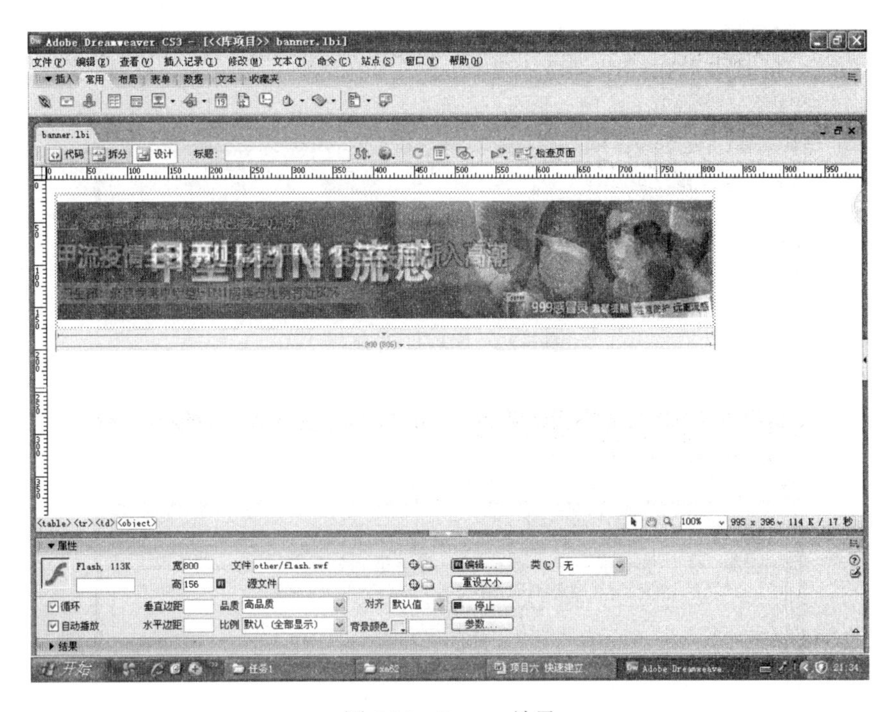

图 6-20　Banner 效果

（4）按“Ctrl+S”组合键对文件进行保存。

图 6-21　库项目文件保存对话框

步骤 3．按照上述方法依次创建导航栏、版权信息库项目，如图 6-22 和图 6-23 所示。

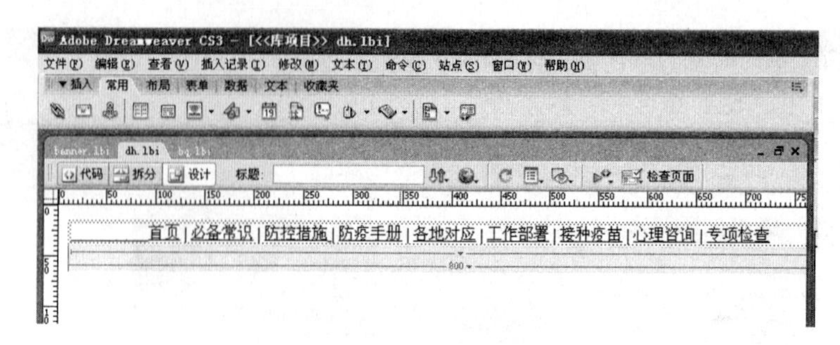

图 6-22　库项目-导航栏

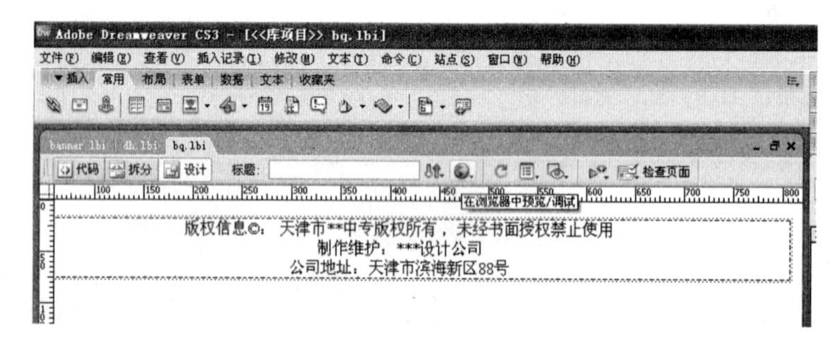

图 6-23　库项目-版权信息

活动二　插入库项目

【活动描述】

将创建的库项目插入到网页中。

【操作步骤】

步骤 1．新建网页。

（1）选择菜单栏中的“文件”→“新建”→“选择空白页”→“HTML”命令，单击“创建”按钮。

（2）在编辑窗口设置网页页面属性。单击页面下方“页面属性”对话框，进行背景图像的设置，如图 6-24 所示。

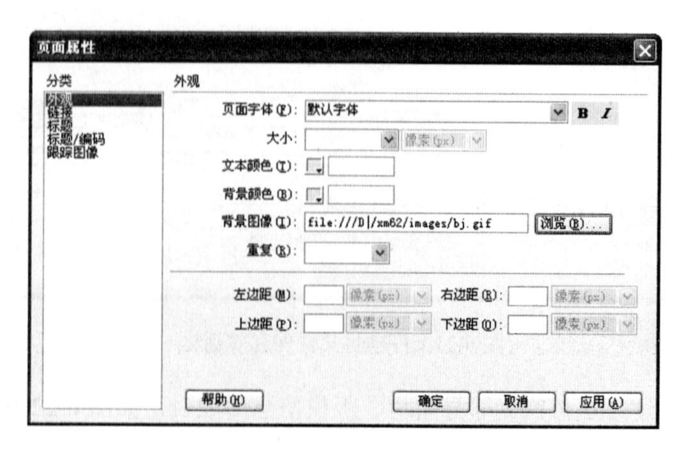

图 6-24　“页面属性”对话框

（3）在编辑窗口插入 4 行 3 列，宽度为 800，边框为 1 的表格。

（4）按“Ctrl+Alt+M”组合键将表格第 1、2、4 行合并，并将第 3 行做适当调整，将整个表格居中，效果如图 6-25 所示。

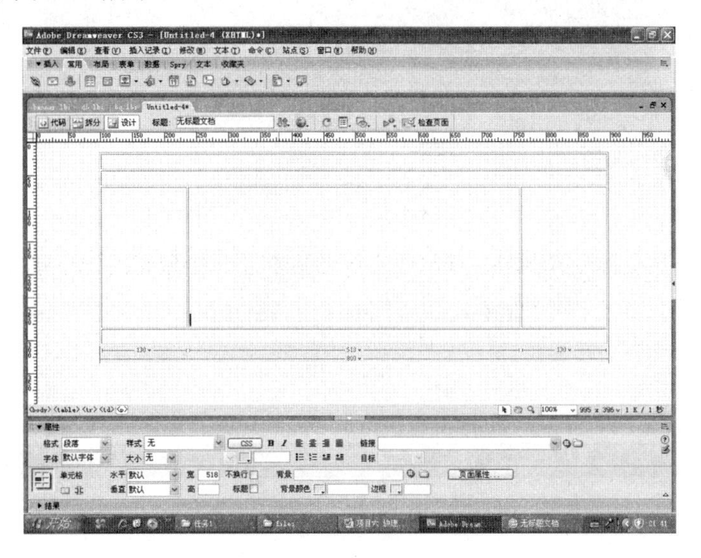

图 6-25 表格布局效果图

步骤 2．插入库项目。

（1）将光标定位在第 1 行要插入“banner.lbi”库项目的位置。

（2）选择菜单栏中的“窗口”→“资源”命令，打开“资源”面板，在“资源”面板中单击“库”按钮，在展开的库面板中选择相应的库项目，然后单击“插入”按钮，如图 6-26 所示。

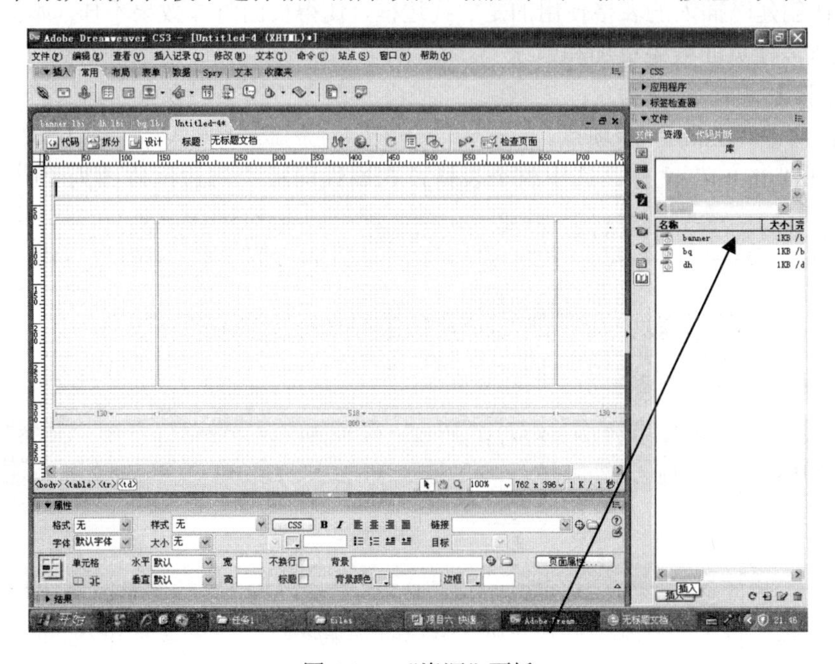

图 6-26 “资源”面板

（3）依次将“banner.lbi”、“dh.lbi”、“bq.lbi”插入到相应的位置，效果如图 6-27 所示。

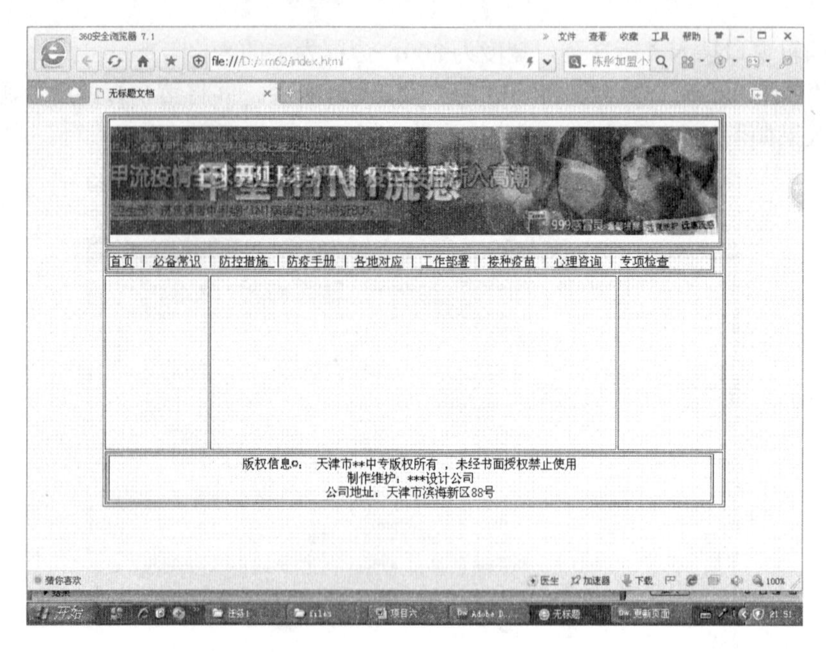

图 6-27　效果图

活动三　修改库项目

【活动描述】

在上个活动中，创建了 3 个库项目并在网页中插入了库项目，但“dh.lbi”“bq.lbi”两个库项目，由于在创建时插入的表格使用的是实线边框，使得页面整体效果不佳。本活动通过修改这两个库项目，使页面效果更加和谐统一。

【操作步骤】

步骤 1．修改“dh.lbi”库项目。

（1）打开“dh.lbi”文件，选中整个表格，在属性面板中将边框修改为“0”，如图 6-28 所示。

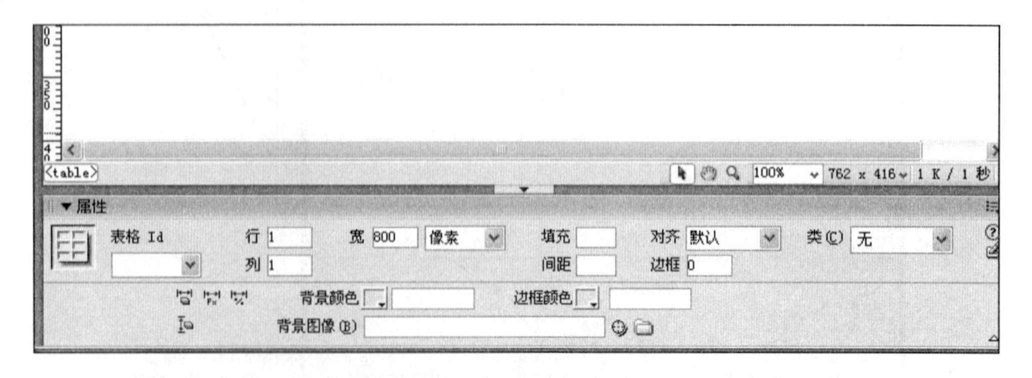

图 6-28　修改表格边框属性

（2）打开“2.html”文件，将原有的导航栏删除，重新在资源面板中选择库中的“dh.lbi”文件，单击“插入”按钮，完成对导航栏库项目的修改和插入任务。

步骤 2．修改“bq.lbi”库项目。

（1）打开“bq.lbi”文件，选中整个表格，在属性面板中将边框修改为“0”。

（2）打开“2.html”文件，将原有的导航栏删除，重新在资源面板中选择库中的“bq.lbi”文件，单击“插入”按钮，完成对导航栏库项目的修改和插入任务。

（3）选择菜单栏中的“修改”→“库”→“更新页面”命令，在弹出“更新页面”对话框的“查看”下拉列表中选择“整个站点”，在“更新”选项区域选择“库项目”，单击“开始”按钮，即可完成页面的更新。“更新页面”对话框如图 6-29 所示，更新后的效果如图 6-30 所示。

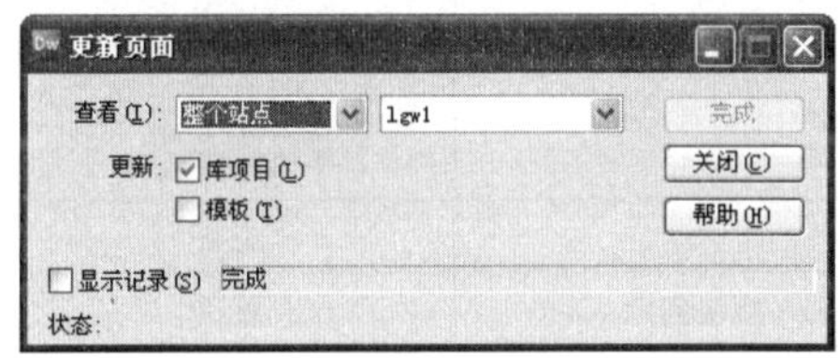

图 6-29 更新页面

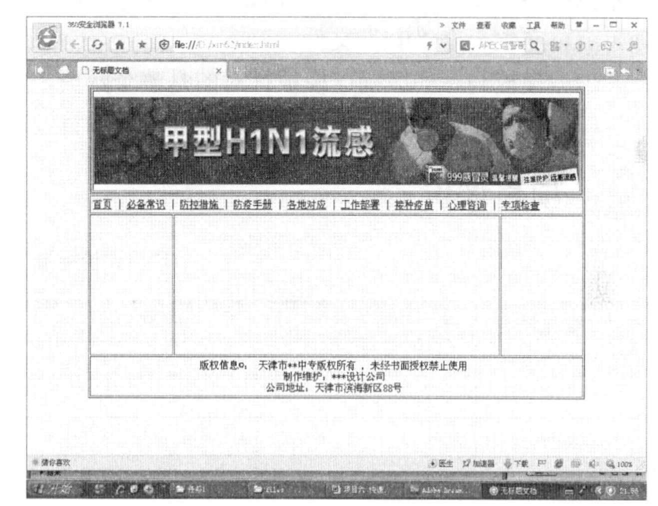

图 6-30 更新后的效果图

步骤 3．编辑内容区域。

（1）按“Ctrl+Alt+M”组合键，将内容区域单元格合并为一个单元格。

（2）在单元格中插入相应图片并调整大小，效果如图 6-31 所示。

图 6-31 首页效果图

注：将整个网站所有子页都作好后，可以修改导航库项目文件，将超级链接作好，并进行更新，使整个网站所有子页的导航链接顺畅。

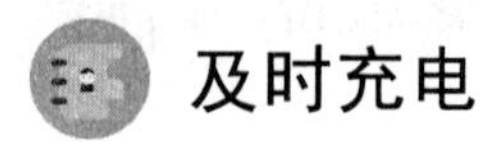

及时充电

（1）库的含义：库中存储的是在网站中重复使用的页面元素，可以是表格、图像、文字等信息，生成后的内容称为库项目。在网页制作时，可将库项目作为一个整体对象插入到网页中，在站点中将生成一个文件夹“Library”以保存库项目文件，其扩展名为“.lbi”，每新建一个库项目就将产生一个“lbi”文件。

（2）模板与库的区别：模板针对的是整个网页，库项目针对的只是网页上的局部内容。

（3）使用库项目时，不是在网页中插入库项目，而是插入一个指向库项目的链接。

项目评价

项目评价标准

等级	等级说明	评价
一级任务	能自主完成项目所要求的学习任务	合格（不能完成任务定为不合格等级）
二级任务	能自主、高质量地完成拓展学习任务	良好
三级任务	能自主、高质量地完成拓展学习任务并能帮助别人解决问题	优秀

项目评价表

项目	评价内容	分值	评分				所占价值	项目得分
			自评（30%）	组评（40%）	师评（30%）	得分		
职业能力	创建模板	20					60%	
	应用模板制作网页	20						
	利用模板更新页面	20						
	创建库项目	20						
	库项目的插入、修改	10						
	利用库项目更新页面	10						
	合计	100						
通用能力	合作能力	20					40%	
	沟通能力	10						
	组织能力	10						
	活动能力	10						
	自主解决问题能力	20						
	自我提高能力	10						
	创新能力	20						
	合计	100						

项目总结

本项目通过制作流感专题宣传网站，让学生们理解模板与库的概念、作用，并能创建模板，利用模板创建页面。能创建库项目并能应用库项目制作网页。

项目拓展

（1）任务一：使用模板与库项目技术制作流感专题网站。

（2）任务二：使用模板与库项目技术制作一个国庆专题网站（见素材中的项目六\拓展作业），要求主页和子页不少于 3 页。

（3）任务三：有条件的同学可上网学习网页制作相关知识与技能。学习网站：网易学院 Dreamweaver 专区。

美化网页——CSS 样式的应用

项目目标

理解 CSS 样式表的概念、作用。

能使用 CSS 美化网页，并能管理 CSS 样式。

能使用 CSS 滤镜美化网页。

项目探究

经过前几个项目的学习，学生们可以制作图文并茂的网页了，但这些页面都没有经过美化，怎样才能制作出非常漂亮的网页呢？我们可以使用 CSS 很好地解决这个问题。本项目重点学习 CSS 样式的创建与应用。

项目实施

本项目通过 3 个任务，学习 CSS 样式的创建与应用，并加深对 CSS 样式表的理解。

任务一　使用 CSS 样式美化网页

任务描述

（1）在 60 周年国庆时，我们曾经制作完成了一个国庆专题网，但在网页制作过程中，我们总感觉页面不够美丽，下面我们使用 CSS 来美化网页。

（2）通过任务学习，可使学生们掌握使用 CSS 美化文本、段落、导航栏等技术。

任务实施

活动一　使用 CSS 美化文本

【活动描述】

使用 CSS 美化国庆专题网中首页的文本。

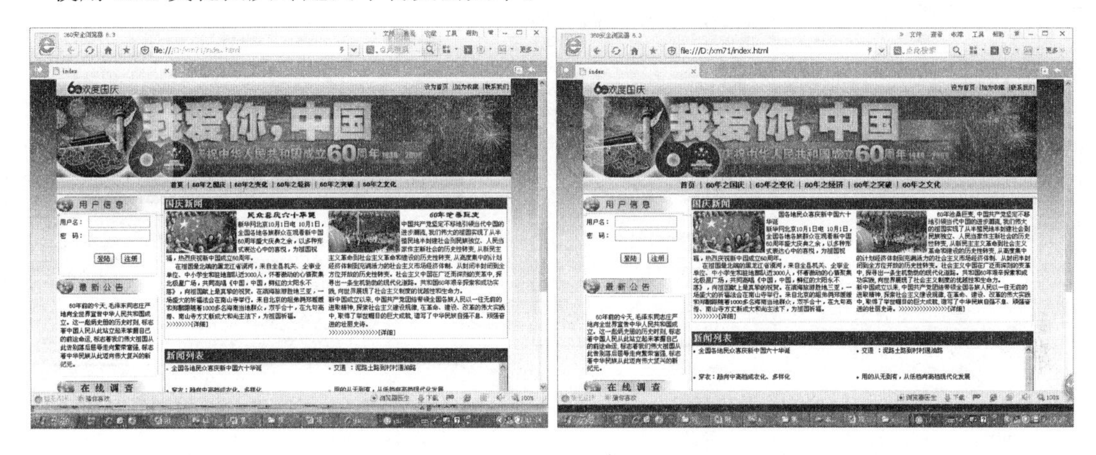

图 7-1　美化前的页面　　　　图 7-2　美化后的页面

【操作步骤】

步骤 1．配置站点。

（1）硬盘建夹。在 D 盘建立站点文件夹，并把素材中的项目七\作品素材\任务一中的素材复制到站点根目录中。

（2）建立站点。启动 Dreamweaver 并创建站点。

（3）打开“index.html”文件。

步骤 2．调出“CSS 样式”面板。

（1）选择菜单栏上的“窗口”→“CSS 样式”命令，调出“CSS 样式”面板。

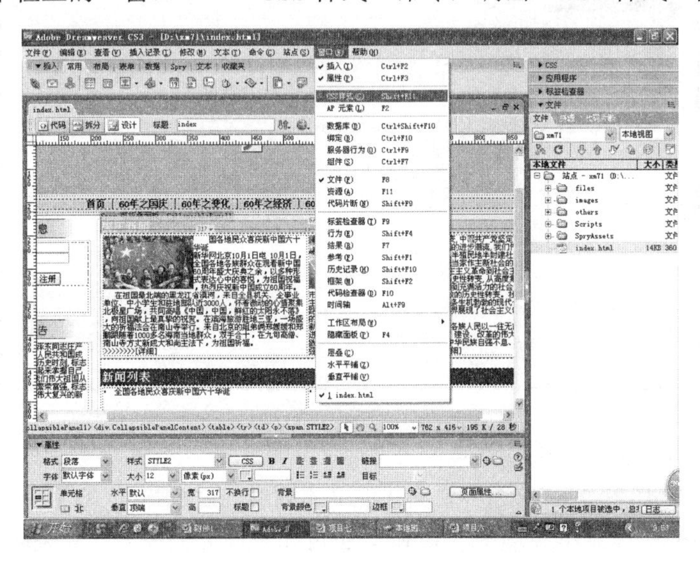

图 7-3　调出“CSS 样式”面板

（2）一般情况下，CSS 面板已经在面板组中，只是处于折叠状态，只需单击“CSS 样式”面板条即可。

步骤 3．新建 CSS 类样式。

（1）单击“CSS 样式”面板右下方的“新建 CSS 规则”按钮，打开“新建 CSS 规则”对话框。

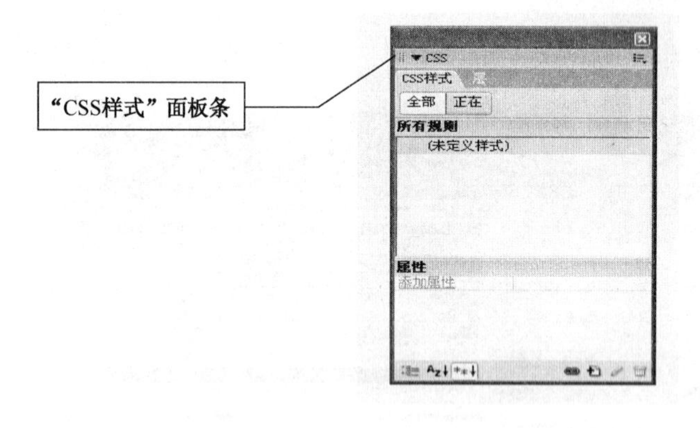

图 7-4　“CSS 样式”面板

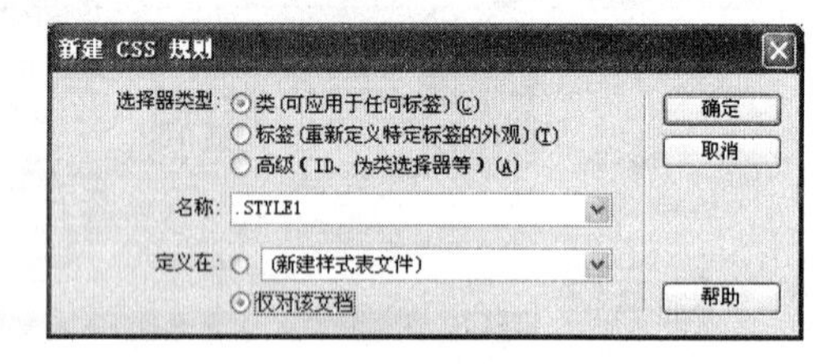

图 7-5　“新建 CSS 规则”对话框

（2）在对话框中进行相应设置。将选择器类型设置为“类（可应用于任何标签）”；在名称框中输入“.STYLE1”（类名称命名规则：以句点开头，可包含字母和数字）；将“定义在”设置为“仅对该文档”。

（3）设置完毕后，单击“确定”按钮。

步骤 4．分类定义并应用样式。

（1）在“CSS 规则定义”对话框左侧分类列表框中选择“类型”，对网页中正文部分的文本样式进行设置，如图 7-6 所示。

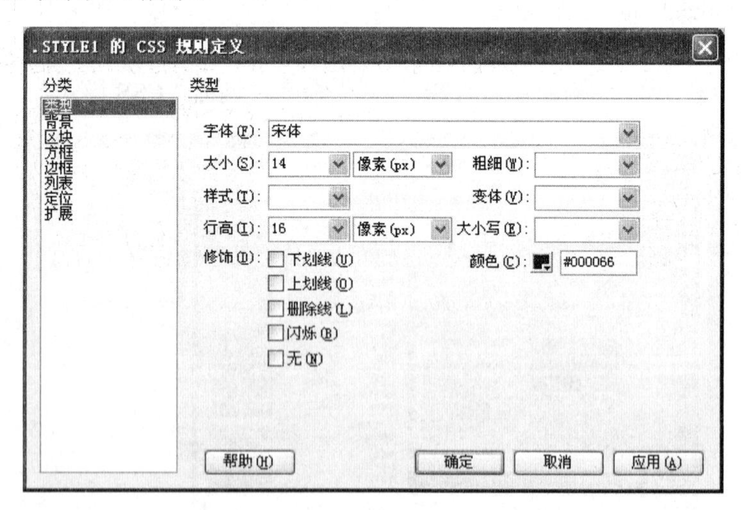

图 7-6　“CSS 规则定义”对话框

（2）应用 CSS 样式。在页面中选中要美化的文本内容，在“CSS 样式”面板中指向“.STYLE1”样式右击，在弹出的快捷菜单中选择“套用”，也可在属性面板中，设置类样式为“.STYLE1”，如图 7-7 所示。

图 7-7 应用 CSS 样式

（3）使用同样的方法新建一个“.bt”样式，美化标题文字。将类型中的字体设置为“华文隶书”，将大小设置为“16”像素，将行高设置为“18”像素，将粗细设置为“粗体”，将颜色设置为“#990000”。选中标题，进行样式的套用。

步骤 5．修改样式。

（1）方法一：若要对已经定义的样式进行修改，可选择“CSS 样式”面板右下方的“编辑样式”按钮。

（2）方法二：在“CSS 样式”面板中指向并双击“.STYLE1”，打开“CSS 规则定义”对话框进行修改。

（3）修改完样式，重新选中需要美化的文本内容，重新套用样式，效果如图 7-8 所示。

图 7-8 应用 CSS 样式的页面效果

及时充电

（1）CSS 含义。CSS（Cascading Style Sheets）样式又叫层叠样式，使用它可以对网页中的布局元素，如表格、字体、颜色、背景、链接效果和其他图文效果实现更加精确的控制。CSS 样式不仅可以在一个页面中使用，而且可以用于其他多个页面。

（2）CSS 样式的功能。通过设置 CSS，我们可以统一网站的整体风格；可以方便地为网页中的各个元素设置背景颜色和图片并进行精确的定位控制；可以为网页中的元素设置各种滤镜，从而产生诸如阴影、模糊等效果。

（3）选择器类型。①类（可应用于任何标签）：可以对任何文本块或文本区域进行应用且需要用户手动进行应用；②标签（重新定义特定标签的外观）：表示要给某一个标记重新定义样式，如给段落标记<p>定义其内文字为楷体、居中对齐，那么所有包含在< p >和< /p>内的文字都会应用该样式，且定义的样式表将只应用于<p>标记。选择后会提示输入“标签”；③高级（ID、伪类选择器等）：表示要为特定的组合标签定义层叠样式表，其中使用 ID 作为属性，可以保证样式具有唯一的可用性。选择后会提示输入“选择器”。

（4）类型样式：主要用于定义网页中文本的字体、颜色及字体风格等。应用：直接设置字体、大小、样式、行高、修饰（向文本添加下画线、删除线等）、粗细、变体等。

活动二　使用 CSS 美化段落

【活动描述】

使用 CSS 美化国庆专题网中子页的段落。美化前的页面效果如图 7-9 所示，美化后的页面效果如图 7-10 所示。

图 7-9　美化前的页面效果

图 7-10　美化后的页面效果

【操作步骤】

步骤 1．配置站点。

（1）硬盘建夹。在 D 盘建立站点文件夹，并把素材中的项目七\作品素材\任务一中的素材复制到站点根目录中。

（2）建立站点。启动 Dreamweaver 并创建站点。

（3）打开“2.html”文件。

步骤 2．重定义 P 标签控制段落样式。

（1）光标定位。将光标定位于页面的段落文本中。

（2）新建 CSS 样式。单击“新建 CSS 规则”按钮，打开“新建 CSS 规则”对话框。将选择器类型设置为“标签（重新定义特定标签的外观）”；在标签框中输入“p”；将“定义在”设置为“仅对该文档”。设置完毕后，单击“确定”按钮，如图 7-11 所示。

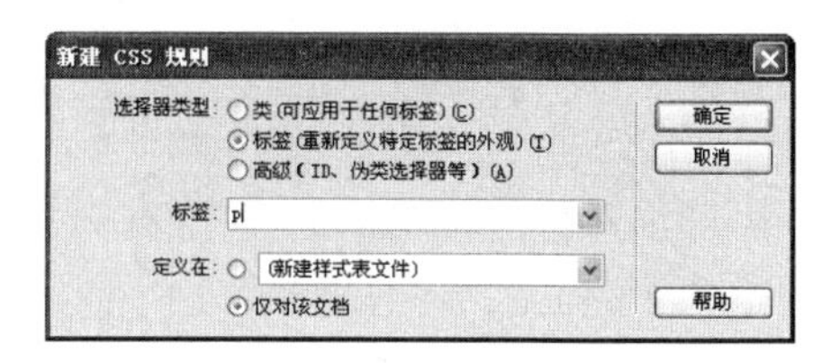

图 7-11　新建 p 标签

（3）设置行高。在“类型”选项卡中设置行高为“120%”（行高为 120%表示段落文本为 1.2 倍行距），如图 7-12 所示。

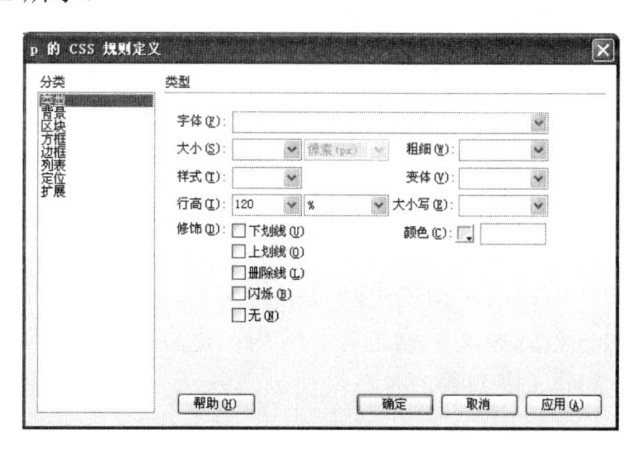

图 7-12　设置行高

（4）设置首行缩进。在“区块”选项卡中设置“文字缩进”为“2 字体高（em）”。[2 字体高（em）表示段落的首行缩进两个字符位置]，如图 7-13 所示。

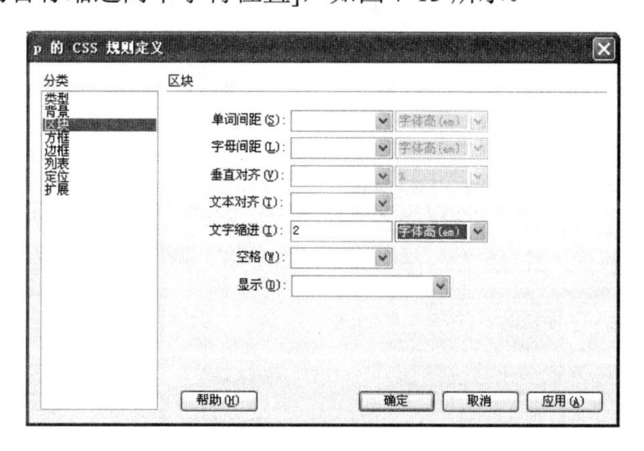

图 7-13　设置首行缩进

（5）设置段落边界。在“方框”选项卡中设置“边界”属性，取消勾选边界“全部相同”

复选框，将上、下边界均设置为 5 像素，左、右边界均设置为 10 像素。单击“确定”按钮，即可完成设置，如图 7-14 所示。

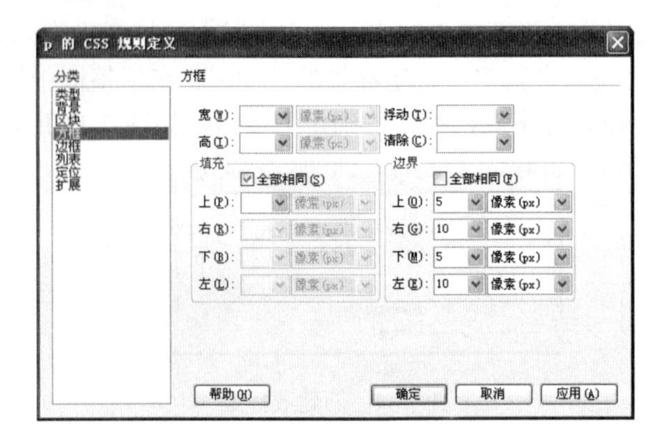

图 7-14　设置段落边界

（6）保存并进行预览。效果如图 7-10 所示。

及时充电

（1）背景样式。主要用于定义 CSS 样式的背景设置，可以对网页中的任何元素应用背景属性。可以在网页的元素后面加入固定的背景颜色或图像。应用：可设置背景颜色、背景图像、重复等。

（2）设置区块样式。作用：区块指的是网页中的文本、图像、层等替代元素。主要用于控制区块中内容的间距、对齐方式和文字缩进等。应用：可直接设置单词间距、字母间距（正常或为数值）、文本对齐、显示（块）等。

活动三　使用 CSS 美化图片

【活动描述】

使用 CSS 美化国庆专题网页中的图片。美化前的页面效果如图 7-15 所示，美化后的页面效果如图 7-16 所示。

图 7-15　美化前的页面效果

图 7-16　美化后的页面效果

【操作步骤】

步骤 1．配置站点。

（1）硬盘建夹。在 D 盘建立站点文件夹，并把素材中的项目七\作品素材\任务一中的素材复制到站点根目录中。

（2）建立站点。启动 Dreamweaver 并创建站点。

（3）打开“index.html”文件。

步骤 2．自定义一个类样式控制图像样式。

（1）新建 CSS 样式。单击“新建 CSS 规则”按钮，打开“新建 CSS 规则”对话框。将选择器类型设置为“类（可应用于任何标签）”；在标签框中输入“.img”；将“定义在”设置为“仅对该文档”。设置完毕后，单击“确定”按钮，如图 7-17 所示。

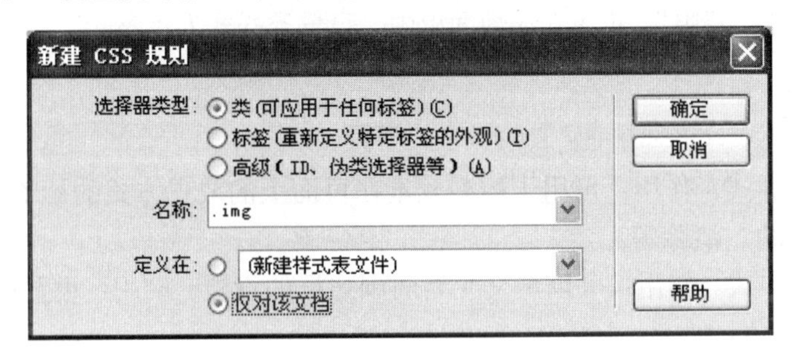

图 7-17　“新建 CSS 规则”对话框

（2）设置图片大小。在“方框”选项卡中设置“宽”为 130 像素，“高”为 90 像素，如图 7-18 所示。

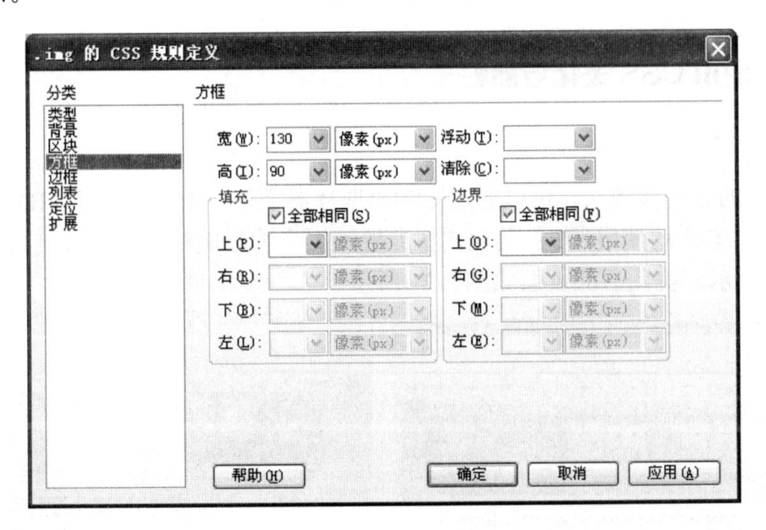

图 7-18　设置图片大小

（3）设置图片边框效果。在“边框”选项卡中设置“样式”全部相同，并选择“实线”；设置“宽度”全部相同并设置为“1 像素”；设置“颜色”全部相同并设置为“#0000FF”。设置完毕后，单击“确定”按钮，如图 7-19 所示。

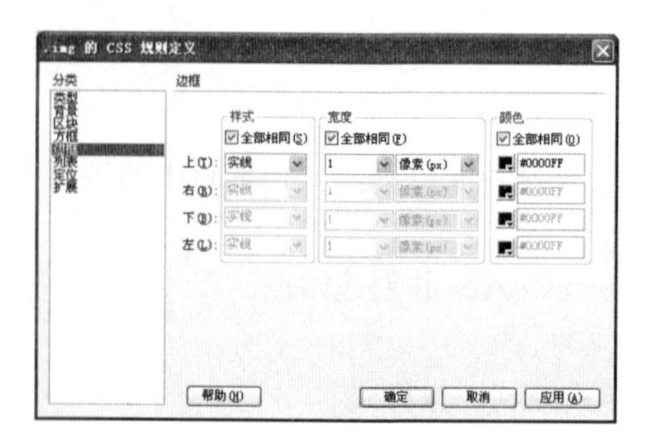

图 7-19　设置图片边框

（4）套用样式。在网页中选中图片，在“CSS 样式”面板中指向“.img”样式，右击，在弹出的快捷菜单中选择“套用”，也可在属性面板中，设置类样式为“.img”，效果如图 7-16 所示。

及时充电

（1）设置方框样式。作用：可用于控制元素在页面上的放置方式的标签和属性的设置。应用：设置宽度、浮动、清除等。

（2）设置边框样式。作用：可以定义元素周围边框的设置。应用：设置样式（实线、虚线、双线等）、宽度和颜色。

（3）设置列表样式。作用：为列表标签定义列表设置。应用：设置类型（圆点、圆圈、方块等）、项目符号图像、位置等。

（4）设置定位样式。作用：使用层首选参数中定义层的默认标签，将标签或所选文本块更改为新层。应用：设置类型、显示、溢出等。

活动四　使用 CSS 美化导航栏

【活动描述】

页面中不同的超链接效果，可以通过 CSS“选择器类型”中的“高级（ID、上下文选择器等）”进行设置。本活动使用 CSS 美化国庆专题网页中的导航栏（超级链接效果）。美化前的页面如图 7-20 所示，美化后的页面如图 7-21 所示。

图 7-20　美化前的页面

图 7-21　美化后的页面

【操作步骤】

步骤 1．配置站点。

（1）硬盘建夹。在 D 盘建立站点文件夹，并把素材中的项目七\作品素材\任务一中的素材复制到站点根目录中。

（2）建立站点。启动 Dreamweaver 并创建站点。

（3）打开“index.html”文件。

步骤 2．创建链接样式。

（1）在 CSS 样式面板中，单击 按钮，打开“新建 CSS 规则”对话框，“选择器类型”选择“高级”，在“选择器”中选择“a:link”，如图 7-22 所示。

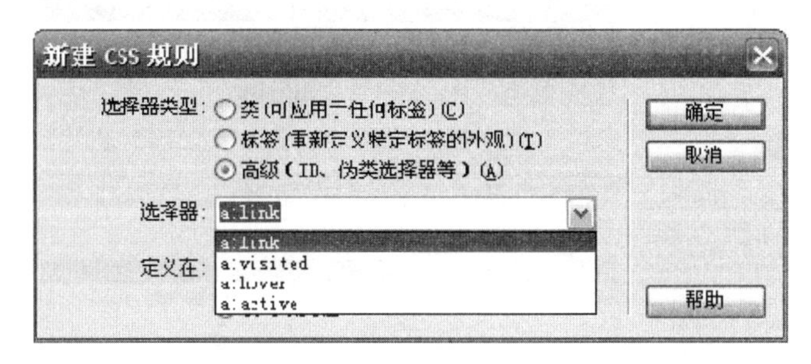

图 7-22　新建“a:link”

（2）“定义在”选择“仅对该文档”，单击“确定”按钮，打开“a:link 的 CSS 规则定义”对话框，在“类型”选项卡中，设置字体为“方正舒体”，颜色为“#0000FF”，修饰为“无”（无下画线），如图 7-23 所示。

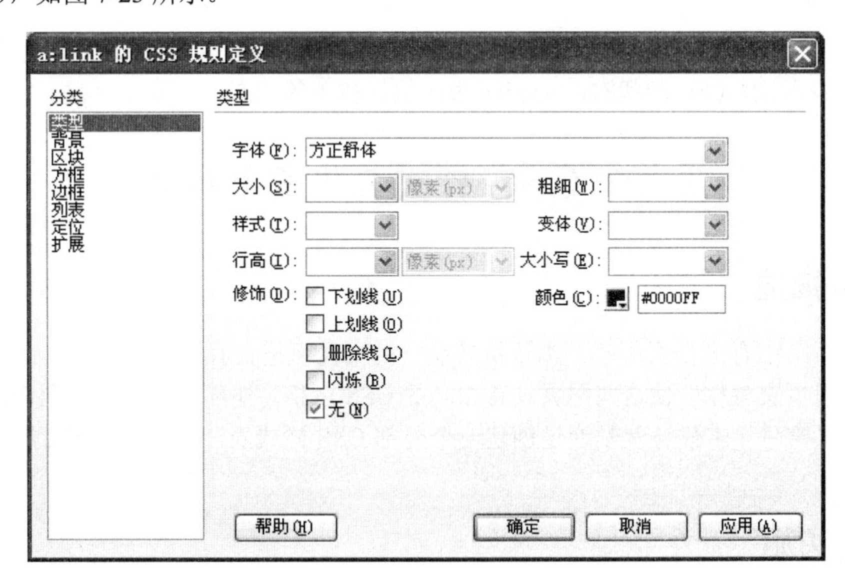

图 7-23　设置“a:link”

（3）单击“确定”按钮，完成 a:link 样式的创建。

（4）重复以上操作，分别设置如下。

a:visited：字体为“华文行楷”，颜色为“#6600FF”，修饰为“无”（无下画线）。

a:hover：字体为“方正舒体”，颜色为“#FF0000”，修饰为“下划线”。

a:active：字体为“华文隶书”，样式为“斜体”，颜色为“#00CCFF”，修饰为“下划线”。

（5）保存并在浏览器中预览网页，效果如图 7-24 所示。

图 7-24　美化后的效果

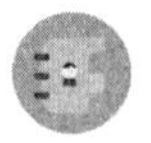

及时充电

CSS 设置鼠标超链接有 4 种状态：a:link 表示链接的原始状态；a:visited 表示被访问后的状态；a:hover 表示鼠标经过的状态；a:active 表示鼠标按下的状态。

任务二　使用一个 CSS 样式美化多个网页

任务描述

当一个网站中有多个页面时，为了保持统一的页面风格，我们可以创建一个外部样式表附加到多个网页文件中，使这些网页具有相同的 CSS 风格。外部样式表可以允许多个网页链接同一个样式文件。本任务就是通过创建一个外部 CSS 样式表，来统一国庆专题网站的页面风格。

任务实施

活动一　创建外部样式表

【活动描述】

为统一国庆专题网页面风格，创建一个外部样式表。

【操作步骤】

步骤 1．硬盘建夹。

（1）在 D 盘建立站点文件夹，并把素材中的项目七\作品素材\任务二中的素材复制到站点根目录中。

（2）启动 Dreamweaver 并创建站点。

步骤 2．新建外部样式表

（1）单击“CSS 样式”面板右下方的“新建 CSS 规则”按钮，打开“新建 CSS 规则”对话框。

（2）在对话框中进行相应设置。将选择器类型设置为“类（可应用于任何标签）”；在名称框中输入“.xm72”；将定义在设置为“（新建样式表文件）”。设置完毕后，单击“确定”按钮，如图 7-25 所示。

步骤 3．保存外部样式表。

在“保存样式表文件为”对话框中的“文件名”文本框中输入样式表的名称，单击“保存”按钮，如图 7-26 所示。

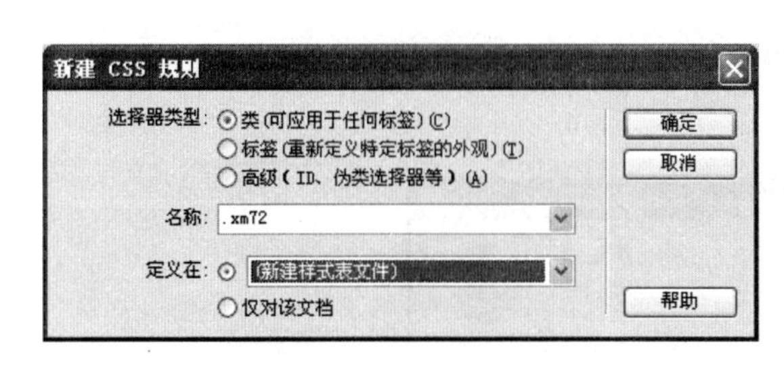

图 7-25 新建样式表文件

图 7-26 保存外部样式表

步骤 4．设置外部样式表样式。

（1）在“.xm72 的 CSS 规则定义”对话框左侧分类列表框中选择“类型”，对网页中正文部分的文本样式进行设置，字体设置为“宋体”，大小设置为“12 像素”，行高设置为“150%”，颜色设置为“#0066FF”，如图 7-27 所示。

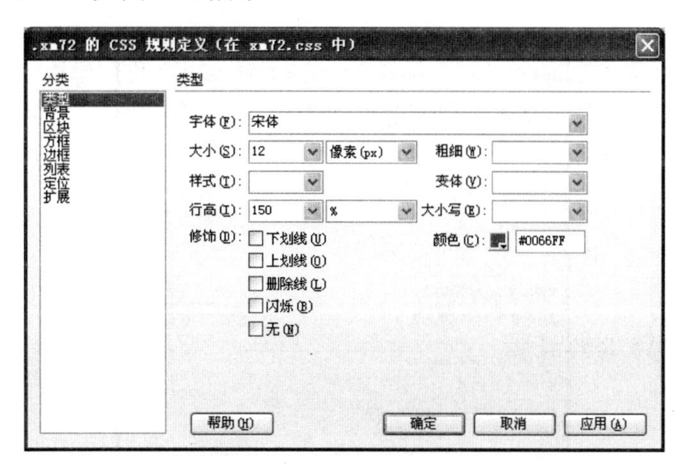

图 7-27 设置样式表样式

（2）依次将区块中首行缩进设置为“2em”；将方框中边界设置上、下为“5 像素”，左、右为“10 像素”。设置完毕后，单击“确定”按钮。

活动二　链接外部样式表

 任务描述

将活动一中创建的外部样式表 xm72.css 链接到网页中，并应用样式美化网页内容，使国庆专题网站风格统一。

【操作步骤】

步骤 1．硬盘建夹。

（1）在 D 盘建立站点文件夹，并把素材中的项目六\作品素材\任务二中的素材复制到站点根目录中。

（2）启动 Dreamweaver 并创建站点。

（3）打开“index.html”文件。

步骤 2．链接外部样式表。

（1）单击“CSS 样式”面板右下方的“附加样式表”按钮，打开“链接外部样式表”对话框，如图 7-28 所示。

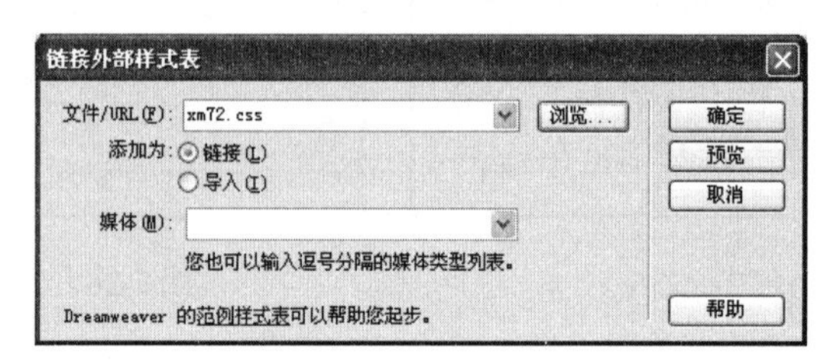

图 7-28　“链接外部样式表”对话框

（2）单击“浏览”按钮，进入到“选择样式表文件”对话框。选择“xm72.css”后，单击“确定”按钮，如图 7-29 所示。

图 7-29　选择样式表文件

（3）将“链接外部样式表”对话框中“添加为”设置为“链接”，单击“确定”按钮。

步骤 3．应用外部样式表。

（1）在页面中选中要美化的文本内容，在“CSS 样式”面板中指向“xm72”样式右键单击，在弹出的快捷菜单中选择“套用”，也可在属性面板中，设置类样式为“xm72”，应用外部样式表后的首页效果如图 7-30 所示。

图 7-30　应用外部样式表后的首页效果

（2）依次打开其他子页，并在子页中链接外部样式表，然后对文本内容进行样式套用。应用外部样式表后的子页效果如图 7-31 所示。

图 7-31　应用外部样式表后的子页效果

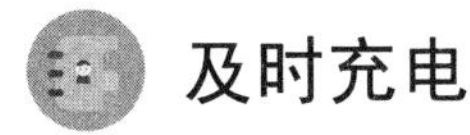

及时充电

（1）外部样式表。它是一个包含各种样式化标准的外部文本文件。所有与之关联的文档都会按照样式表中的格式重新设置。

（2）链接和导入的区别。若要创建当前文档和外部样式之间的链接，应选择“链接”。如果要嵌套样式表，必须使用导入命令。因为不能使用链接标签添加从一个外部样式表到另一个外部样式表的引用。

（3）在网页中添加 CSS 的方法。

① 行内样式表：将 CSS 样式混合在 HTML 标记里使用。

```
<td style="font-size:13px;color:#999900;font-family:"宋体">样式文本
</td>
```

② 内部样式表：统一放在<head>中，且以<style>开始，以</style>结束。

③ 链接外部样式表：CSS 应用中最好的一种形式。将 CSS 样式代码单独编写在一个独立文件之中，由网页进行调用，多个网页可以同时使用同一个样式文件。

```
<head>
<like href="CSS.css" rel="stylesheet" type="text/css">
</head>
```

说明：只要将样式单独编写在 CSS.css 文件中，便可以在页面中应用样式。

任务三　使用 CSS 滤镜美化网页

任务描述

Dreamweaver 提供的 CSS 滤镜，可以快速制作网页特殊效果。本任务使用 CSS 滤镜美化国庆专题网页中的文字和图片。

任务实施

活动一　使用滤镜美化文字

【活动描述】

使用滤镜制作光晕字和阴影字来美化网页文本。

【操作步骤】

步骤 1. 硬盘建夹。

（1）在 D 盘建立站点文件夹，并把素材中的项目六\作品素材\任务三中的素材复制到站点根目录中。

（2）启动 Dreamweaver 并创建站点。

（3）打开“2.html”文件。

步骤 2. 设置文本的光晕效果。

（1）单击“CSS 样式”面板右下方的“新建 CSS 规则”按钮，打开“新建 CSS 规则”对话框。

（2）在对话框中进行相应设置。将选择器类型设置为“类（可应用于任何标签）”；在名称框中输入“.Glow”；将定义在设置为“仅对该文档”。设置完毕后，单击“确定”按钮，如图 7-32 所示。

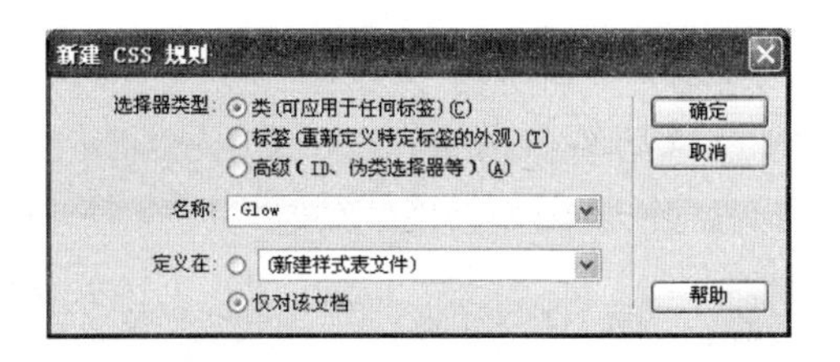

图 7-32　新建 Glow 样式

（3）在“.Glow 的 CSS 规则定义”对话框左侧分类列表框中选择“扩展”，在过滤器中设置：glow(color=blue,strength=9)，单击“确定”按钮。

（4）应用到文字。在页面中选中要美化的文本内容，在“CSS 样式”面板中指向“.Glow”样式右击，在弹出的快捷菜单中选择“套用”，也可在属性面板中，设置类样式为“.Glow”，应用 Glow 样式的效果如图 7-33 所示。

图 7-33　应用 Glow 样式的效果

步骤 3．设置文本的阴影效果。

（1）单击“CSS 样式”面板右下方的“新建 CSS 规则”按钮，打开“新建 CSS 规则”对话框。

（2）在对话框中进行相应设置。将选择器类型设置为“类（可应用于任何标签）”；在名称框中输入“.Shadow”；将定义在设置为“仅对该文档”。设置完毕后，单击“确定”按钮，如图 7-34 所示。

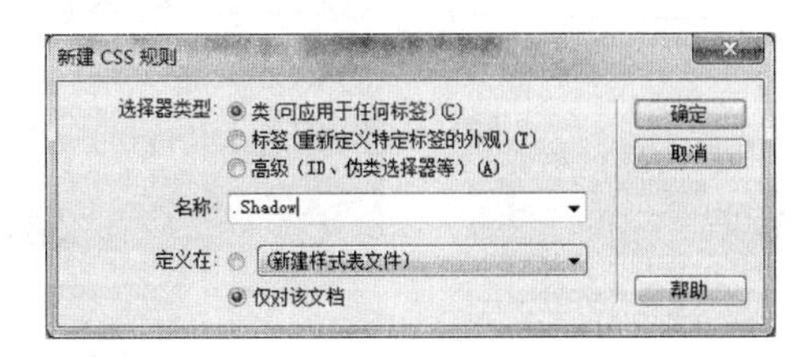

图 7-34　新建阴影效果的样式

（3）在“.Shadow 的 CSS 规则定义”对话框左侧分类列表框中选择“扩展”，在过滤器中设置：Shadow (Color=#666666,Direction=45)，单击“确定”按钮。

（4）应用到文字。在页面中选中要美化的文本内容，在“CSS 样式”面板中指向“.Drop”

样式右击，在弹出的快捷菜单中选择“套用”，也可在“属性”面板中，设置类样式为“.Drop”，应用.Shadow 样式的效果如图 7-35 所示。

图 7-35　应用.Shadow 样式的效果

及时充电

（1）设置扩展样式。作用：分页作用是为打印的页面设置分页符；视觉效果光标、滤镜可改变效果。应用：直接设置光标，鼠标指针位于样式所控制的对象上时改变指针图像；滤镜，对样式所控制的对象应用特殊效果。

（2）认识滤镜。滤镜并不是浏览器的插件，它是微软公司为增强浏览器功能而特意开发并整合在浏览器中的一类功能的集合。我们主要学习 CSS 各个滤镜的使用方法，包括定义滤镜、加载滤镜和实例应用。

（3）CSS 滤镜的标识符是“filter”，应用和其他的 CSS 语句大体相同。CSS 滤镜可分为基本滤镜和高级滤镜两种。CSS 滤镜可以直接作用于对象上，并且立即生效的滤镜称为基本滤镜。而需要配合 JavaScript 等脚本语言，才能产生更多变幻效果的则称为高级滤镜。

活动二　使用滤镜美化图片

【活动描述】

使用滤镜美化国庆专题网站首页中的图片。美化前的页面如图 7-36 所示，美化后的页面如图 7-37 所示。

图 7-36　美化前的页面

图 7-37　美化后的页面

【操作步骤】

步骤 1．硬盘建夹。

（1）在 D 盘建立站点文件夹，并把素材中的项目六\作品素材\任务三中的素材复制到站点根目录中。

（2）启动 Dreamweaver 并创建站点。

（3）打开“index.html”文件。

步骤 2．设置图片的透明度。

（1）单击“CSS 样式”面板右下方的“新建 CSS 规则”按钮，打开“新建 CSS 规则”对话框。

（2）在对话框中进行相应设置。将选择器类型设置为“类（可应用于任何标签)”；在名称框中输入“.alpha”；将定义在设置为“仅对该文档”。设置完毕后，单击“确定”按钮，如图 7-38 所示。

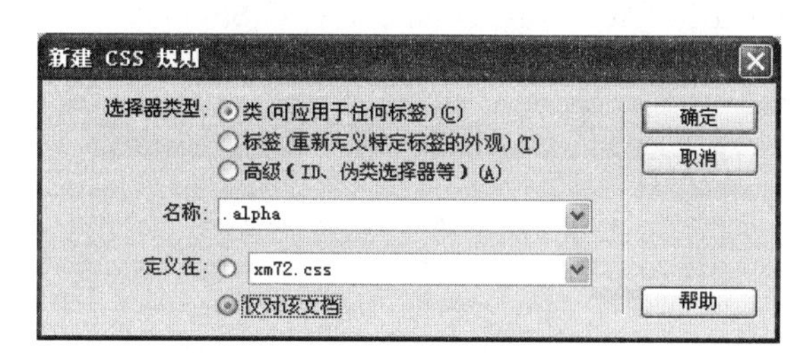

图 7-38 新建.Alpha 对话框

（3）打开“.alpha 的 CSS 规则定义”对话框，切换到“扩展”选项卡。在“过滤器”中选择 Alpha 滤镜，参数设置如下：Alpha(Opacity=50)。设置完成后，单击“确定”按钮，创建的 CSS 样式出现在 CSS 面板中，如图 7-39 所示。

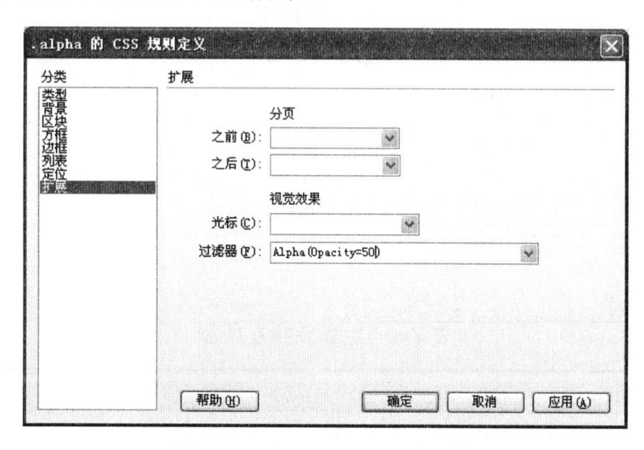

图 7-39 新建.alpha 规则对话框

（4）选中文档中的图像，指向 CSS 面板中的.blur 样式，右击，在弹出的快捷菜单中选择“套用”命令。

（5）保存并在浏览器中预览网页，效果如图 7-37 所示。

步骤 3．设置图片的模糊效果。

（1）单击“CSS 样式”面板右下方的“新建 CSS 规则”按钮，打开“新建 CSS 规则”

对话框。

（2）在对话框中进行相应设置。将选择器类型设置为“类（可应用于任何标签）”；在名称框中输入“.blur”；将定义在设置为“仅对该文档”。设置完毕后，单击“确定”按钮，如图 7-40 所示。

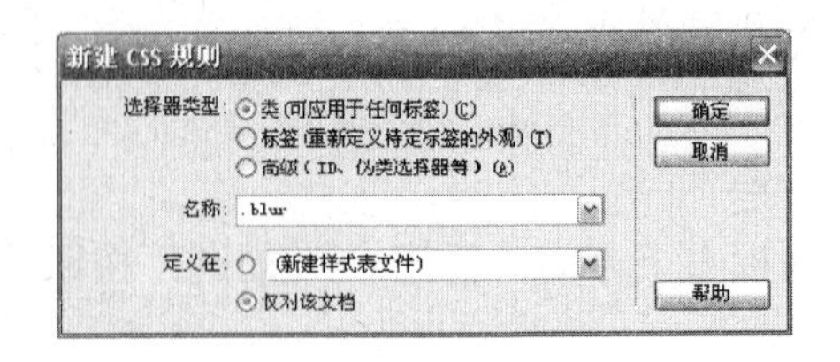

图 7-40 新建.blur 对话框

（3）打开“.blur 的 CSS 规则定义”对话框，切换到“扩展”选项卡。在“滤镜”中选择 Blur 滤镜，参数设置如下：Blur(Add=true, Direction=135,Strength=20)。设置完成后，单击“确定”按钮，创建的 CSS 样式出现在 CSS 面板中，如图 7-41 所示。

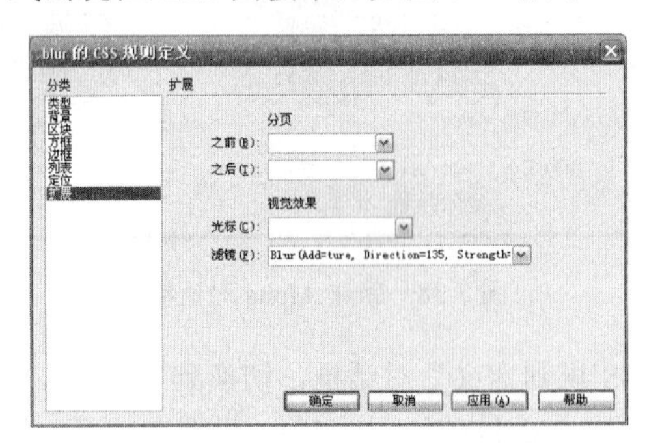

图 7-41 新建.blur 规划对话框

（4）选中文档中的图像，指向 CSS 面板中的.blur 样式，右击，在弹出的快捷菜单中选择“套用”命令。

（5）保存并在浏览器中预览网页，效果如图 7-37 所示。

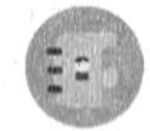

及时充电

1. 见表 7-1。

表 7-1 主要滤镜及功能

滤镜	功能	滤镜	功能
Alpha	透明的渐进效果	Gray	彩色图片变灰度图
BlendTrans	淡入淡出效果	Invert	底片效果
Blur	风吹模糊的效果	Light	模拟光源效果
Chroma	指定颜色透明	Mask	矩形遮罩效果
DropShadow	阴影效果	RevealTrans	动态效果
FlipH	水平翻转	Shadow	轮廓阴影效果
FlipV	垂直翻转	Wave	波浪扭曲变形效果
Glow	边缘光晕效果	Xray	X 光照片效果

2．模糊（blur）

（1）作用：可用于设置模糊效果。

（2）表达式：filter：blur（add=add，direction，strength=strength）

add 参数有两个参数值：true 和 false。意思是指定图片是否被改变成模糊效果。direction 参数用来设置模糊的方向。模糊效果是按照顺时针方向进行的。其中 0 度代表垂直向上，每 45 度一个单位，默认值是向左的 270 度。角度与方向的对应关系见表 7-2。

表 7-2　角度与方向的对应关系

角度	方向
0	Top（垂直向上）
45	Top right（垂直向右）
90	Right（向右）
135	Bottom right（向下偏右）
180	Bottom（垂直向下）
225	Bottom left（向下偏左）
270	Left（向左）
315	Top left（向上偏左）

strength 参数值只能使用整数来指定，它代表有多少像素的宽度将受到模糊影响。默认值是 5 像素。

项目评价

项目评价标准

等级	等级说明	评价
一级任务	能自主完成项目所要求的学习任务	合格（不能完成任务定为不合格等级）
二级任务	能自主、高质量地完成拓展学习任务	良好
三级任务	能自主、高质量地完成拓展学习任务并能帮助别人解决问题	优秀

项目评价表

项目	评价内容	分值	评分				所占价值	项目得分
			自评（30%）	组评（40%）	师评（30%）	得分		
职业能力	创建 CSS 并能使用 CSS 美化文字	20					60%	
	使用 CSS 美化段落	10						
	使用 CSS 美化图片	10						
	使用 CSS 美化导航	20						
	使用一个 CSS 样式美化多个网页	20						
	使用滤镜美化图片	20						
	合计	100						

续表

项目	评价内容	分值	评分				所占价值	项目得分
通用能力	合作能力	20					40%	
	沟通能力	10						
	组织能力	10						
	活动能力	10						
	自主解决问题能力	20						
	自我提高能力	10						
	创新能力	20						
	合计	100						

项目总结

CSS 是网页制作过程中普遍用到的技术，采用 CSS 技术制作的网页，设计者会更加轻松有效地对页面整体布局、颜色、字体、链接、背景以及同一页面的不同部分、不同页面的外观和格式等实现更加精确的控制。本项目通过对国庆专题网站进行美化修饰，让学生们理解 CSS 的概念、作用，并能使用 CSS 美化网页。

项目拓展

（1）任务一：使用 CSS 技术美化国庆专题网站。

（2）任务二：使用 CSS 外部样式表美化中华美德网，使得网站页面风格统一。

（3）任务三：有条件的同学可上网学习 CSS 技术相关知识与技能，可以进一步深入学习滤镜的使用。学习网站：http://kt.jcwcn.com/ketang.php?mod=course&cid=58 课堂 » Web 前端设计 » CSS/层叠样式表视频教程

“植树节”专题网站制作案例

项目目标

能应用主流网页设计软件进行不同风格的简单网页设计。本项目通过 5 个任务的学习，使学生掌握使用网页制作三剑客软件制作网站的技术。

项目分析

全国职业院校技能大赛园区网站建设项目“静态网页制作”竞赛考核知识点是网站美工图、结构图，网页素材制作（Flash、图片）；层叠样式表 CSS；网站整体的规划。本项目重点学习网站结构图、美工图的制作；网站 Banner 的制作；网站的集成与发布。

项目实施

近些年，春天经常沙尘肆虐，严重地影响了人们的正常生活。今年的植树节，请你为学校总务处制作一个植树节的专题网站。通过介绍植树节的相关知识来让同学们学会环保，增强环保意识。

任务一　网站结构图的制作

任务描述

规划植树节专题网站结构图。

任务实施

活动一　规划网站结构图

【活动描述】

确定制作植树节专题网站，策划网站结构图。

【操作步骤】

步骤 1．策划网站结构。

植树节网站分为首页、植树节简介、植树节由来、植树节趣闻、植树节习俗、植树节活动、植树节口号、用户信息、植树节新闻、中国植树节、植树节活动、最新公告、友情链接等项目。

步骤 2．手工绘制网站结构草图，如图 8-1 所示。

活动二　制作网站结构图

【活动描述】

使用 Photoshop 制作植树节专题网站结构图。

【操作步骤】

使用 Photoshop 画出网站结构图，如图 8-2 所示。

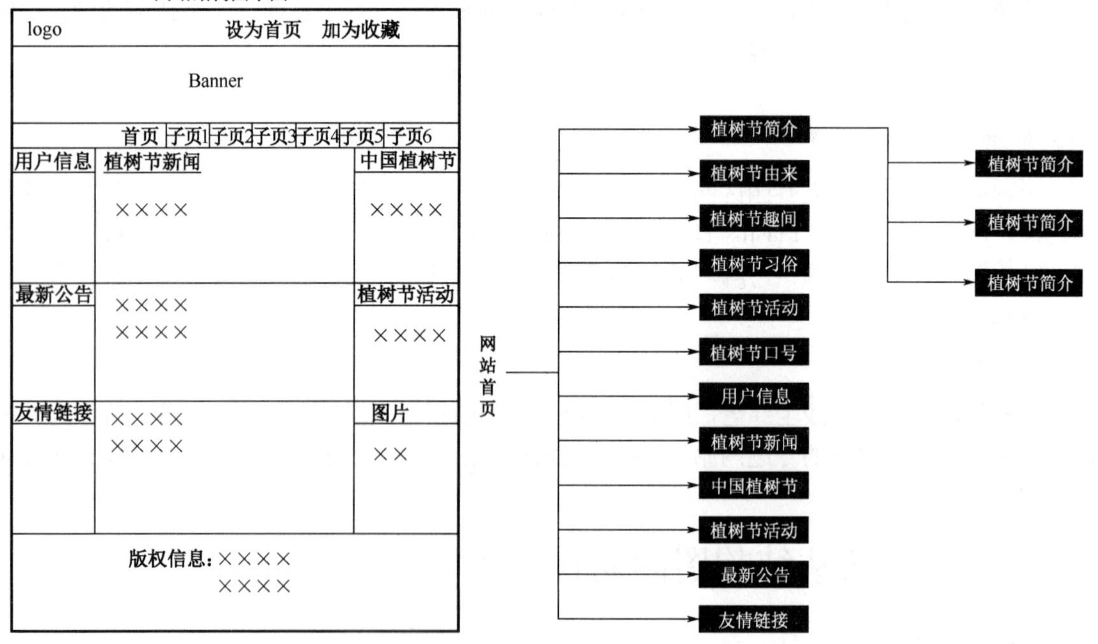

图 8-1　网站结构草图　　　　图 8-2　网站结构图

及时充电

在使用 Photoshop 画矩形框时，可以按住“Alt”键拖动想要的框，就可以复制一个矩形框。

任务二 网页美工图的制作

任务描述

植树节专题网站旨在通过介绍植树节的相关知识来让我们增强环保意识。网站颜色搭配以绿色为主，营造健康向上、自然和谐的氛围。整个网站布局采用“目”字形结构，先画出美工图，然后再集成网页。

任务实施

活动一 制作主页美工图

【活动描述】

制作植树节专题网站美工图。

【操作步骤】

步骤 1．新建一个美工图文件。

在 Photoshop CS3 中新建文件，或按组合键“Ctrl+N”，宽度设为 900 像素，高度设为 860 像素，单击“确定”按钮。新建文件窗口如图 8-3 所示。

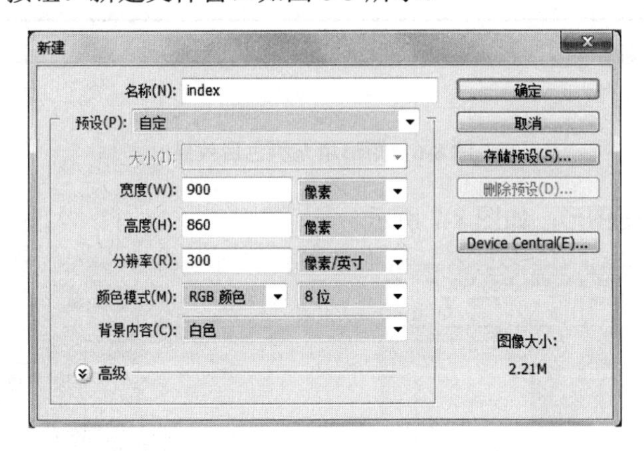

图 8-3 新建文件窗口

步骤 2．绘制 Logo 区域和导航区域。

（1）选择“矩形”工具，在图片上方绘制如图 8-4 所示矩形。

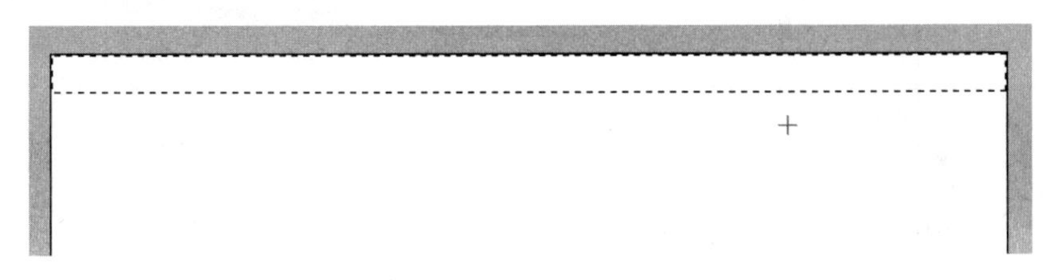

图 8-4 绘制矩形界面

（2）选择“渐变”工具，前景色设为灰色，单击“确定”按钮，如图 8-5 所示。

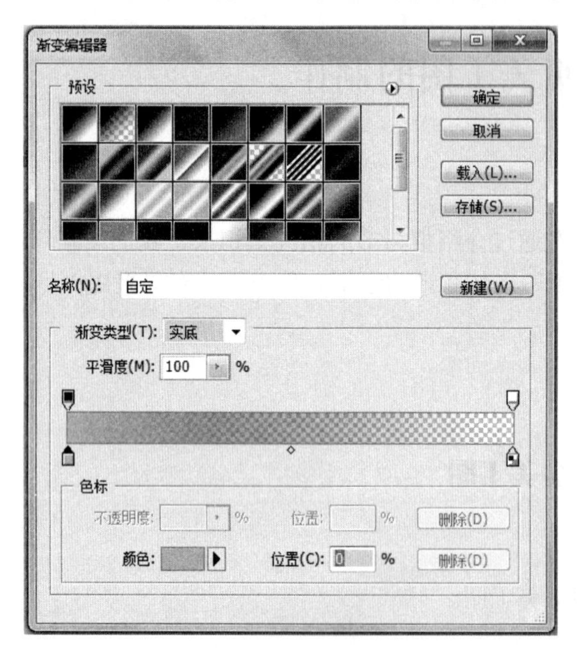

图 8-5 “渐变编辑器”窗口

（3）矩形填充颜色后效果如图 8-6 所示。

图 8-6 矩形填充颜色后效果

（4）复制矩形渐变图形，如图 8-7 所示。

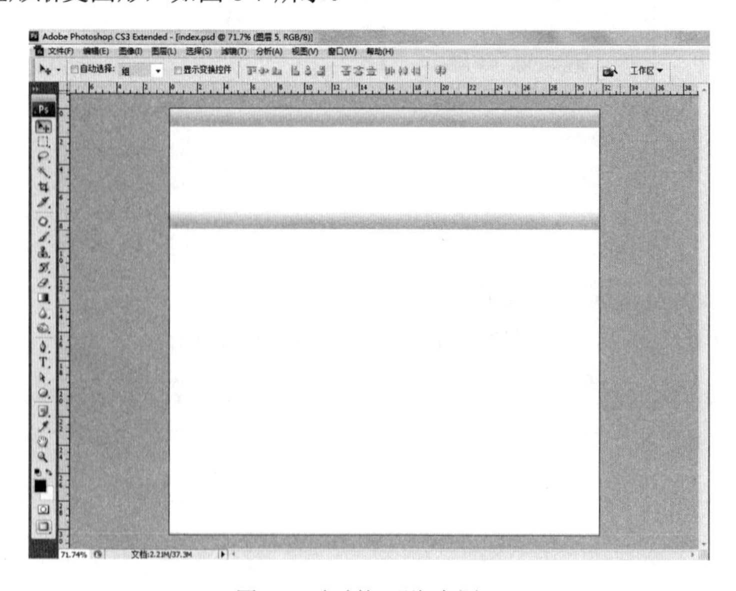

图 8-7 复制矩形渐变图形

（5）选择“画笔”工具，颜色为绿色，绘制如图 8-8 所示的线条。

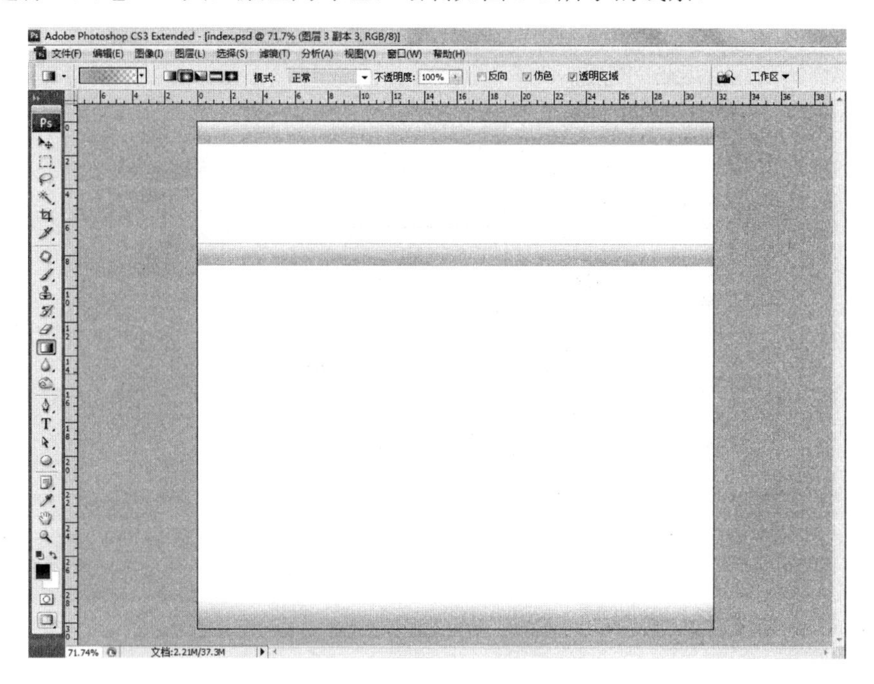

图 8-8　绘制绿色线条

步骤 3．设计 Logo。

（1）将事先设计好的 Logo 素材拖入文件中，放置好位置，设置“图层样式”投影选项，单击“确定”按钮，如图 8-9 所示。

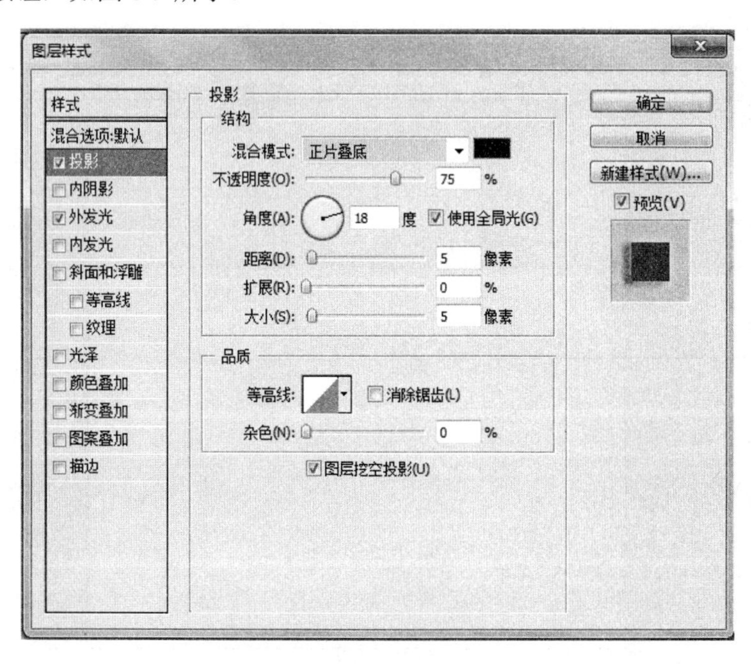

图 8-9　设置“图层样式”投影

（2）设置外发光参数，设置“图层样式”外发光选项，单击“确定”按钮，如图 8-10

所示。

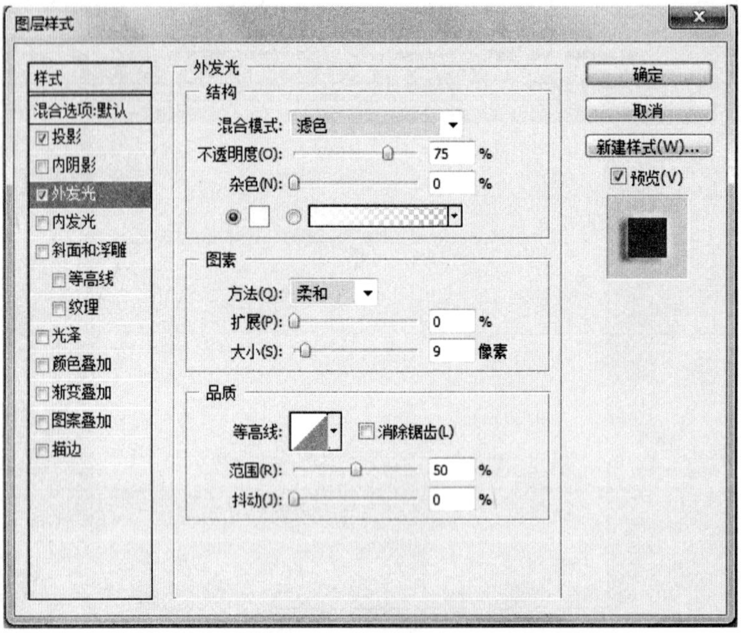

图 8-10　设置“图层样式”外发光

步骤 4．设计“设为首页”“加为收藏”图标。

（1）使用“自定义图形”工具绘制“设为首页”及“加为收藏”等小图标，效果如图 8-11 所示。

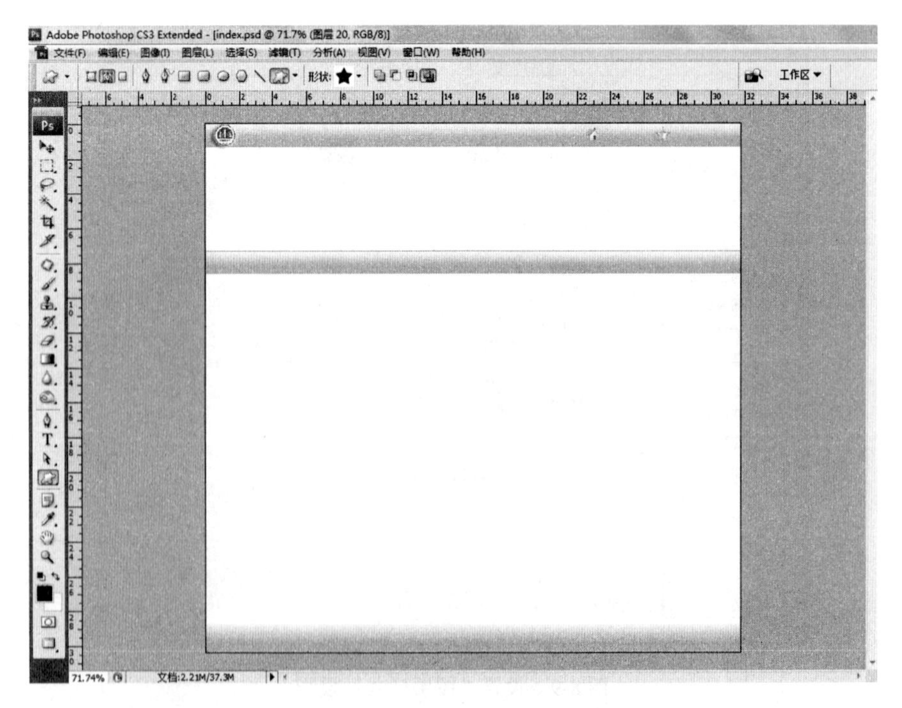

图 8-11　添加“设为首页”“加为收藏”图标

（2）选择“文字”工具将导航栏标题的文字录入，效果如图 8-12 所示。

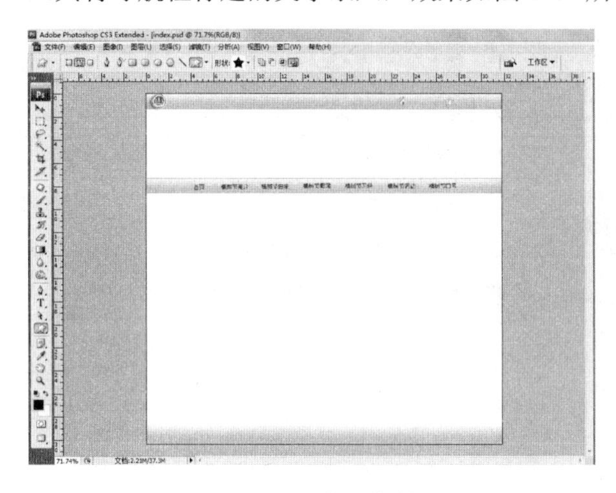

图 8-12　添加导航栏

步骤 5．设计专题栏区域。

（1）选择“矩形”工具绘制矩形，效果如图 8-13 所示。

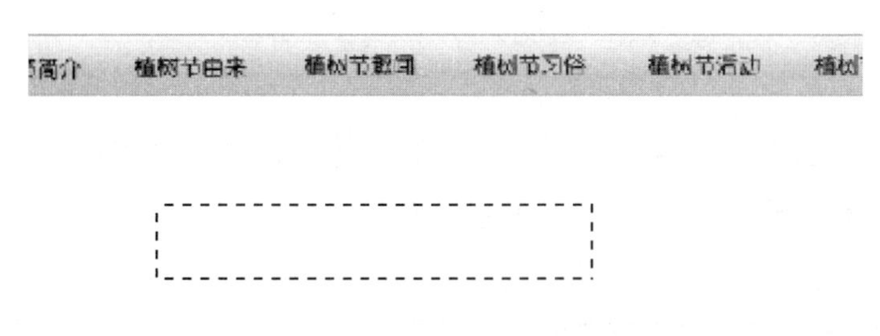

图 8-13　绘制栏目标题区域

（2）选择“渐变”工具填充栏目标题区域效果，如图 8-14 所示。

图 8-14　填充栏目标题区域

（3）选择“文字”工具将各栏目标题文字录入到相应位置，效果如图 8-15 所示。

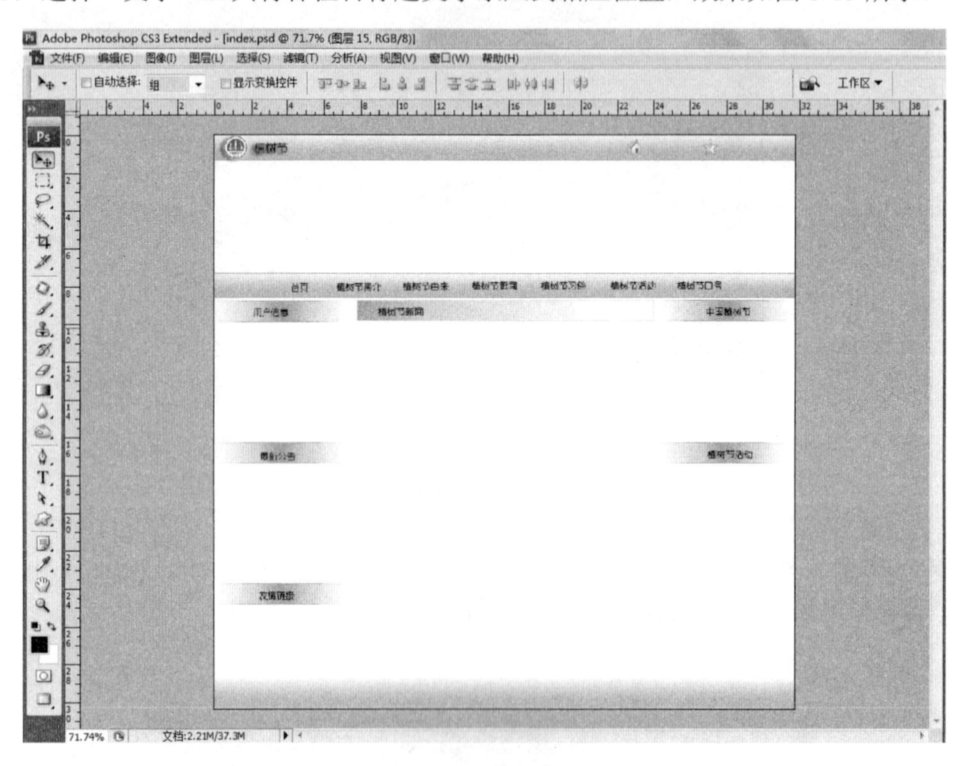

图 8-15　完成栏目标题

（4）在页面中间区域绘制如图 8-16 所示的方框，并将图片素材拖至右下角放置，效果如图 8-16 所示。

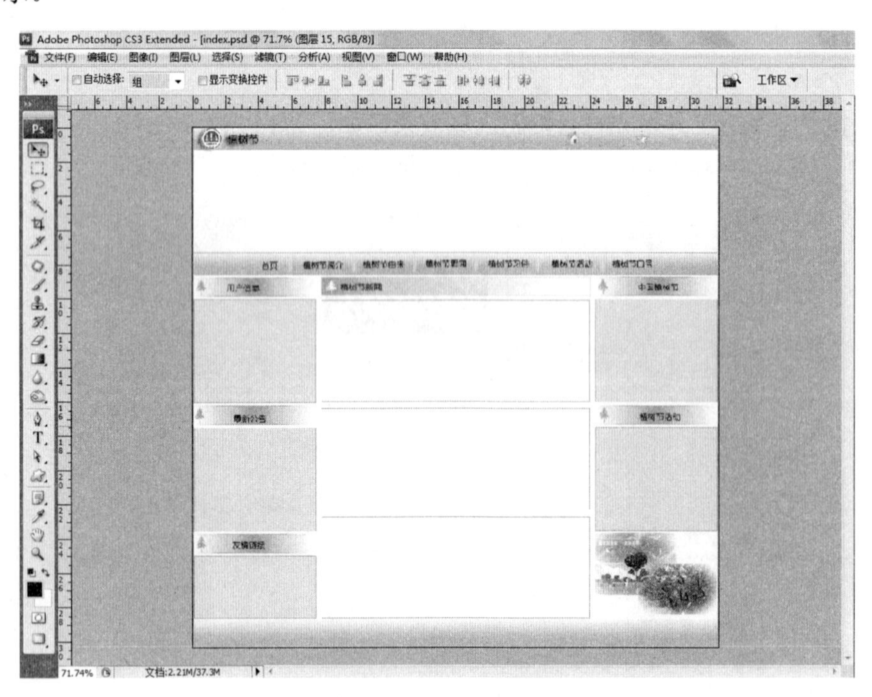

图 8-16　完成内容区域

步骤 6. 设计 Banner。

将 Banner 图片放置于如图 8-17 所示的位置。

图 8-17 主页美工图效果

步骤 7. 将美工图作切片。

（1）选择“切片”工具，切片效果如图 8-18 所示。

图 8-18 切片效果图

（2）选择“存储为 Web 和设备所用格式”，存储后成为网站美工图，将来在集成时使用。效果如图 8-19 所示。

图 8-19 “存储为 Web 和设备所用格式”

活动二 制作子页美工图

【活动描述】

制作子页美工图。

【操作步骤】

（1）启动 Photoshop，打开主页美工图文件。

（2）选择菜单栏中的“文件”→“另存为”命令，将文件保存为子页美工图文件，在主页美工图基础上做微调，其制作方法也基本相同，在此不再赘述。

图 8-20 子页效果图

及时充电

（1）子页美工图无需重新设计，只需将主页美工图另存一份，然后在上面做些修改即可，但一定不要将源文件覆盖。

（2）美工图做切片时，一定要切好，原则是凡在 Dreamweaver 中需要编辑的地方都要做切片。

（3）充分利用 Photoshop 快捷键，可以提高制作速度。

任务三　网页 Banner 的制作

任务描述

（1）制作网页 Banner，增加宣传效果。

（2）通过任务学习，掌握使用 Flash 制作 Banner 技术。

任务实施

活动　制作 Banner

【活动描述】

使用 Flash 软件制作 Banner。

【操作步骤】

步骤 1．配置站点、新建文件。

（1）硬盘建夹。在 D 盘建立站点文件夹，并把素材中的项目八\作品素材\任务三中的素材放入站点文件夹中。

（2）新建 Flash 文件。打开 Flash 软件，选择菜单栏上的“文件”→“新建”命令，或按“Ctrl+N”组合键，新建一个文件，如图 8-21 所示。

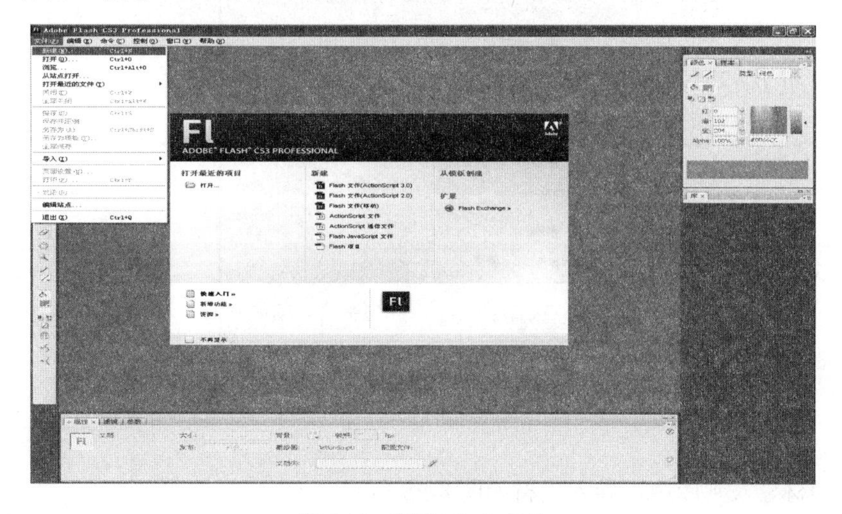

图 8-21　新建 Flash 文件

创建成功后出现如图 8-22 所示的文档窗口。

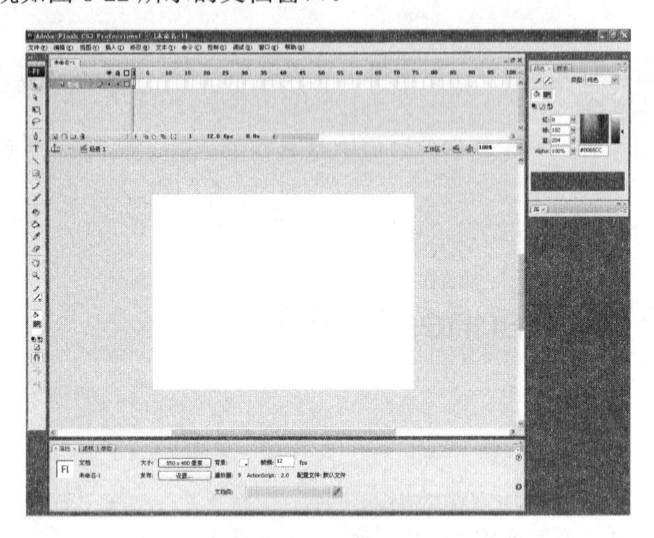

图 8-22　文档窗口

步骤 2．设置场景。

（1）设置场景舞台大小（一般使用切片时的 Flash Banner 图片，大小和美工图切片大小相一致），如图 8-23 所示。

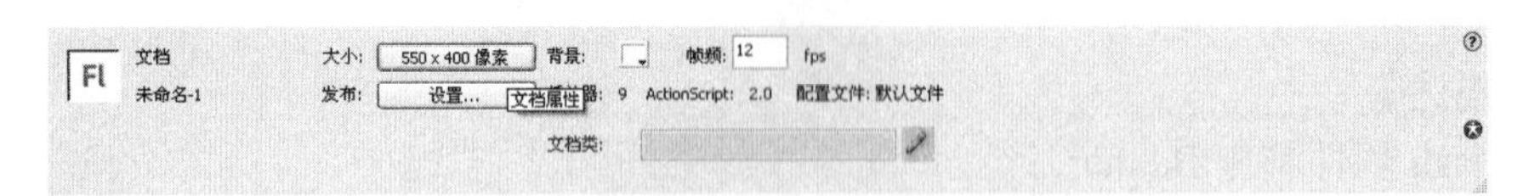

图 8-23　设置场景属性界面

（2）单击“大小”按钮，在弹出的“文档属性”对话框中设置场景舞台大小、背景颜色、帧频，如图 8-24 所示。

图 8-24　“文档属性”对话框

步骤 3．导入素材。

（1）将素材导入到库中。导入素材如图 8-25 所示。

（2）将素材拖入到舞台中，导入素材后的页面如图 8-26 所示。

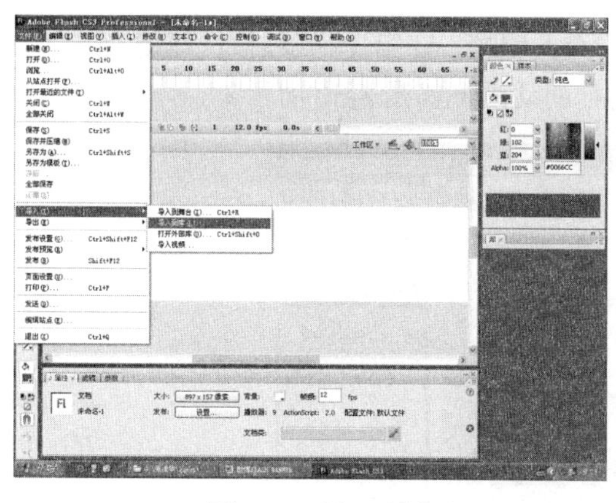

图 8-25　导入素材

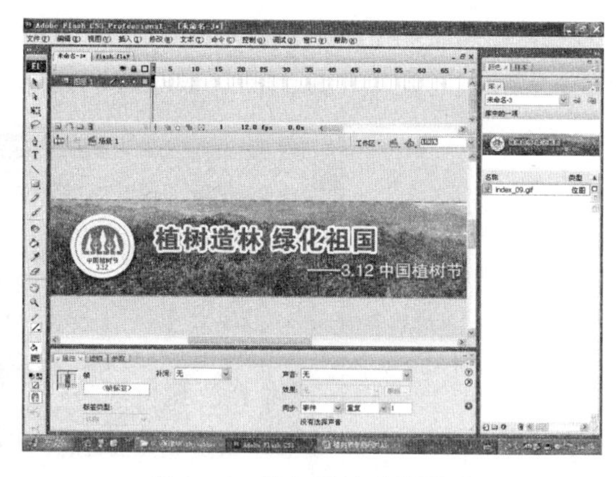

图 8-26　导入素材后的页面

步骤 4．新建图层、绘制矩形光束。

（1）新建一个图层，命名为“图层 2”，如图 8-27 所示。

（2）在图层 2 上使用“矩形”工具绘制一个光束，如图 8-28 所示。

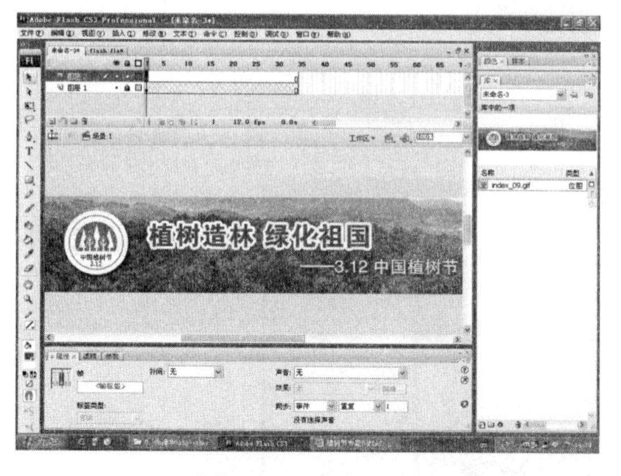

图 8-27　新建图层

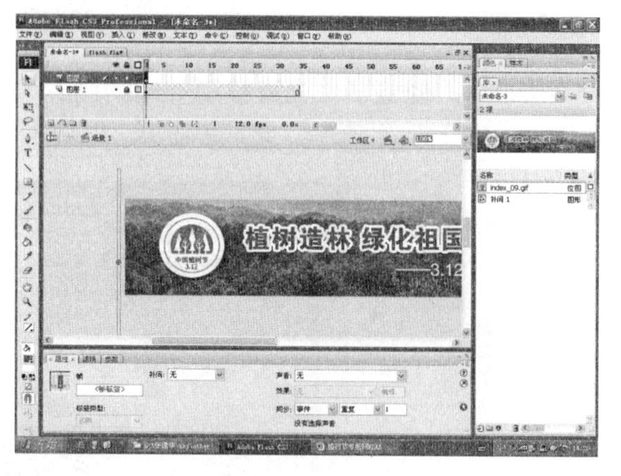

图 8-28　绘制光束

步骤 5．创建光束移动补间动画。

（1）在图层第 20 帧处按快捷键“F6”插入一个关键帧，将矩形平移到图片最右边，并创建补间动画，如图 8-29 所示。

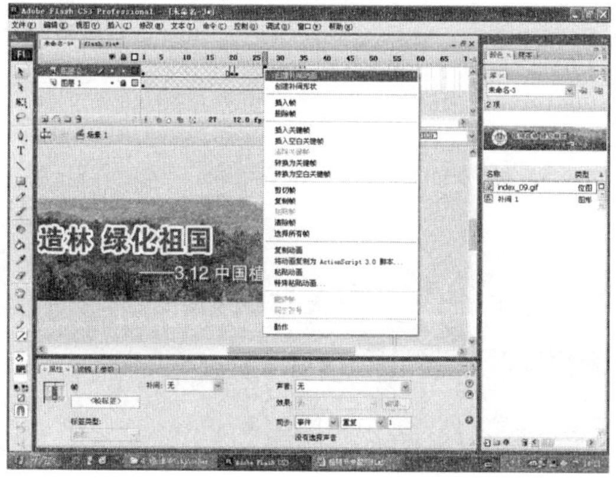

图 8-29　创建补间动画

（2）在图层第 21 帧处按快捷键“F6”插入一个关键帧，在第 35 帧处按快捷键“F6”插入一个关键帧，将矩形平移到图片最左边，并创建补间动画，如图 8-30 所示。

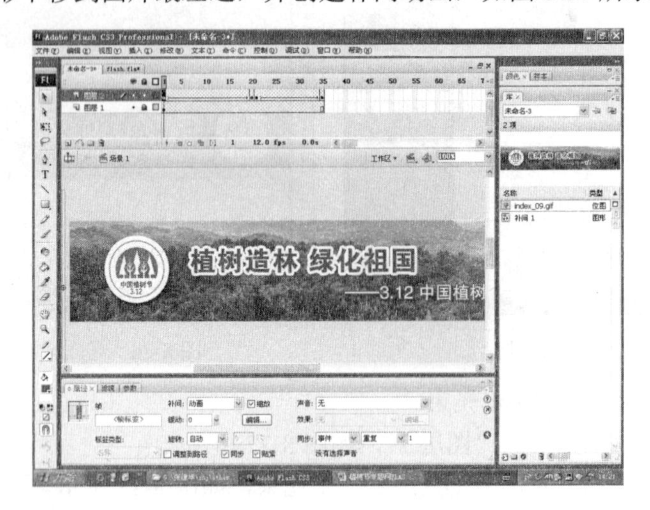

图 8-30　创建光束移动动画

步骤 6．创建多个光束移动补间动画。

（1）同上制作手法，重复步骤 4、步骤 5，多制作几个光束移动动画。效果如图 8-31 所示。

图 8-31　多个光束效果图

（2）Flash Banner 制作完成效果如图 8-32 所示。

图 8-32　Banner 制作完成效果图

任务四　使用 Dreamweaver 集成网站

任务描述

主页美工图与子页美工图都制作好以后，我们可以着手在 Dreamweaver 中集成网站了。通过任务学习，可使学生们掌握 Dreamweaver 集成技术。

任务实施

活动一　集成主页

【活动描述】

使用 Dreamweaver 集成植树节专题网中的主页。

【操作步骤】

步骤 1．配置站点。

（1）硬盘建夹。在 D 盘建立站点文件夹，并把素材中的项目八\作品素材\任务四中的素材复制到站点根目录中。

（2）建立站点。启动 Dreamweaver 并创建站点（将存放美工图的文件夹作为站点文件夹），如图 8-33 所示。

（3）打开“index.html”文件，如图 8-34 所示。

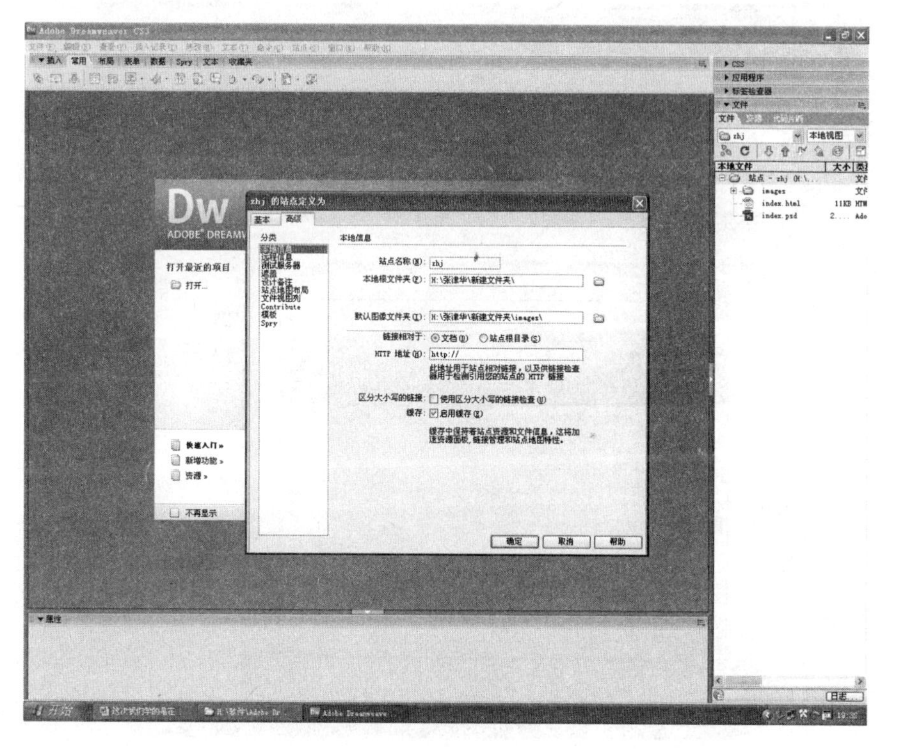

图 8-33　配置站点

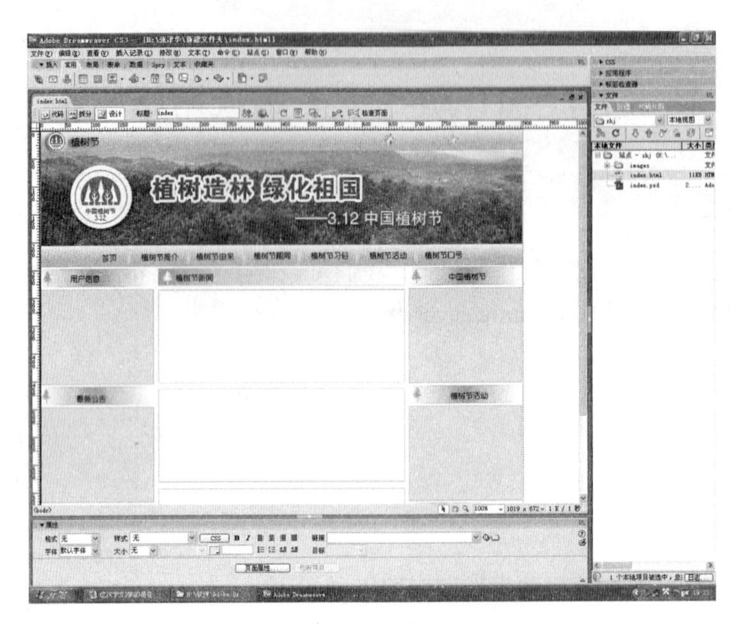

图 8-34　打开主页

步骤 2．将切片图片换为背景图片。

（1）在“编辑”窗口中选中“body”标签，将整张美工图选中，在属性面板中单击“居中对齐”按钮，如图 8-35 所示。将美工图居中，如图 8-36 所示。

图 8-35　“居中对齐”按钮

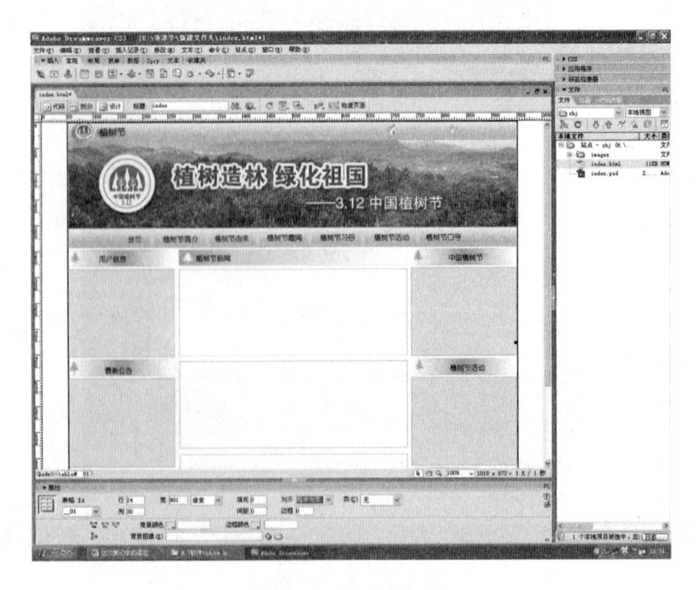

图 8-36　美工图居中

（2）选中要转换背景的切片区（这里我们先将“用户信息”下方的切片图片换成背景图片），如图 8-37 所示。

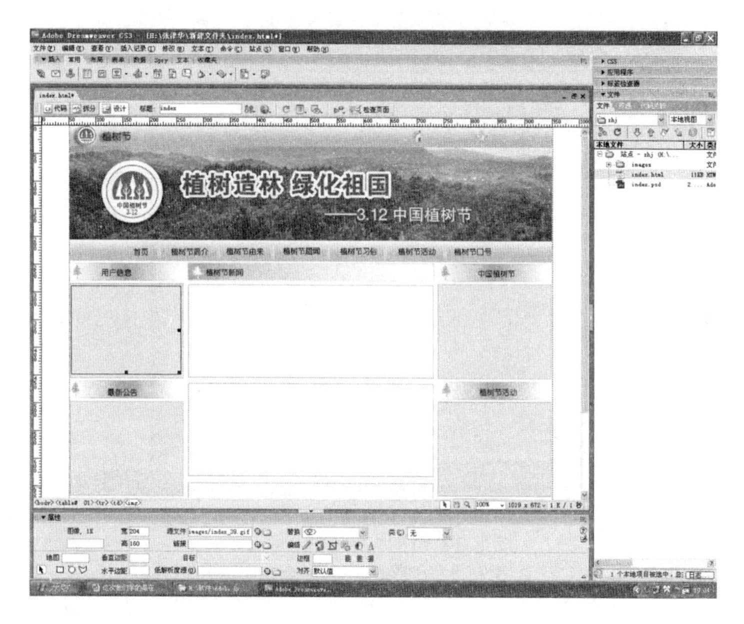

图 8-37 选中切片图片

（3）在属性面板区选择“源文件”文本框中的内容（切片图片存放的路径），按“Ctrl+X”组合键剪切，剪切后出现的界面如图 8-38 所示。

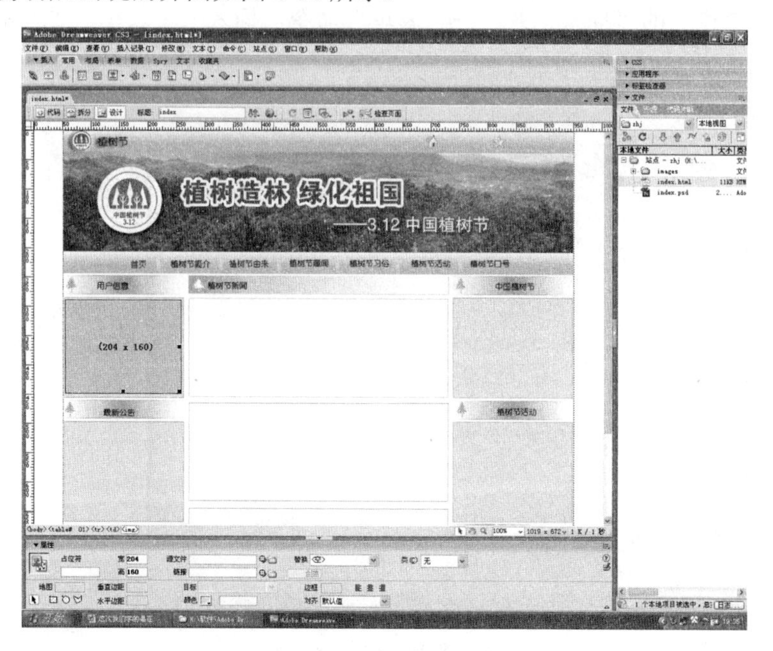

图 8-38 剪切切片图片

（4）按“Delete”键后，将矩形框中的内容删除，然后将光标定位在属性面板“背景”文本框中，按“Ctrl+V”组合键把刚才剪切的内容复制到文本框中，如图 8-39 所示。

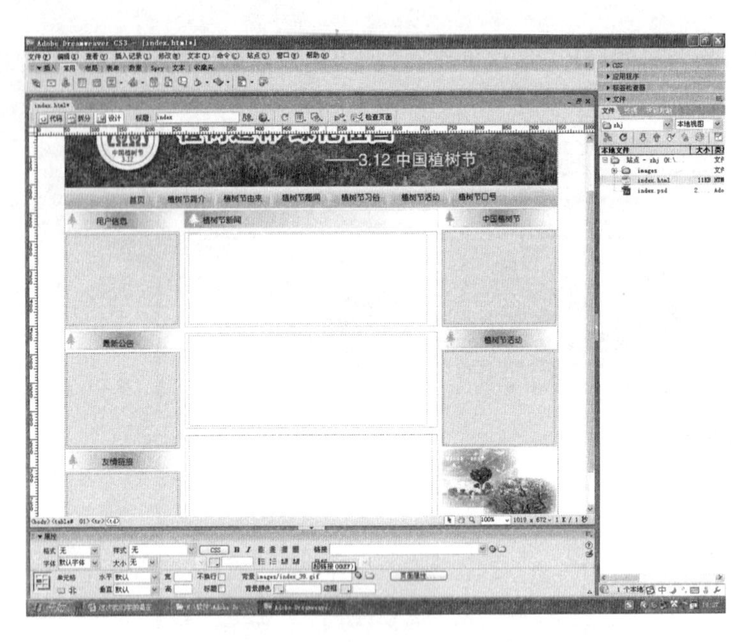

图 8-39　切片换成背景图片

（5）重复步骤（2）～（4）的操作将我们要用的切片全部转换为背景。

步骤 3．制作“用户信息”模块。

（1）光标定位。先在属性面板上的“单元格”→“垂直”列表中选择“顶端”选项，将光标定位到区域的左上角。

（2）选择菜单栏上的“插入记录”→“表单”命令，插入一个表单，如图 8-40 所示。

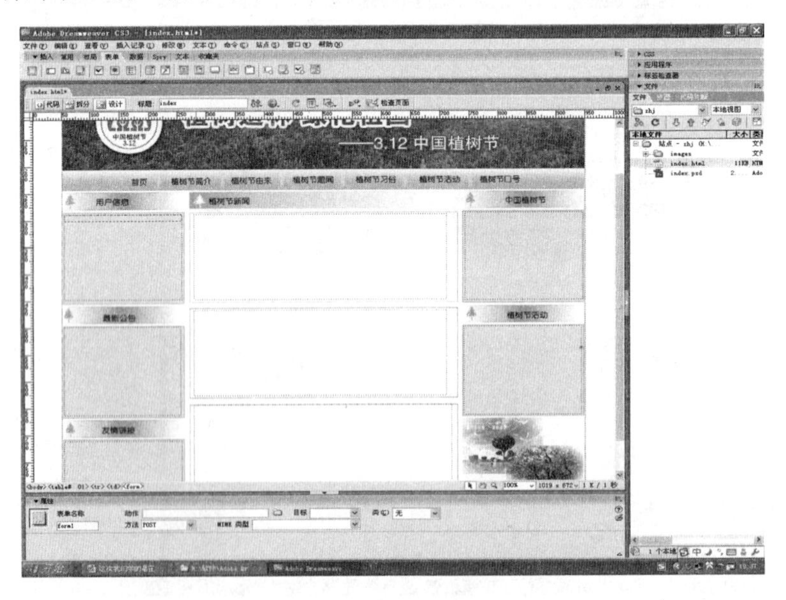

图 8-40　插入表单

（3）在表单中输入“用户名:”，选择菜单栏上的“插入记录”→“表单”→“文本域”命令，回车后，输入“密码:”，再次选择菜单栏上的“插入记录”→“表单”→“文本域”命令，然后回车，如图 8-41 所示。

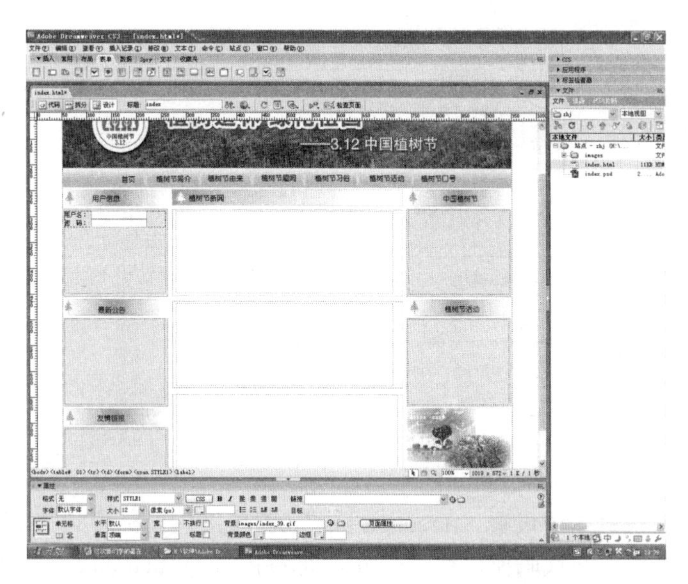

图 8-41 在表单中输入“用户名：”“密码：”

（4）选择菜单栏上的“插入记录”→“表单”→“按钮”命令，插入“登录”和“注册”按钮。插入按钮后分别将“提交”改为“登录”和“注册”按钮，如图 8-42 所示。

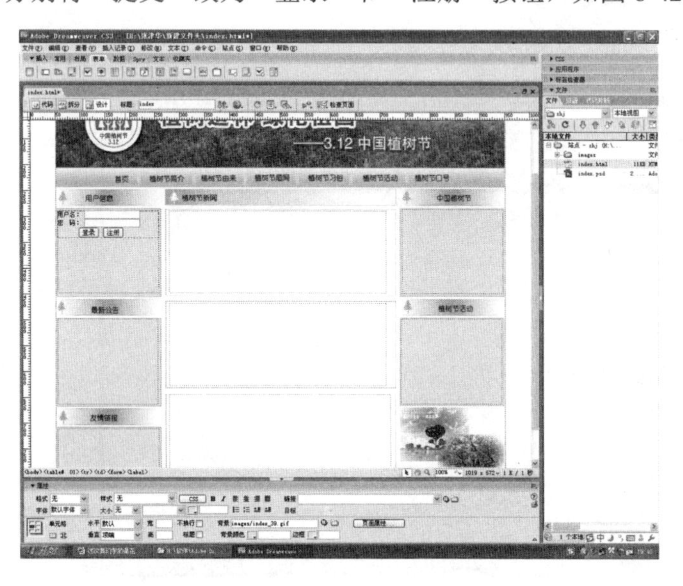

图 8-42 制作好的“用户信息”模块

步骤 4．制作“最新公告”模块。

（1）光标定位。先在属性面板上的“单元格”→“垂直”列表中选择“顶端”选项，将光标定位到区域的左上角。

（2）输入文字：“保护生态地球，创造绿色林场活动，现在开始，你植一棵树，我植一棵树，大家都来植树，北京的天就更蓝了；你种的树成活了，我种的树成活了，大家种的树都成活了，北京的大地就更绿了。”

（3）制作滚动字幕。选中文字，单击“插入”工具栏中的“标签选择器”按钮，在弹出的对话框中选择“HTML 标签”→“页元素”→“marquee”命令，如图 8-43 所示。

图 8-43　标签选择器

在窗口右边标签检查器中设置“direction=up”（若要产生鼠标移到文本内容就停止，鼠标移开就移动的效果，需要在代码窗口将 marquee 标签内容由<marquee direction="up" >修改为<marquee direction="up" onMouseOver="stop()" onMouseOut="start()">）。滚动字幕模板如图 8-44 所示。

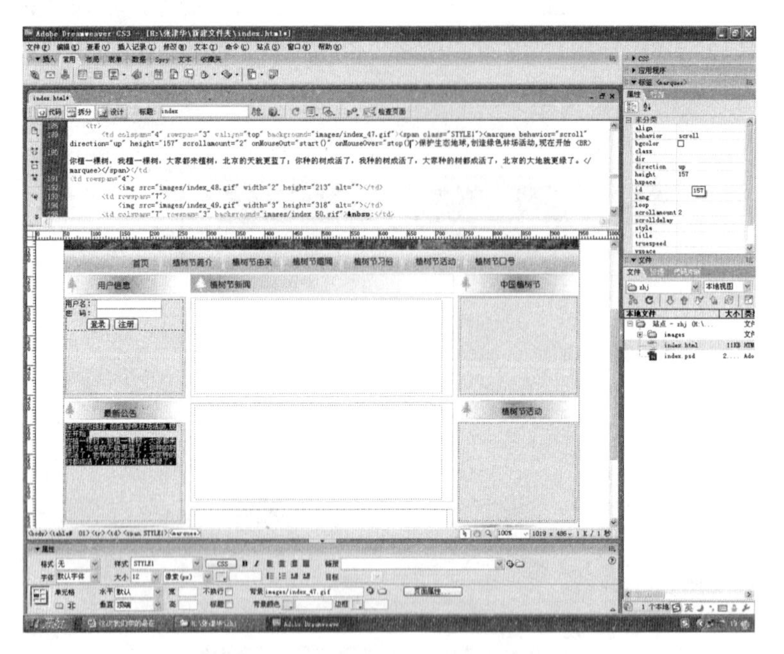

图 8-44　滚动字幕模板

步骤 5．制作“友情链接”模块。

（1）输入文本：www.baidu.com，www.hao123.com，www.sohu.com，也可直接输入百度、hao123、搜狐。

（2）选中相应文本内容，创建链接。如选中“www.baidu.com”，在属性面板链接文本框中输入“http://www.baidu.com”，即可实现友情链接的设计，如图 8-45 所示。

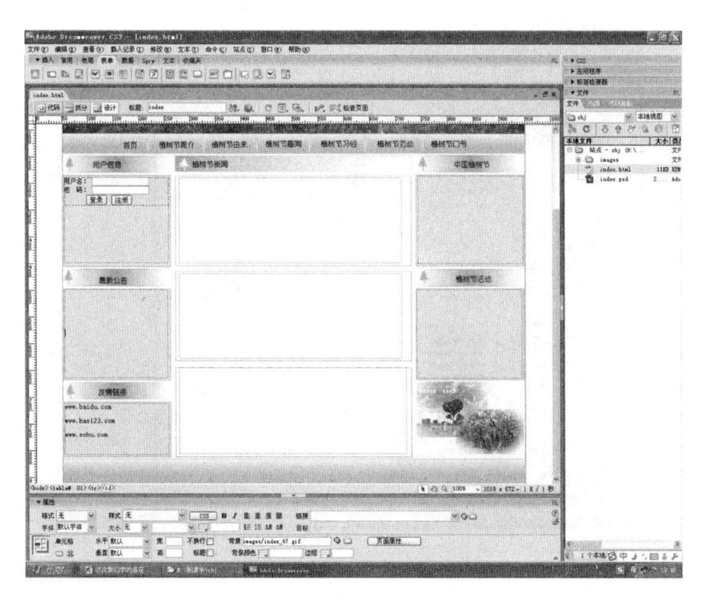

图 8-45 友情链接模板

步骤 6．制作“中心区域”模块。

（1）“植树节新闻”模块的制作。选择菜单栏上的“文本”→“列表”→“项目列表”命令，在内容区输入相应文本，选中文本后，在属性面板的链接文本框中输入要链接的网页地址（可以使用“指向文件”或“浏览文件”按钮进行文件的选取）。

（2）内容区右侧区域内容的制作。直接输入相应文本，插入图片即可完成“中心区域”模板如图 8-46 所示。

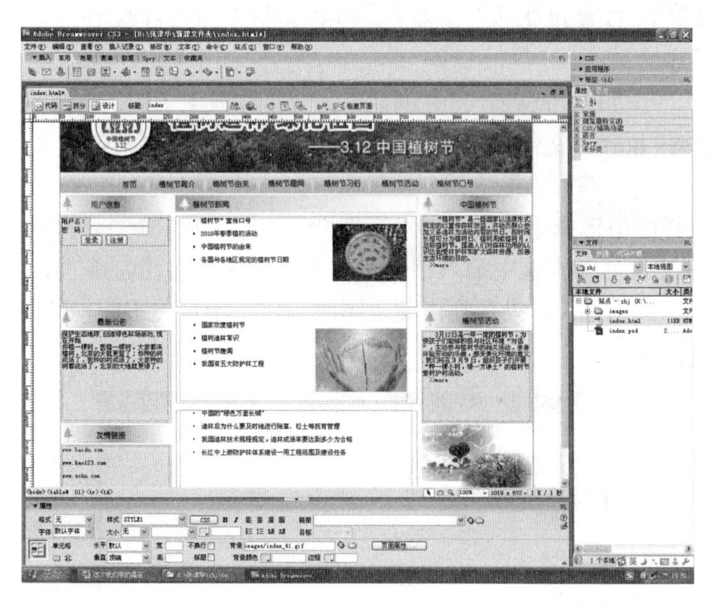

图 8-46 “中心区域”模板

步骤 7．制作“版权信息”模块。

在版权信息区域直接输入相应文本，将文本居中，即可完成此模块的制作。“版权信息”模板如图 8-47 所示。

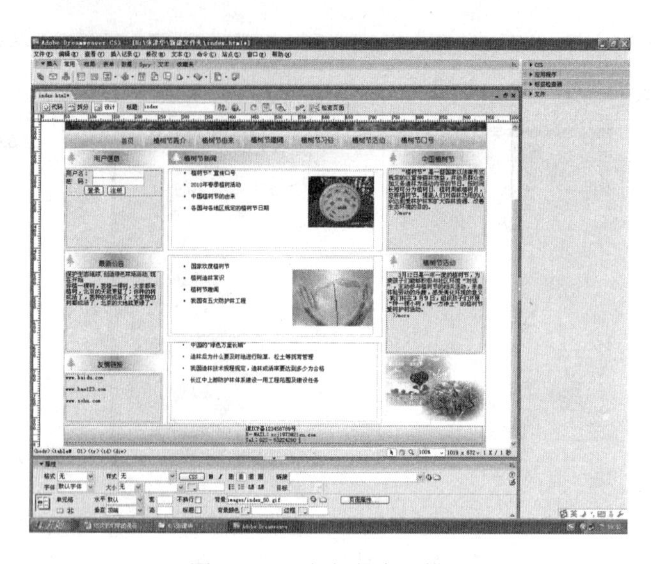

图 8-47 “版权信息”模板

活动二 集成子页

【活动描述】

集成植树节网站子页。

【操作步骤】

步骤 1．配置站点。

（1）硬盘建夹。在 D 盘建立站点文件夹，并把素材中的项目八\作品素材\任务四中的素材复制到站点根目录中。

（2）建立站点。启动 Dreamweaver 并创建站点（将存放美工图的文件夹作为站点文件夹）。

（3）打开“index.html”文件。

步骤 2．另存子页。

在打开的主页界面中选择菜单栏上的“文件”→“另存为”命令，弹出“另存为”对话框，如图 8-48 所示。在文件名文本框中输入相应子页名称，保存位置选择“files”文件夹。按照规划依次可以存多个子页文件。如果在制作美工图时制作了子页美工图，可以按集成主页的方法制作子页，在此不再赘述。

图 8-48 “另存为”对话框

命名子页时切记最好不要用中文来命名。子页另存对话框如图 8-49 所示。

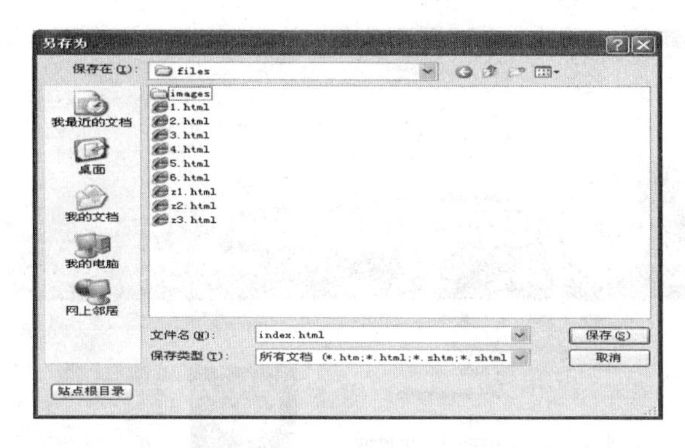

图 8-49 子页另存对话框

步骤 3．编辑子页。

（1）依次打开子页文件，在编辑窗口中对内容区进行修改，如图 8-50 所示。注意内容与导航栏的标题要相对应。

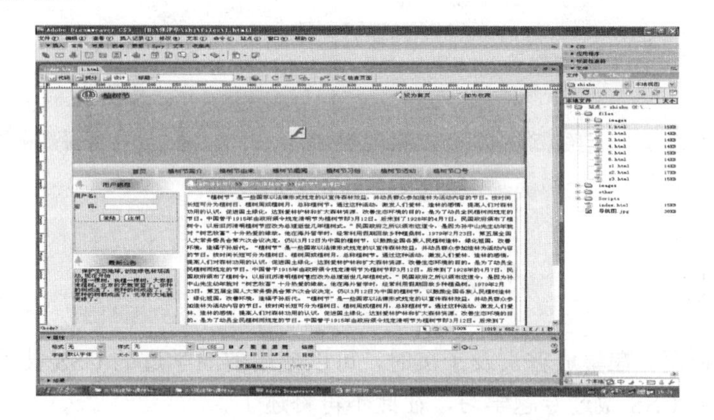

图 8-50 子页编辑窗口

（2）浏览子页效果图。子页作好以后进行浏览，以查看子页效果，如图 8-51 所示。

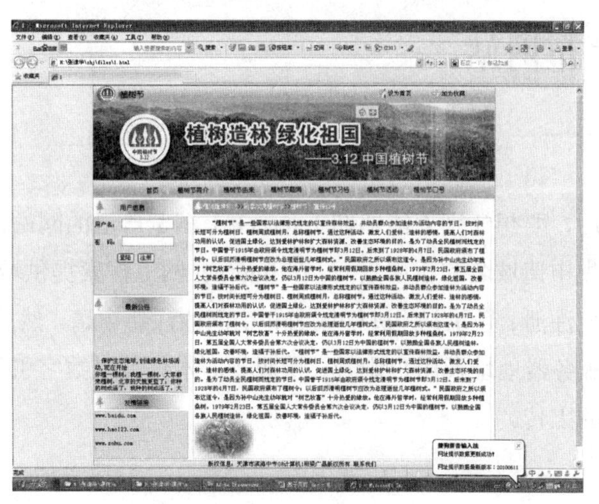

图 8-51 子页效果图

（3）在浏览器中查看整个作品效果图，如图 8-52 所示。

图 8-52　网站效果图

 及时充电

（1）CSS 的使用。在集成首页及子页时，可以使用前面学过的 CSS 技术将所有页面风格统一。由于前面对 CSS 做过专题学习，在此不再赘述了。

（2）在 Dreamweaver 中，将美工图打开，将相关切片图片变为背景图片，然后再进行集成。

（3）将切片图片变为背景图片时，边框要变为 0。

任务五　发布网站

 任务描述

在网站制作完成后，要想让别人能够在 Internet 上浏览自己的网站，就必须将网站上传到 Internet 上，这就需要先申请域名和租用空间。在 Internet 网上搜索提供域名和空间服务的公司，在公司网站上进行用户注册、登录，并进行域名和空间的注册申请，然后签定协议、交纳费用。公司提供域名、FTP 服务器地址及用户账号、密码等。本任务以数字引擎公司为例，通过 4 个活动来学习网站作品的上传。

任务实施

活动一　用户注册、登录

【活动描述】

用户注册、登录。

【操作步骤】

步骤 1．网站用户的注册。

（1）登录数字引擎公司网站。在 IE 地址栏输入 http://www.cnspeed.com/进入公司网站。数字引擎网站界面如图 8-53 所示。

图 8-53　数字引擎网站界面

（2）单击“域名注册”按钮，进入到域名查询界面，如图 8-54 所示。

图 8-54　域名查询界面

（3）在“域名查询”区进行域名的查询，如查询“yanshi”，系统会显示域名查询结果，如图 8-55 所示，查询结果表明 www.yanshi.com，www.yanshi.cn，www.yanshi.net 均不可用。

域名查询结果

说明:查询结果如果提示（查询失败），请用单个域名后缀查询,如果提示（可以注册）请选中需要注册的域名，然后点击"注册"按钮进入下一步

yanshi.com..（不可注册）
yanshi.cn...（不可注册）
yanshi.net..（不可注册）

图 8-55　域名查询不可注册界面

（4）在“域名查询”区中查询“yanshizp”，系统显示域名查询结果，表明 www.yanshizp.com，www.yanshizp.cn， www.yanshizp.net 均可用，如图 8-56 所示。

域名查询结果

说明:查询结果如果提示（查询失败），请用单个域名后缀查询,如果提示（可以注册）请选中需要注册的域名，然后点击"注册"按钮进入下一步

yanshizp.com...（可以注册）
yanshizp.cn..（可以注册）
yanshizp.net...（可以注册）

.cn域名注册提醒：
1、请您于提交注册后的当天提交如下电子版资料 （扫描件或数码相机拍摄）发送邮件至reg@cnspeed.com进行审核：

1)、注册申请者单位的组织机构代码证或工商营业执照（扫描件，在有效期内的）
提醒：建议在上面注明用途“仅作为申请域名的凭证”；在网站提交域名注册信息时，请确保单位名称与企业营业执照副本上公司名称或组织机构代码证副本上单位名称一致。
2)、注册联系人身份证明（扫描件），将身份证正反面做在同一张图片内。
提醒：建议在上面注明用途“仅作为申请域名的凭证”；在网站提交域名注册信息时，请确保联系人姓名与身份证明上一致。

2、我们将资料初审后将递交CNNIC审核，资料通过CNNIC审核后，域名方能注册成功，审核期间域名无法解析且无法提交续费。
3、国内域名（.cn域名）按CNNIC 规定注册后必需备案成功后才能使用，未备案前为锁定状态。
4、国内域名注册信息必须与证件信息一至（其中包括域名所有者、证件地址等，英文用拼音全拼）。
5、国内域名注册信国内域名注册需要先审核再注册,所以需要正常上班时间才能审核订单。

注册　重选　重查

图 8-56　域名查询可注册界面

（5）选择 yanshizp.com，然后单击“注册”按钮，进行注册。输入登录名称、登录密码和验证码信息后单击“注册”按钮，如图 8-57 所示。

图 8-57　用户注册对话框

进入到会员注册页面进行注册，如图 8-58 所示填入注册信息。

单击“注册”按钮后，出现如图 8-59 所示的界面，表明注册成功。

图 8-58 会员注册界面

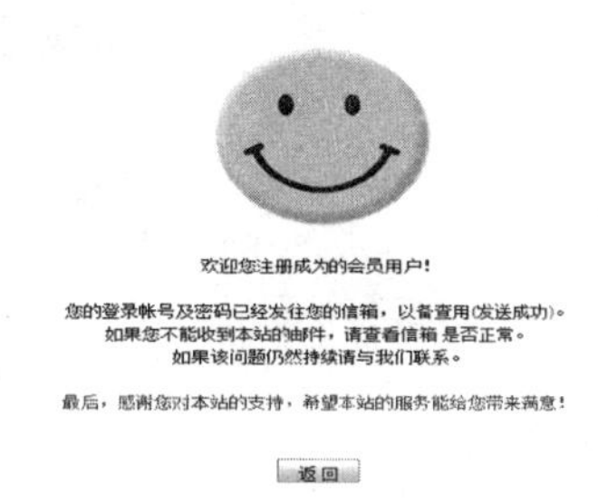

图 8-59 注册成功界面

步骤 2．网站用户登录。

（1）登录。在网站首页输入用户名、密码和验证码，进行登录。用户登录界面如图 8-60 所示。

图 8-60 用户登录界面

活动二 申请网站域名

【活动描述】

申请网站域名。

【操作步骤】

步骤 1．域名注册。

（1）在数字引擎网站首页单击“域名注册”按钮，在右侧列表中选择快速注册通道，在文本框中输入“yanshizp”，并选择“.com”复选项，单击“查询”按钮，如图 8-61 所示。

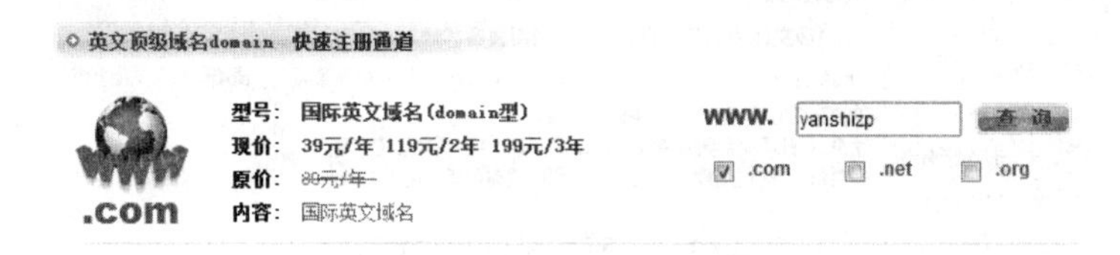

图 8-61 快速注册通道界面

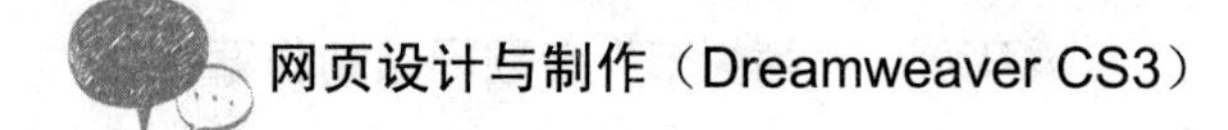

（2）出现域名查询结果后，选择“yanshizp”单选项，单击“注册”按钮，如图 8-62 所示。

域名查询结果
说明:查询结果如果提示（查询失败），请用单个域名后缀查询,如果提示（可以注册）请选中需要注册的域名，然后点击"注册"按钮进入下一步
yanshizp.com.. （可以注册）
.cn域名注册提醒：
1、请您于提交注册后的当天提交如下电子版资料 （扫描件或数码相机拍摄）发送邮件至reg@cnspeed.com进行审核：
1）、注册申请者单位的组织机构代码证或工商营业执照（扫描件，在有效期内的）
提醒：建议在上面注明用途“仅作为申请域名的凭证”；在网站提交域名注册信息时，请确保单位名称与企业营业执照副本上公司名称或组织机构代码证副本上单位名称一致。
2）、注册联系人身份证明（扫描件），将身份证正反面做在同一张图片内。
提醒：建议在上面注明用途“仅作为申请域名的凭证”；在网站提交域名注册信息时，请确保联系人姓名与身份证明上一致。
2、我们将资料初审后将递交CNNIC审核，资料通过CNNIC审核后，域名方能注册成功，审核期间域名无法解析且无法提交续费。
3、国内域名（.cn域名）按CNNIC 规定注册后必需备案成功后才能使用，未备案前为锁定状态。
4、国内域名注册信息必须与证件信息一至（其中包括域名所有者、证件地址等，英文用拼音全拼）。
5、国内域名注册信国内域名注册需要先审核再注册,所以需要正常上班时间才能审核订单。
注册
重选
重查

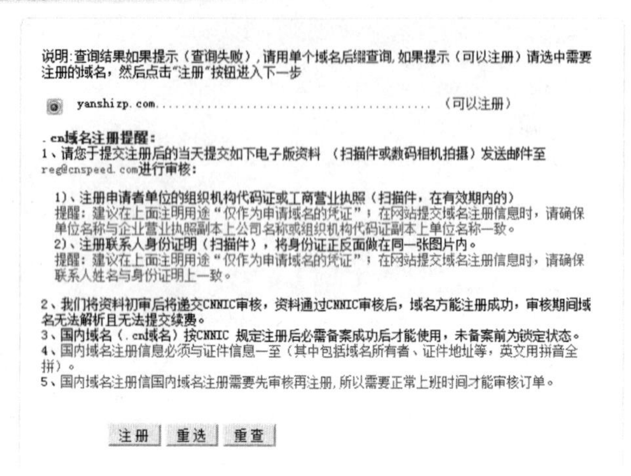

图 8-62　注册界面

（3）在注册页面，填写注册信息，如图 8-63 所示。按规范填写信息后，单击“确认注册”按钮，完成注册。在注册方式处选择“只交订单”单选项，可以不用交费试用两天，可以与客服联系试用，公司可以提供相应的域名。

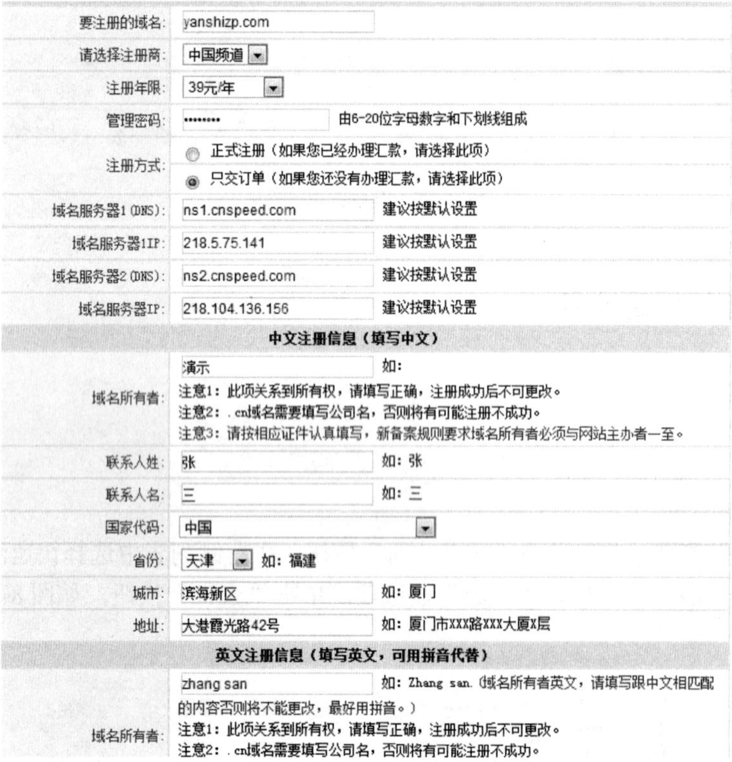

要注册的域名:
yanshizp.com
请选择注册商:
中国频道
注册年限:
39元/年
管理密码:
由6-20位字母数字和下划线组成
注册方式:
正式注册（如果您已经办理汇款，请选择此项）
只交订单（如果您还没有办理汇款，请选择此项）
域名服务器1(DNS):
ns1.cnspeed.com
建议按默认设置
域名服务器1IP:
218.5.75.141
建议按默认设置
域名服务器2(DNS):
ns2.cnspeed.com
建议按默认设置
域名服务器IP:
218.104.136.156
建议按默认设置
中文注册信息（填写中文）
域名所有者:
演示
如:
注意1：此项关系到所有权，请填写正确，注册成功后不可更改。
注意2：.cn域名需要填写公司名，否则将有可能注册不成功。
注意3：请按相应证件认真填写，新备案规则要求域名所有者必须与网站主办者一至。
联系人姓:
张
如：张
联系人名:
三
如：三
国家代码:
中国
省份:
天津
如：福建
城市:
滨海新区
如：厦门
地址:
大港霞光路42号
如：厦门市XXX路XXX大厦X层
英文注册信息（填写英文，可用拼音代替）
域名所有者:
zhang san
如：Zhang san.(域名所有者英文，请填写跟中文相匹配的内容否则将不能更改，最好用拼音。)
注意1：此项关系到所有权，请填写正确，注册成功后不可更改。
注意2：.cn域名需要填写公司名，否则将有可能注册不成功。

图 8-63　填写注册信息界面

步骤 2．显示域名注册结果。

注册显示结果如图 8-64 所示。到目前只是提交订单，因为没有汇款，故不能正式注册。

服务购买结果提示	
域名种类:	**国际英文域名下单 (domain)**
您的域名:	**yanshizp.com**
管理密码:	yanshizp
授权码:	9PPX70
管理地址:	http://cp.cnspeed.com (注册会员可以在本系统直接管理)
购买方式:	先下订单待汇款后再正式注册
购买期限:	1 年
购买结果:	**提交成功!**
付款方式:	点击此处查看付款方式 **(在线支付)**

图 8-64　填写注册信息界面

注：因为没有交费，公司提供了一个三级域名进行试用，域名为：http://yanshizp.user.d-jet.com/index.html”。

活动三　申请域名空间

【活动描述】

申请网站域名空间。

【操作步骤】

步骤 1．域名空间注册。

（1）查看产品。单击“查看价格列表”按钮，进入到“产品价格总览”界面，如图 8-65 所示，选择相应产品，单击“购买”按钮。

产品价格总览

虚拟主机 | 域名注册 | 企业邮局 | 数据库 | FTP空间 | 云服务器 | VPS服务器 | 网站推广 | 增值服务产品 | 微站

产品名称	编号	空间大小	销售价格	您的价格	续费价	购买
CN2多线精品空间200M	cn2xm200m	200	298元/年	298元/年	298元/年	购 买
CN2多线精品空间300M	cn2xm300m	300	398元/年	398元/年	398元/年	购 买
CN2多线精品空间500M	cn2xm500m	500	498元/年	498元/年	498元/年	购 买
CN2多线精品空间700M	cn2xm700m	700	698元/年	698元/年	698元/年	购 买
CN2多线精品空间1000M	cn2xm1000m	1000	898元/年	898元/年	898元/年	购 买
CN2多线尊贵空间2G	cn2xm2g	2000	1398元/年	1398元/年	1398元/年	购 买
CN2多线尊贵空间3G	cn2xm3g	3000	1898元/年	1898元/年	1898元/年	购 买
CN2多线尊贵空间5G	cn2xm5g	5000	2698元/年	2698元/年	2698元/年	购 买
CN2多线尊贵空间7G	cn2xm7g	7000	3398元/年	3398元/年	3398元/年	购 买
CN2多线尊贵空间10G	cn2xm10g	10000	3998元/年	3998元/年	3998元/年	购 买
双链精品空间100M	shdx100m	100	188元/年	188元/年	188元/年	购 买
双链精品空间200M	shdx200m	200	298元/年	298元/年	298元/年	购 买
双链精品空间300M	shdx300m	300	398元/年	398元/年	398元/年	购 买
双链精品空间500M	shdx500m	500	498元/年	498元/年	498元/年	购 买
双链精品空间700M	shdx700m	700	698元/年	698元/年	698元/年	购 买
双链精品空间1000M	shdx1000m	1000	898元/年	898元/年	898元/年	购 买
双链精品空间2000M	shdx2000m	2000	1589元/年	1589元/年	1589元/年	购 买

图 8-65　“产品价格总览”界面

（2）选择“香港云 100m 促销（hky100cx 型）”并进行注册。单击购买后进入注册界面，如图 8-66 所示，进行信息注册：上传账号为 yanshizp，上传密码为 yan1shi2zp3，开通方式为试用 2 天，也可选择正式购买。

步骤 2．申请购买。

申请购买。注册信息填好后，单击“立即申请”按钮。出现虚拟主机购买结果界面，如图 8-67 所示。

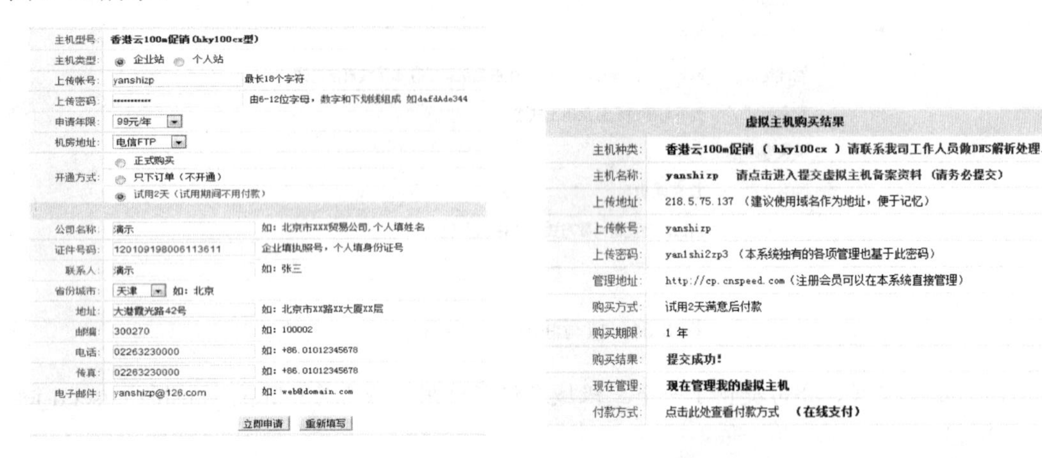

图 8-66　信息注册界面　　　　图 8-67　虚拟主机购买结果界面

步骤 3．管理虚拟主机。

单击“现在管理我的虚拟主机”按钮，进入到“主机列表（查询）”界面，在上传账号处，单击“显示密码/授权码”按钮，获得相关信息，如图 8-68 所示。

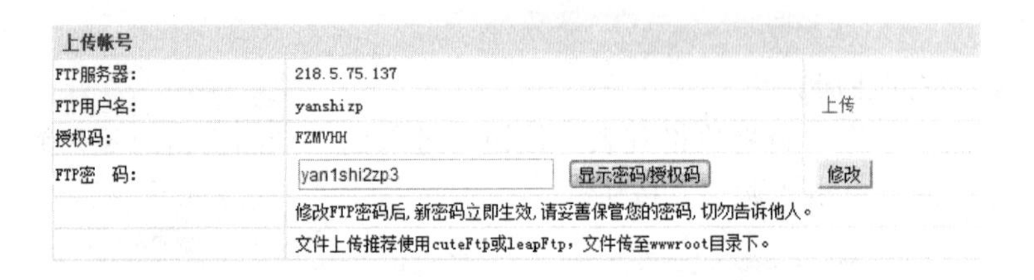

图 8-68　“主机列表（查询）”界面

活动四　发布网站

【活动描述】

申请完网站空间和域名以后，就可以将网站作品上传到空间中。上传网站的方法可以使用专用软件，如 CuteFTP，也可以使用 Dreamweaver 软件。

【操作步骤】

方法一：使用 CuteFTP 上传作品。

步骤 1．启动、登录 CuteFTP。

（1）启动 CuteFTP。安装好 CuteFTP 后，双击按钮启动 CuteFTP。在界面中输入 FTP 地址、用户名、密码等信息，如图 8-69 所示。

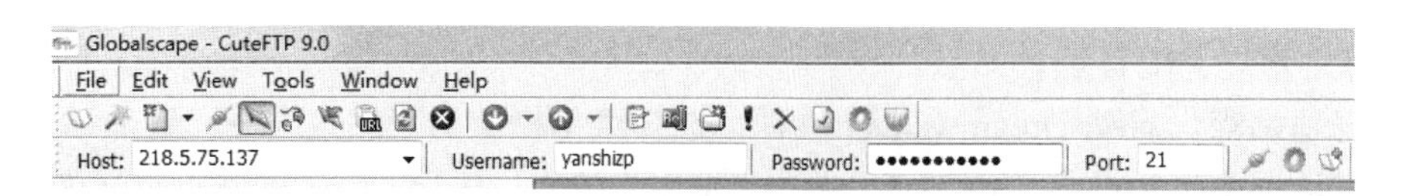

图 8-69 快速登录窗口

（2）连接服务器。右击“Connect”按钮，进行连接。CuteFTP 软件界面如图 8-70 所示。

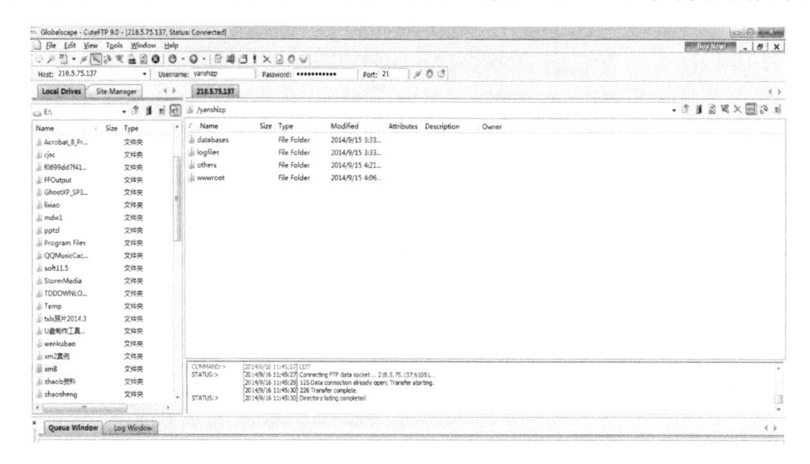

图 8-70 CuteFTP 软件界面

步骤 2．上传、显示作品。

（1）上传作品。在左侧本地目录窗口中选中要上传的文件夹，直接复制、粘贴到右侧服务器目录窗口，也可用鼠标直接拖曳，即可上传作品。

（2）显示作品。在浏览器窗口地址栏中输入 http://yanshizp.user.d-jet.com/index.html，即可看到上传的网站作品。Internet 上浏览网站效果图如图 8-71 所示。因没有交费正式注册，所以这里使用的是公司提供的一个三级域名。

图 8-71 Internet 上浏览网站效果图

方法二：使用 Dreamweaver 上传作品。

步骤 1．管理并配置远程站点。

（1）管理站点。启动 Dreamweaver 软件，选择菜单栏上的“站点”→“管理站点”命令，在弹出的对话框中选择要上传的站点。单击“编辑”按钮，打开“xm8 的站点定义为”对话框，选择“高级”选项卡中的“远程信息”。

（2）配置远程站点。在“访问”下拉列表中选择“FTP”，输入 FTP 主机地址、登录、密码等信息，单击“确定”按钮，如图 8-72 所示。

图 8-72　“xm8 的站点定义为”对话框

步骤 2．连接远端主机。

（1）连接到远端主机。在“文件”面板中，单击“连接到远端主机”按钮，如图 8-73 所示。

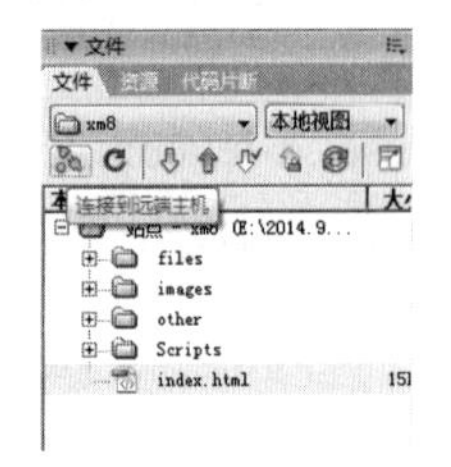

图 8-73　“文件”面板的“连接到远端主机”按钮　　图 8-74　“后台文件活动-xm8”提示对话框

“后台文件活动-xm8”提示对话框如图 8-74 所示。

连接完成后，单击“展开以显示本地和远端站点”按钮，如图 8-75 所示。

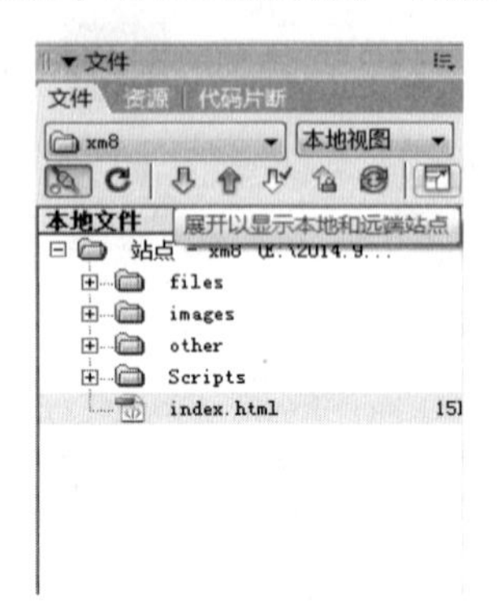

图 8-75　“文件”面板的“展开以显示本地和远端站点”按钮

步骤 3．发布网站。

（1）单击“展开以显示本地和远端站点”按钮，弹出“远端和本地站点”窗口，如图 8-76 所示。

（2）在“本地文件”窗口中，选择整个站点或要上传的文件，单击“上传文件”按钮，如图 8-77 所示。

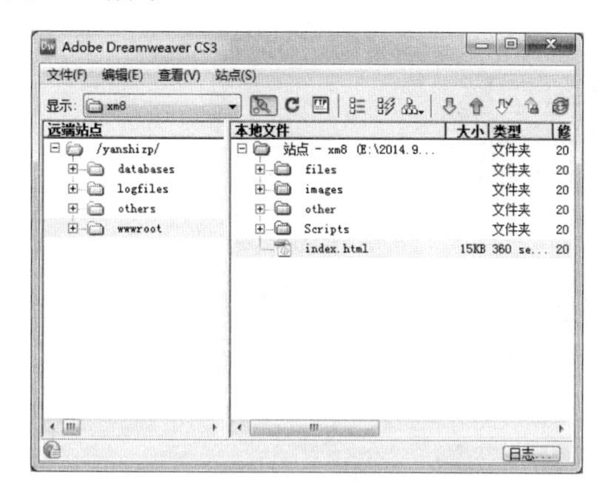

图 8-76　“远端和本地站点”窗口

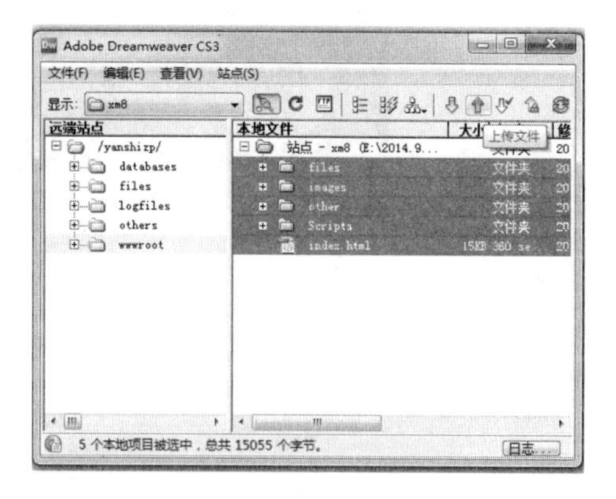

图 8-77　“本地文件”窗口

（3）确认上传。在弹出的对话框中单击“是”按钮，确认上传，如图 8-78 所示。

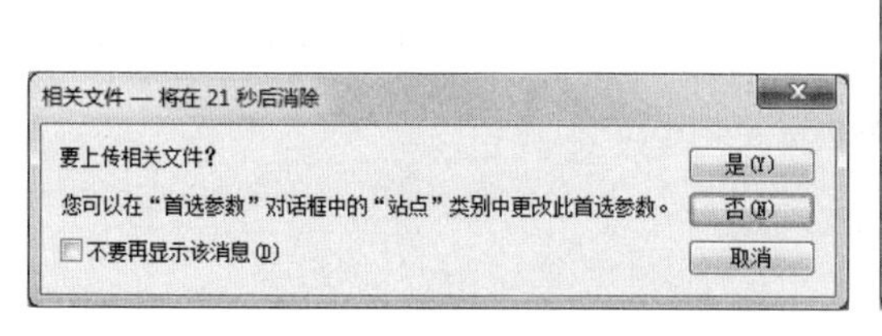

图 8-78　确认上传

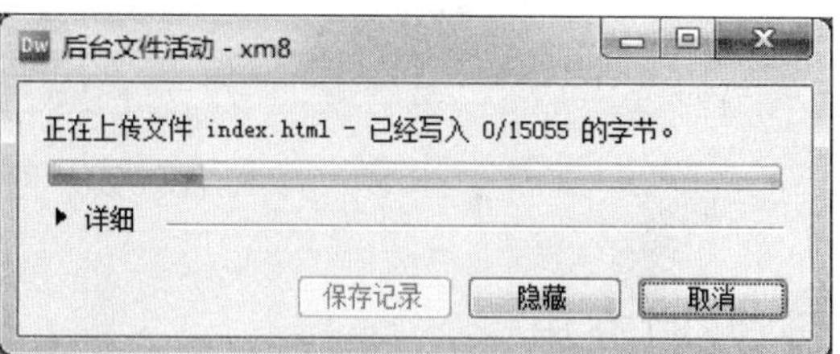

图 8-79　“后台文件活动-xm8”提示对话框

“后台文件活动-xm8”提示对话框如图 8-79 所示。

上传完毕后，文件窗口显示结果，如图 8-80 所示。

图 8-80　文件窗口显示结果

（4）浏览网站。打开 IE 浏览器，在地址栏输入 http://yanshizp.user.d-jet.com/index.html，即可浏览到上传的网站。网站浏览效果图如图 8-81 所示。

图 8-81 网站浏览效果图

及时充电

（1）CuteFTP 是最好的 FTP 客户端程序。它传输速度快，性能稳定，界面友好，使用简单，是世界上使用人数最多的 FTP 客户端软件。

（2）域名。域名就是常说的网址，它也具有唯一性，如百度的网址 www.baidu.com、网易的网址 www.163.com 等就是一个域名，域名由汉语拼音或英文字符加上数字表示，在访问网络时，域名将通过域名服务器转换成 IP 地址，这种转换是在后台完成的。

项目评价

项目评价标准

等级	等级说明	评价
一级任务	能自主完成项目所要求的学习任务	合格（不能完成任务定为不合格等级）
二级任务	能自主、高质量地完成拓展学习任务	良好
三级任务	能自主、高质量地完成拓展学习任务并能帮助别人解决问题	优秀

项目评价表

项目	评价内容	分值	评分				所占价值	项目得分
			自评（30%）	组评（40%）	师评（30%）	得分		
职业能力	网站结构图的制作	10					60%	
	使用 Photoshop CS3 制作网页美工图	20						
	使用 Photoshop CS3 自制 Logo	10						
	使用 Flash CS3 制作网站 Banner	10						
	使用 Dreamweaver 集成网站	30						
	网站整体风格及视觉效果和谐，界面美观漂亮	10						
	上传作品	10						
	合计	100						
通用能力	合作能力	20					40%	
	沟通能力	10						
	组织能力	10						
	活动能力	10						
	自主解决问题能力	20						
	自我提高能力	10						
	创新能力	20						
	合计	100						

项目总结

本项目主要学习了网站结构图的制作、网页美工图的制作、网站 Banner 的制作、集成网站、上传作品。让我们了解创建网站的一般过程，掌握使用网页制作三剑客软件制作网站的技术。此外，通过植树节专题网的制作，使学生了解我国关于绿化的相关政策知识，激发学生学习兴趣，提升学生个人的人文素养。

项目拓展

（1）任务一：完成植树节专题网站的制作。

（2）任务二：完成奥运专题网站的制作。

① 使用 Photoshop CS3 制作网站 Logo，如图 8-82 所示。

图 8-82　网站 Logo

② 使用 Photoshop CS3 制作网站结构图，如图 8-83 所示。

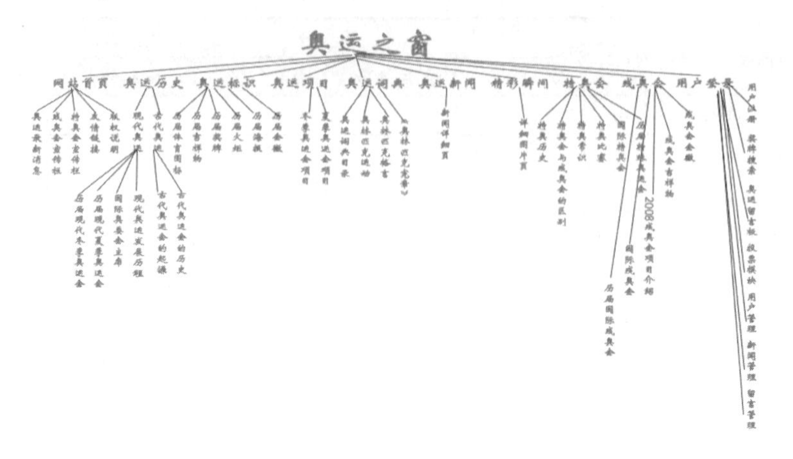

图 8-83　网站结构图

③ 使用 Photoshop CS3 制作网站美工图，如图 8-84 所示。

图 8-84　网站美工图

④ 使用 Flash CS3 制作网站 Banner，如图 8-85 所示。

图 8-85　网站 Banner

⑤ 使用 Photoshop CS3、 Dreamweaver CS3、Flash CS3 制作一个完整的网站。

制作要求：

请根据给定的素材制作一个奥运之窗的网站，至少 5 页，各页集成一个完整的网站，并在本机调试成功。

主题突出、内容充实、健康向上、布局合理、结构清晰、规范。

色彩搭配合理、美观，设计新颖、有创意。

技术运用全面，技术含量高。网站中要有网站的标志（Logo），网站的宣传栏（Banner）；站点目录建立规范，网页中涉及的所有“路径”必须使用“相对路径”。

（3）任务三：有条件的同学可上网学习网页制作实战视频，提高网页制作水平。

学习网站：http://kt.jcwcn.com/ketang.php?mod=course&cid=5

课堂» Web 前端设计 » Dreamweaver 8 入门、设计能力、网页实战视频教程。

及时充电

网页评价标准如下。

评价项目	评价标准				得分
	项目	优秀（9～10）	良好（6～8）	一般（4～5）	
内容呈现	主题	主题明确，重点突出	有主题但不突出，一些页面相关性欠缺或偏离主题	主题不清晰或令人感觉零乱	
	内容	内容积极、健康，有一定深度和广度，适于阅读和使用，无明显错误	内容基本完整，但部分页面有一些问题	内容有缺漏，多处出现拼写及语法错误	
	首页	页面富有吸引力，同时清晰地显示了所有页面所包含的内容	整体效果或内容平淡	内容偏少	
	版权保护意识	信息来源可靠，出处明确	大多有信息来源，但有些页面不明确	基本没有信息来源	
技术体现	导航设计	导航清楚且富有层次，所有的链接都有效	页间具有导航，但有些页面没有链接或链接失败	导航或链接大部分失败	
	布局与版面设计	版面设计合理，区域划分清晰，风格一致，格式统一	有版面设计，但部分页面制作不完善，一致性考虑不周全	布局混乱或没有考虑布局	
艺术表现	多媒体效果在网页中的应用	多媒体的使用增强了主题的表达	部分多媒体的使用与表达不利于内容的阅读	图像等甚少或基本没有效果	
	风格与创意	标志和广告语富有创意，文体、图像、背景和谐统一	有一些闪光点	基本没有考虑	
其他	资料的管理	个人的文件夹条目清晰、完整	有个人的文件夹但条目不清晰	文件存放混乱	
	态度	积极参与，认真制作	基本能按要求去做	出现网络迷航等现象	
合计					

表单的制作

项目目标

知道常用表单元素和 Spry 构件的基本用法。

能够使用常用表单元素设计表单。

能够使用 Spry 构件对表单数据进行基本的校验。

项目分析

表单是网页间数据传送的纽带，它可以采集用户输入或选择的数据，完成与网站后台的通信任务，它是网站交互的一种表现形式，从某种意义上讲它也是网站开发者与用户间沟通的一座桥梁。常见的表单应用有用户的注册与登录、收发 E-mail 邮件、搜索引擎搜索数据、用户数据的管理、后台数据的维护等，向服务器提交数据时就会用到表单，所以说表单是网站交互的基石和灵魂，学会表单的制作，就掌握了网站交互的基础，同时为后期脚本语言的学习奠定基础。

项目实施

本项目通过两个任务学习常用表单元素和 Spry 构件的基本概念；掌握 Dreamweaver 软件制作表单的基本方法；熟悉在表单中加入简单校验的基本方法。通过制作用户注册这一常见表单案例，学会表单的基本制作流程。

任务一　制作用户注册表单

任务描述

（1）使学生了解常见表单元素的基本用途。

（2）会使用常见的表单元素制作用户注册表单。

（3）理解表单区域、表单元素 ID 的概念。

任务实施

活动一 表单及表单元素的创建

【活动描述】

了解表单及表单元素的创建方法，了解常见表单元素的名称及在 Dreamweaver 中对应的命令，理解表单区域、表单元素 ID 的概念。

【操作步骤】

步骤 1. 打开 Dreamweaver 并新建一页 HTML 网页，如图 9-1 所示，保存并命名为“9-1-1.html”。

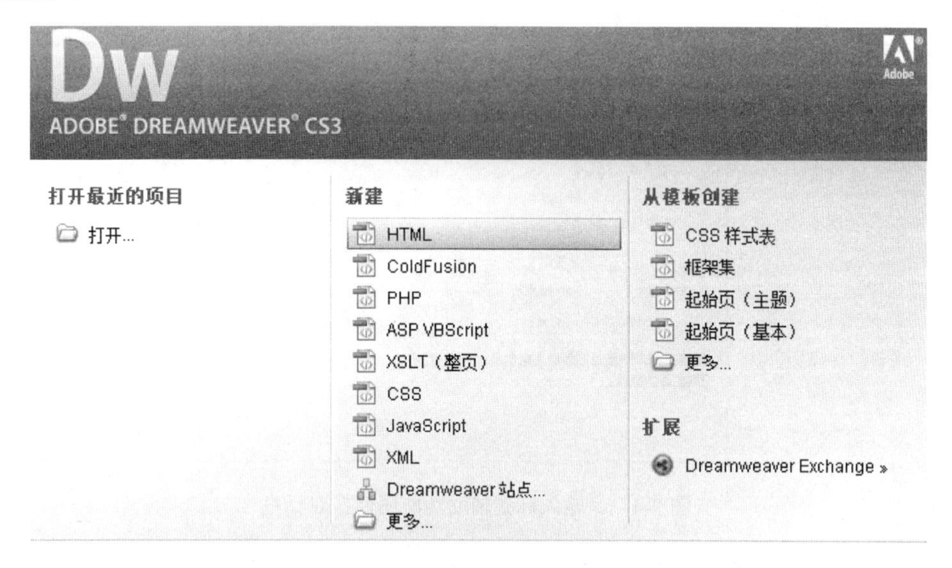

图 9-1 新建 HTML 网页

步骤 2. 创建表单区域。

（1）选择菜单栏中的表单选项卡，如图 9-2 所示。

图 9-2 表单选项卡

（2）在表单选项卡下就是常用的表单元素，从左到右依次为表单、文本字段、隐藏域、文本区域、复选框、单选按钮、单选按钮组、列表/菜单、跳转菜单、图像域、文件域、按钮、标签和字段集，最后 4 个为 Spry 常用构件，我们在下一个任务中再给大家详细讲解。

（3）单击“表单”按钮，创建一个表单区域，表单区域在 Dreamweaver 网页制作过程中显示为一个红色虚线框，但在浏览网页时表单区域是隐藏的，如图 9-3 所示。

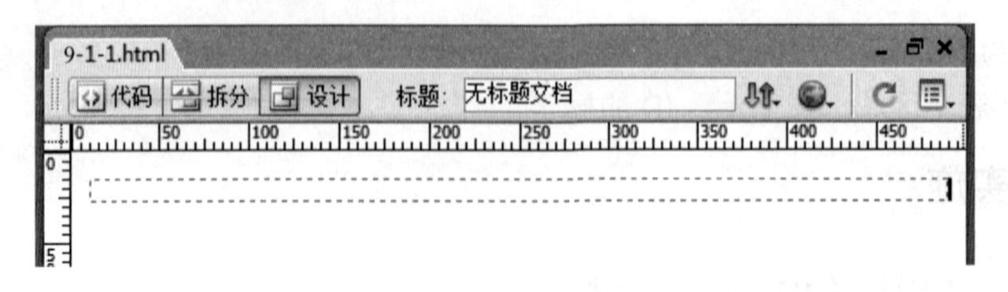

图 9-3　空白表单区域

步骤 3．创建文本字段表单元素。

（1）将光标调整至表单区域内部，单击文本字段元素来创建文本字段，在弹出的“输入标签辅助功能属性”对话框中输入该构件的 ID 为“num1”和标签文字为“请输入一个数字”，如图 9-4 所示。

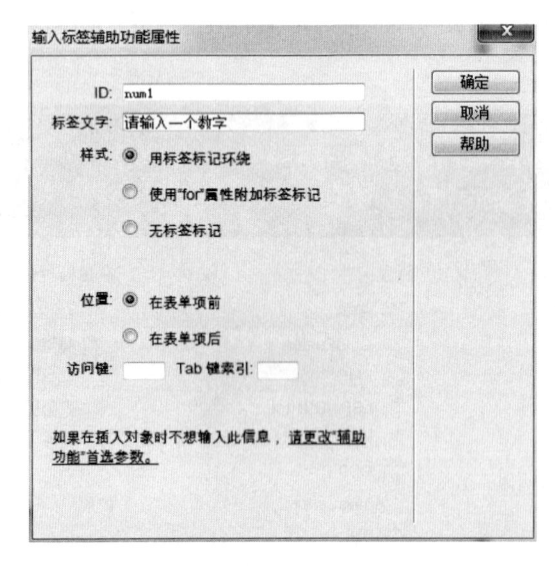

图 9-4　“输入标签辅助功能属性”对话框

（2）接着单击“确定”按钮，将会在光标处建立一个文本字段元素，如图 9-5 所示。

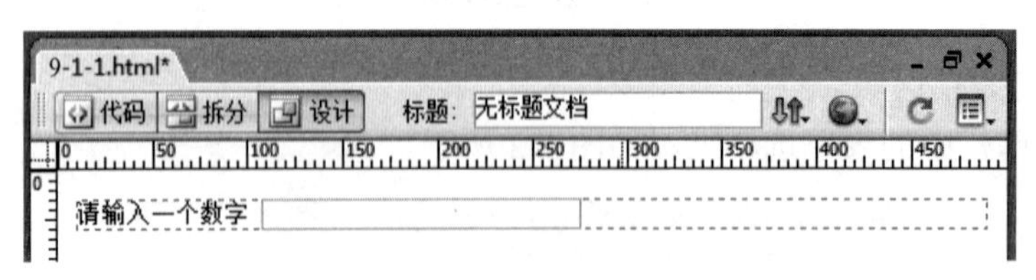

图 9-5　文本字段元素

（3）点选新建的文本字段，会在下方出现其属性窗口，可以调整文本字段的属性，如图 9-6 所示。

图 9-6　文本字段元素的属性窗口

● 字符宽度：指定文本字段的宽度。

● 最多字符数：指定在该文本字段中可以输入的最多字符数。

● 类型：包括“单行”“多行”和“密码”，如果是“密码”类型，则用户输入内容以“*”显示。

● 初始值：指定在首次载入表单时文本字段中显示的内容。

步骤 4．创建文本域表单元素。

（1）在表单中的第 2 行创建一个文本域元素，方法和创建文本字段元素一样，输入该文本域的 ID 为“num2”，标签文字为“发表回复内容”，单击确认后同样会在表单中生成一个新的表单元素文本域，如图 9-7 所示。

图 9-7 文本域元素

（2）点选新建的文本域，会在下方出现其属性窗口，可以调整文本域的属性，如图 9-8 所示。

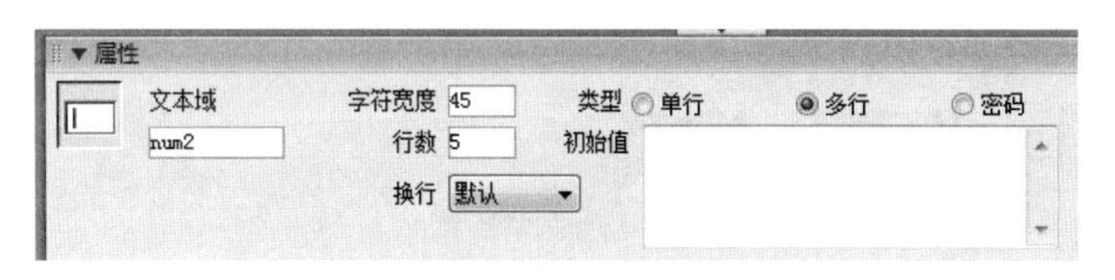

图 9-8 文本域元素的属性窗口

可以发现文本域的属性和文本字段基本相同，文本区域可以通过其“行数”属性指定文本区域显示的长度。

步骤 5．创建其他常见表单元素，并查看它们的属性特点。

（1）用同样的方法创建一个复选框，并查看它的属性窗口，如图 9-9 所示。

图 9-9 复选框元素的属性窗口

● 选定值：设置在该复选框选定时发送给服务器的值。

● 初始状态：指定在浏览器载入时该复选框是否被选中。

（2）创建一个单选按钮，并查看它的属性窗口。

可以看到单选按钮和复选框的属性是一样的，单选按钮一般有多个选项让用户选择其中之一，也就是说多个单选按钮中用户只能选择一个，要想实现这一效果，那么这些单选按钮就必须是一组按钮，他们的名称就必须一致。具体事例可参考下一个活动。

（3）创建“单选按钮组”，如图 9-10 所示。

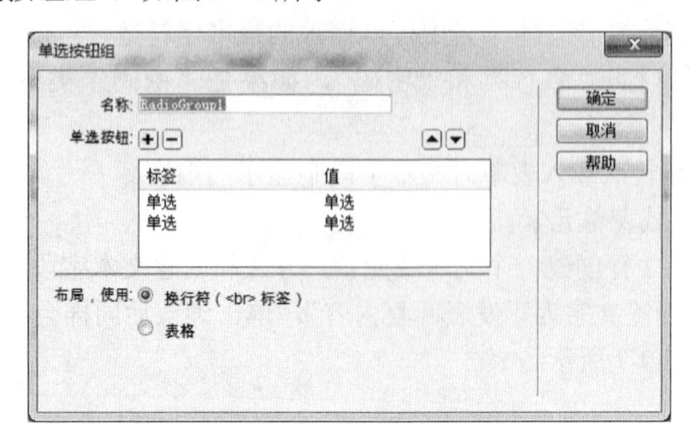

图 9-10　创建“单选按钮组”

单个的插入单选按钮在候选项较多的时候显得比较麻烦，Dreamweaver 提供了插入“单选按钮组”的功能，可以一次性插入多个单选按钮。

- 名称：用来设置单选按钮组的名称。
- 单选按钮：用来增加或删除单选按钮候选项。
- 布局，使用：指定了单选按钮的布局方式。

（4）创建列表/菜单，并查看它的属性窗口。

图 9-11　列表/菜单元素的属性窗口

- 类型：可以选择指定该菜单是单击时下拉的菜单（“菜单”选项），还是显示一个列有项目的可滚动列表（“列表”选项）。
- 高度：用来设置列表中显示的项数，该属性值只有在“列表”类型中才有效。
- 选定范围：指定用户是否可以从列表中选择多个项，该属性值只有在“列表”类型中才有效。
- 列表值：单击该按钮将弹出“列表值”对话框，用于添加和删除列表的选项，其中“项目标签”指用户看到的列表项目的文本，“值”指的是该项目所要传递给处理页面的信息，如图 9-12 所示。

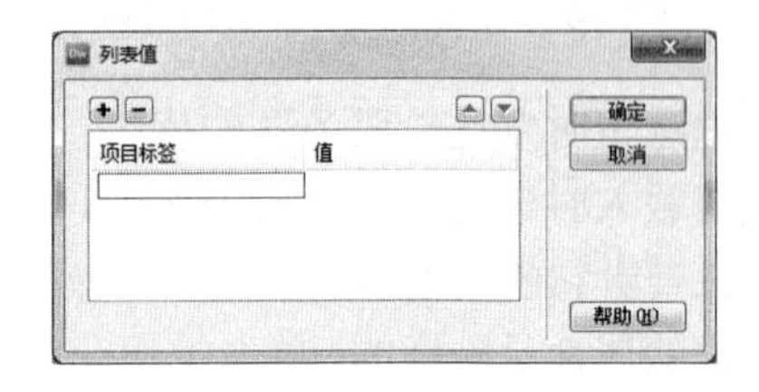

图 9-12　“列表值”对话框

- 初始化时选定：用来设置表单首次被载入时，该菜单/列表中哪个值将被选定。

（5）创建按钮，并查看它的属性窗口，如图 9-13 所示。

图 9-13　按钮元素的属性窗口

- 值：确定按钮上显示的文本，它和按钮的名称是有区别的。
- 动作：确定单击该按钮时发生的操作，分别有“提交表单”“重设表单”和“无”。若选择“提交表单”，就会将当前表单区域内所有数据提交到服务器处理；若选择“重设表单”，则单击后将复原所有表单对象的值；若选择“无”，则该按钮为普通按钮，通过添加脚本语言可以实现不同的功能。

及时充电

（1）表单区域就是一个表单的范围，一页网页中可以有多个表单，每个表单都有其区域范围，当用户提交表单时就会提交该表单区域内的所有数据给服务器。各种表单元素都必须在表单区域中使用，所以制作表单时应首先插入表单区域，然后在表单区域中插入各种表单元素。

（2）表单元素的 ID 具有标识表单元素的作用，简单地理解就是元素的名字，其实表单元素还拥有 name 属性，它和 ID 类似，都是方便对其进行调用而设置的。需要强调的是在创建表单元素时指定的 ID，则同时指定了该元素的 name 属性与 ID 相同，如何查看及修改元素的 ID、name 属性，以及如何对其进行调用我们会在后面的项目中为大家讲解。

活动二　制作用户注册表单页

【活动描述】

以用户注册表单为实例，使学生了解表单的完整制作方法。

【操作步骤】

步骤 1．打开 Dreamweaver 并新建一页 HTML 网页，保存并命名为“9-1-2.html”。

步骤 2．创建一个表单区域，并在表单区域中加入用于排版的表格，表格为 13 行、2 列，宽为 400 像素，边框为 0 像素，如图 9-14 所示。

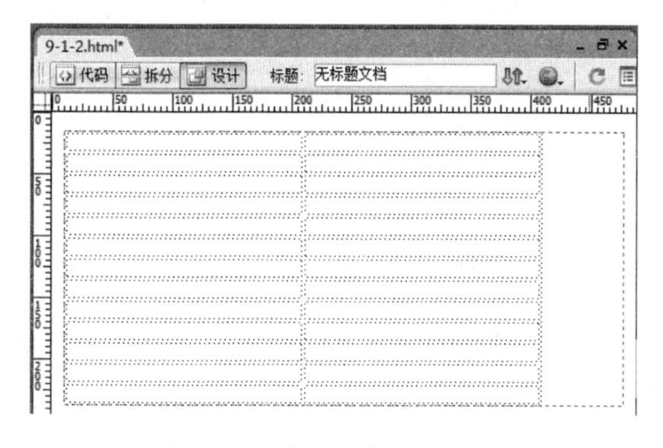

图 9-14　使用表格进行排版

步骤 3．制作表单的头部信息，如图 9-15 所示。

（1）将表格第 1 行合并，输入文字“新用户注册”，并使文字居中对齐，修改文字大小为“24”，文字颜色为“#000099”。

（2）将表格第 2 行合并，输入文字“欢迎您注册我们的网站，请填写您的个人信息！”，并使文字居中对齐。

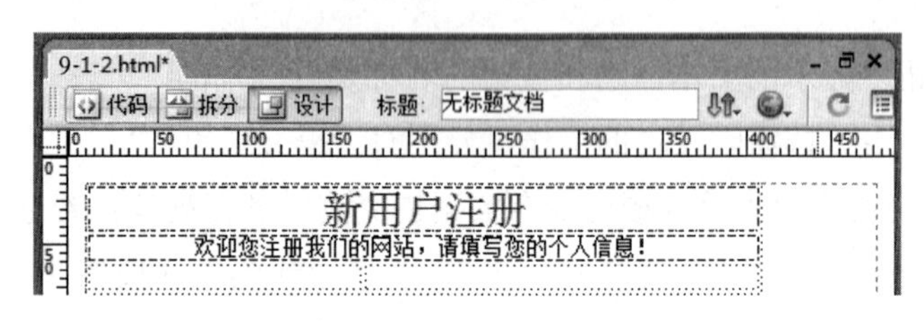

图 9-15　制作表单的头部信息

步骤 4．在第 3 行第 1 列中输入“用户名：”，第 2 列中插入 1 个文本字段，并设置该字段的初始值为“长度为 5～10 个字符”。

步骤 5．在第 4 行第 1 列中输入“登录密码：”，第 2 列中插入 1 个文本字段，并设置该字段的类型为“密码”，在第 5 行第 1 列输入“重复输入密码：”，第 2 列中同样插入 1 个文本字段，并设置该字段的类型也为“密码”，如图 9-16 所示。

图 9-16　密码和重复密码字段的属性设置

步骤 6．插入单选按钮组。

（1）在第 6 行第 1 列中输入“性别：”，在第 2 列中插入单选按钮组，设置如图 9-17 所示。

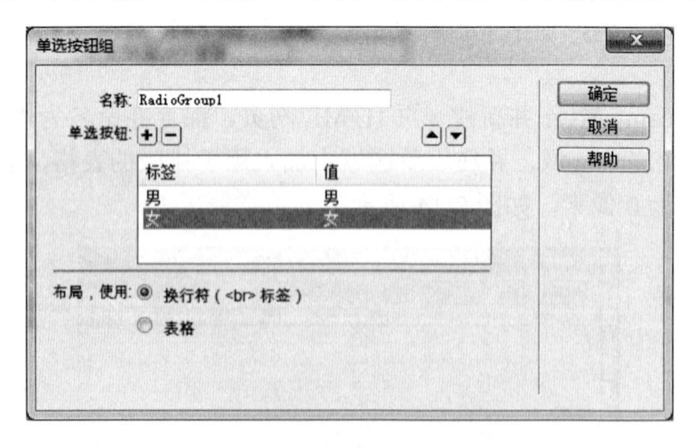

图 9-17　单选按钮组的设置

（2）将第 2 列中“男”“女”对应的文字换成图像并调整为 1 行显示，如图 9-18 所示。素材在本项目下的 img 文件夹中。

图 9-18　用图像替代文字

步骤 7. 在第 7 行第 1 列中输入“文化程度：”，第 2 列中插入列表/菜单，设置其类型为“菜单”，列表值如图 9-19 所示。

步骤 8. 在第 8 行第 1 列中输入“职业：”，第 2 列中插入列表/菜单，设置其类型为“列表”，高度为“2”，列表值如图 9-20 所示。

图 9-19　“文化程度”列表值的设置

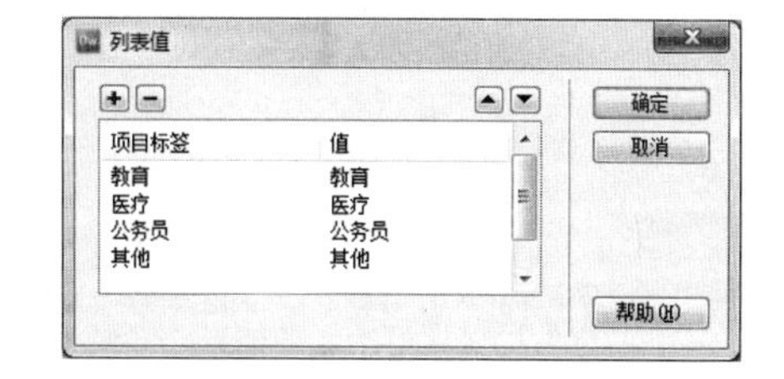

图 9-20　“职业”列表值的设置

步骤 9. 在第 9 行第 1 列中输入“E-mail：”，第 2 列中插入文本字段，在第 10 行第 1 列中输入“年龄：”，第 2 列中也插入文本字段。

步骤 10. 插入复选框。

（1）在第 11 行第 1 列中输入“你的爱好：”，第 2 列中分别输入读书、上网、旅游、游戏等文字，接着分别在各选取项前面插入复选框。

（2）分别选取复选框，在其属性面板中的“选定值”文本框中也依次输入“读书”“上网”“旅游”“游戏”，初始状态均为“未选中”。

图 9-21　复选框属性设置

步骤 11. 在第 12 行第 1 列中输入“个性签名：”，第 2 列中插入文本区域，字符宽度为 30，行数为 3，如图 9-22 所示。

图 9-22　文本域属性设置

步骤 12. 在第 13 行第 2 列中插入两个按钮，分别设置其属性“动作”为提交表单和重设表单，如图 9-23 所示。

图 9-23　按钮属性设置

步骤 13．保存网页，并用浏览器运行页面，显示效果如图 9-24 所示。至此我们的用户注册表单页就完成了。

新用户注册

欢迎您注册我们的网站，请填写您的个人信息！

用户名： 长度为5～10个字符

登录密码：

重复输入密码：

性别：

文化程度： 初中以下

职业： 教育 医疗 公务员 其他

E-mail：

年龄：

你的爱好： 读书 上网 旅游 游戏

个性签名：

提交 重置

图 9-24　浏览器显示的用户表单注册页

及时充电

在按下表单“提交”按钮后，会将表单区域内所收集到的数据传送给服务器，再由服务器对用户提交的数据进行处理，提交与处理数据的内容涉及脚本语言的知识，我们将在后续项目中为大家讲解。

任务二　使用 Spry 构件验证表单

任务描述

（1）知道表单验证的必要性。

（2）了解 Spry 构件的基本用途。

（3）会使用常见的 Spry 构件对表单进行客户端验证。

（4）了解表单客户端验证和服务器端验证的区别。

任务实施

活动一　使用 Spry 构件验证文本域

【活动描述】

细心的同学已经发现，之前创建的表单还有很多缺陷，如无法验证用户名的长度、E-mail 的格式、数字的格式等。本活动将带领大家了解表单验证的必要性，了解 Spry 构件的名称及在 Dreamweaver 中对应的命令，以及如何使用 Spry 构件验证文本域。

【操作步骤】

步骤 1．打开 Dreamweaver 并新建一页 HTML 网页，保存并命名为“9-2-1.html”。

步骤 2．单击表单工具栏“表单”按钮，创建一个空白表单区域。

步骤 3．位于表单工具栏最右边的 4 个按钮就是 Spry 用于验证表单的构件，如图 9-25 所示。在“Spry”工具栏下面也可以找到这 4 个验证构件，或是使用“插入记录”菜单中的“Spry”选项也可以找到。

如图 9-25 所示，它们从左到右分别是 Spry 验证文本域、Spry 验证文本区域、Spry 验证复选框和 Spry 验证选择。

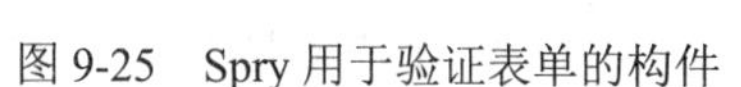

图 9-25 Spry 用于验证表单的构件

步骤 4．用 Spry 验证文本域限制用户输入的字符个数。

（1）将光标移入表单区域内，输入“用户名（6～10 个字符）:”，并在其后插入一个 Spry 验证文本域（在弹出的“输入标签辅助功能属性”对话框中可以填入 ID 及标签文字，此处不必填写，直接确定即可）。将鼠标移入 Spry 验证文本域会出现蓝色背景选项卡，点此选项卡即可编辑 Spry 验证，如图 9-26 和图 9-27 所示。

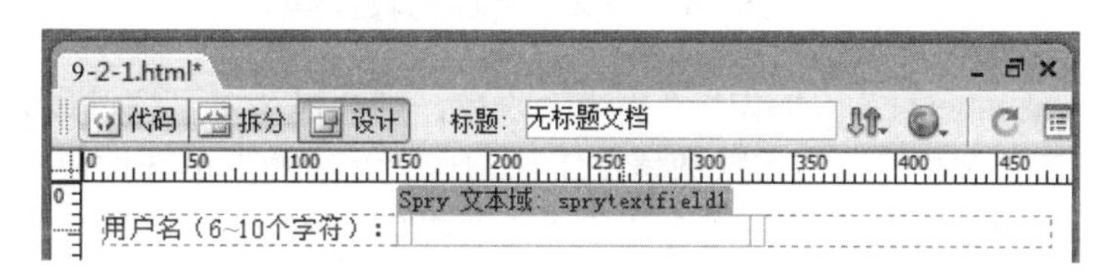

图 9-26 Spry 验证文本域

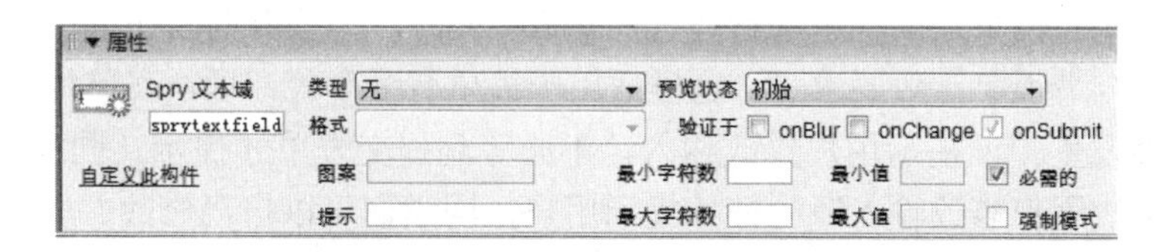

图 9-27 Spry 验证文本域的属性窗口

- 类型：可以对文本域进行不同的验证，如数字、邮箱或日期等。
- 预览状态：设置不同状态下用于提示用户的文字信息，提示文字用于帮助用户修改输入。
- 验证于：有 3 个复选框，用来指定验证发生的时间，可以设置验证发生的时间，包括站点访问者在构件外部单击时、输入内容时或尝试提交表单时。

“onBlur”（模糊）：选中该复选框后，当用户在文本域的外部单击时进行验证。

“onChange”（更改）：选中该复选框后，当用户更改文本域中的文本时进行验证。

“onSubmit”（提交）：选中该复选框后，当用户尝试提交表单时进行验证。

- 最小字符数和最大字符数：设置文本域所包含的字符数。
- 最小值和最大值：设置数字类型文本值的大小范围。
- 强制模式：选中它后，即可进入强制模式，此时可以禁止用户在验证文本域构件中输入无效字符。例如，如果在设置“整数”验证类型的情况下，当用户尝试键入字母时，文本域中将不显示任何内容。
- 必需的：设置文本域不能为空。

（2）选择 Spry 构件，在其下方出现的属性面板中设置最小字符数为 6，最大字符数为 10，同时可以注意到预览状态会自动发生变化，且 Spry 验证文本域的后方会出现提示文字，我们也可以修改出现的提示文字，如图 9-28 所示。

图 9-28　Spry 验证文本域限制字符数属性设置

（3）在表单区域内换行并插入一个用于提交表单的按钮。

（4）保存并浏览网页，我们来进行验证，输入“abc”，再单击“提交”表单，则会出现提示信息“不符合最小字符数要求。”，并且阻止了表单的传递，如图 9-29 所示。

用户名（6~10个字符）： abc 不符合最小字符数要求。

提交

图 9-29　验证文本域限制字符数效果

再次输入“abcabcabcabc”，再单击“提交”表单，则会提示“已超过最大字符数”。

由于 Spry 验证文本域其属性在默认情况下已勾选“必需的”单选按钮，则此时如果不输入任何字符，单击“提交”表单，依然会提示“需要提供一个值”。

步骤 5．修改验证发生的时间。

（1）选择该 Spry 验证文本域，在其属性窗口找到“验证于”选项，勾选“onBlur”复选框。

（2）保存并浏览网页，我们来进行验证，输入“abc”，再单击页面任意空白处，则会出现提示信息“不符合最小字符数要求。”，这样适用于表单有多个验证项，表单每输入完一项，移至下一项时便会发生验证提示用户修改输入，不必等到提交表单才提示。同样，“onChange”复选框则用于每次用户修改输入时验证并提示用户，同学们可以自己修改并验证效果。

步骤 6．用 Spry 验证文本域限制数字范围。

（1）在表单区域内“提交按钮”前另起一行输入“年龄（1～99）:”，并在其后插入一个 Spry 验证文本域，如图 9-30 所示。

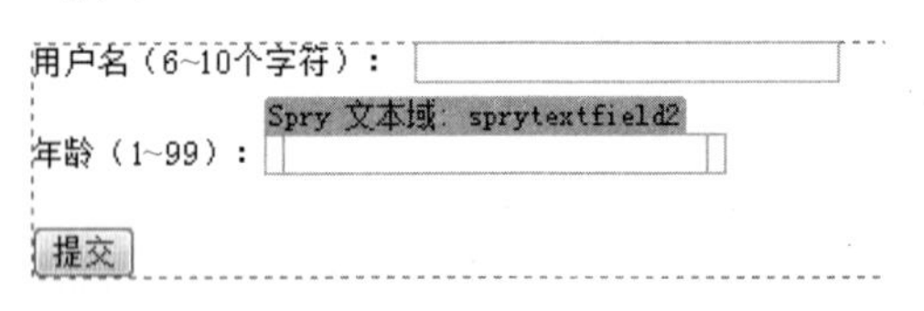

图 9-30　添加 Spry 验证文本域用于限制数字范围

（2）编辑此 Spry 构件，设置其类型为“整数”，最小值为“1”，最大值为“99”， 并勾选“onChange”复选框，如图 9-31 所示。

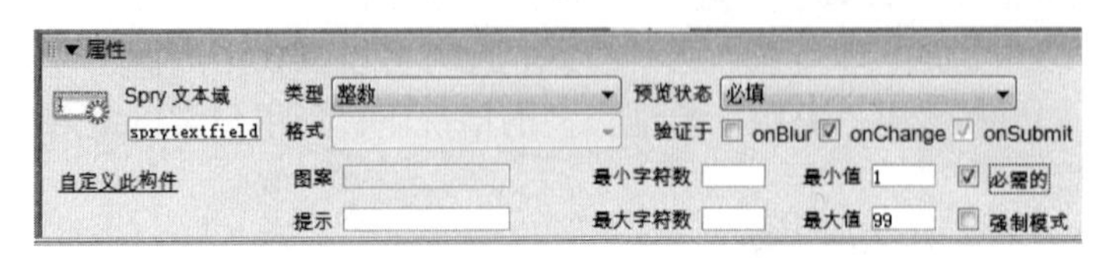

图 9-31　验证文本域限制数字范围属性设置

（3）保存并浏览网页，我们来进行验证，输入“0”，则会提示“输入值小于所需的最小值。”，输入“100”，则会提示“输入值大于所允许的最大值。”，如图 9-32 所示。

年龄（1~99）： 100 输入值大于所允许的最大值。

提交

图 9-32　验证文本域限制数字范围效果

步骤 7．修改验证提示文字。

（1）单击我们刚刚建立的 Spry 验证文本域，将其属性预览状态调整为“大于最大值”，则在网页编辑区会出现提示文字。

（2）修改提示文字为“最大为 99。”。

（3）保存并浏览网页，我们来进行验证，同样输入“100”，则会提示“最大为 99。”，我们还可以对其他状态的提示信息进行修改，包括初始、必填、无效格式、大于最小值、小于最大值、有效等状态，如图 9-33 所示。

年龄（1~99）： 100 最大为99。

提交

图 9-33　修改验证提示文字

步骤 8．用 Spry 验证文本域限制电子邮件地址格式。

（1）在表单区域内“提交按钮”前另起一行，输入“E-mail:”，并在其后插入一个 Spry 验证文本域，如图 9-34 所示。

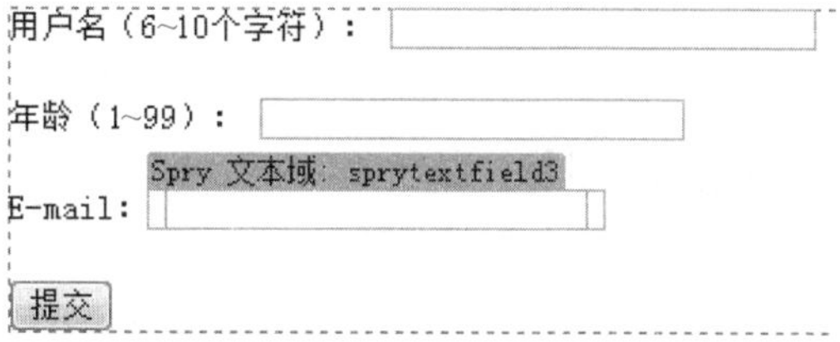

用户名（6~10个字符）：

年龄（1~99）：

Spry 文本域: sprytextfield3

E-mail:

提交

图 9-34　添加 Spry 验证文本域用于限制电子邮件地址格式

（2）编辑此 Spry 构件，设置其类型为“电子邮件地址”，并勾选“onChange”，此类型的 Spry 验证文本域会自动验证用户输入的文本中是否包含电子邮件地址格式“@”和“.”，如图 9-35 所示。

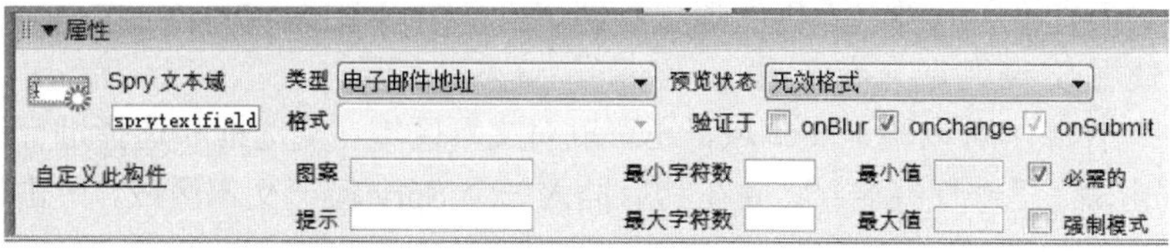

▼属性

Spry 文本域　sprytextfield　自定义此构件

类型 电子邮件地址　预览状态 无效格式

格式　验证于 onBlur onChange onSubmit

图案　最小字符数　最小值　必需的

提示　最大字符数　最大值　强制模式

图 9-35　验证文本域限制电子邮件地址格式属性设置

（3）保存并浏览网页，我们来进行验证，分别输入“abc”“abc@”“abc@123.com”，如图 9-36 所示。前两次输入会提示“格式无效。”，最后一次输入则文本域底色变绿，代表输入正确，如图 9-37 所示。

E-mail：abc@123.com

提交

图 9-36　验证文本域限制电子邮件地址格式效果

图 9-37　Spry 验证文本域的类型

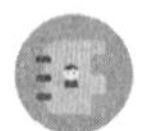

及时充电

（1）Spry 构件是预置的常用用户界面组件，是一个网页页面元素，这些构件包括具有验证功能的表单元素、折叠构件和选项卡式界面等。保存含有 Spry 构件的网页时，与网页内所插入的构件相关联的 CSS 文件和 JavaScript 文件，会自动根据该构件命名保存在网页所在文件夹内的“SpryAssets”文件夹（自动生成的）中。

（2）选择和编辑 Spry 构件：将鼠标指针移到构件之上，会在构件的左上角显示蓝色背景的选项卡，单击构件左上角中的构件选项卡，即可选中该 Spry 构件。此时，属性栏会自动切换到该 Spry 构件的属性栏。利用 Spry 构件的属性栏可以编辑该 Spry 构件。

（3）Spry 验证文本域还可以对多种类型的文本进行验证，请同学们自己尝试其他类型文本的验证效果。

活动二　Spry 构件验证的延伸与局限

【活动描述】

本活动继续带领大家完成 Spry 构件验证文本区域、复选框和选择，同时使同学们了解 Spry 验证的局限性、客户端验证和服务器验证的区别，在活动最后还带领大家一同探索验证密码一致性的简单实现方法。

【操作步骤】

步骤 1．打开 Dreamweaver 并新建一页 HTML 网页，保存并命名为“9-2-2.html”。

步骤 2．单击表单工具栏“表单”按钮，创建一个空白表单区域。

步骤 3．使用 Spry 验证文本区域。

（1）Spry 构件除了可以验证文本域，还可以对文本区域、复选框和选择进行验证，下面我们在表单区域内输入“个性签名：”，并在其后插入一个 Spry 验证文本区域，单击该 Spry 构件，查看其属性窗口，如图 9-38 所示。

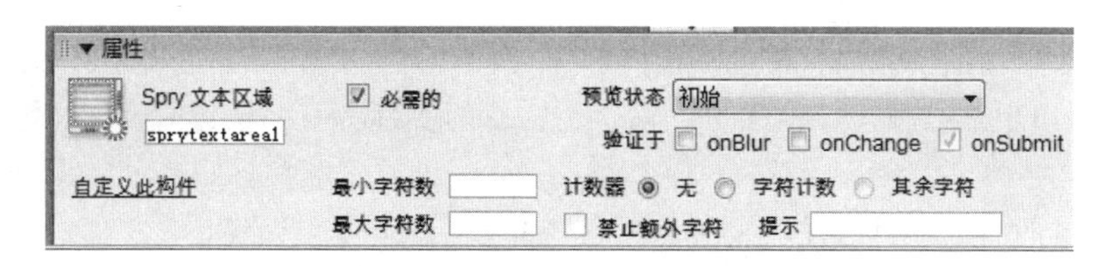

图 9-38 Spry 验证文本区域的属性窗口

可以看到，Spry 验证文本区域与 Spry 验证文本域有很多相似的地方，但也有不同之处。

● 计数器：该选项组有 3 个单选按钮，选中“无”单选按钮，不添加字符计数器；选中“字符计数”单选按钮，可以添加字符计数器，当用户在文本区域中输入文本时可以显示已经输入的字符个数。默认情况下，添加的字符计数器会出现在构件的右下角。只有填写了最大字符数时，“其余字符”单选按钮才有效。此时也可以添加字符计数器，当用户在文本区域中输入文本时还可以显示输入的字符个数。

● 禁止额外字符：选中该复选框后，如果输入的字符个数超过“最大字符数”文本框中的数值，则停止在“Spry 验证文本区域”Spry 构件文本框内输入字符。

（2）勾选“onChange”复选框，最大字符数设置为“50”，计数器选择“其余字符”，并勾选“禁止额外字符”。

（3）保存并浏览网页，我们来进行验证，输入“123456789abc”，可以看到随着输入，右边的计数器会逐渐减少，最后显示为“38”，如图 9-39 所示。

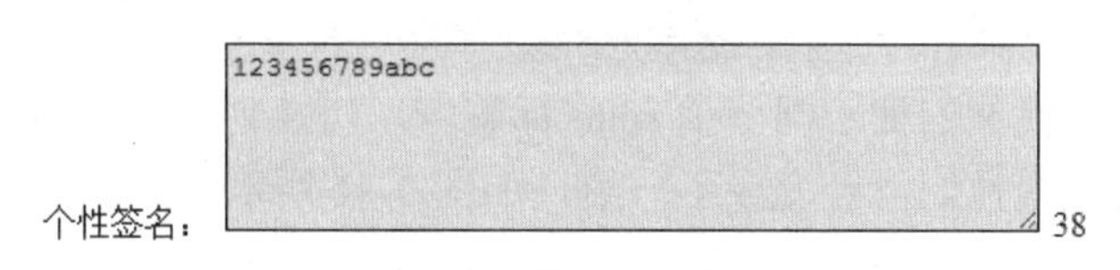

图 9-39 Spry 验证文本区域的效果

（4）继续输入，直到输入字符达到 50 个，计数器则显示为“0”，由于我们勾选了“禁止额外字符”，则无法继续输入。

步骤 4．使用 Spry 验证复选框。

（1）在表单区域内另起 1 行，输入“选择您的爱好：”，并在其后插入 5 个 Spry 验证复选框，标签分别为：骑马、游泳、书法、唱歌和足球，可以发现这 5 个 Spry 构件各自拥有自己的属性窗口，如图 9-40 所示。

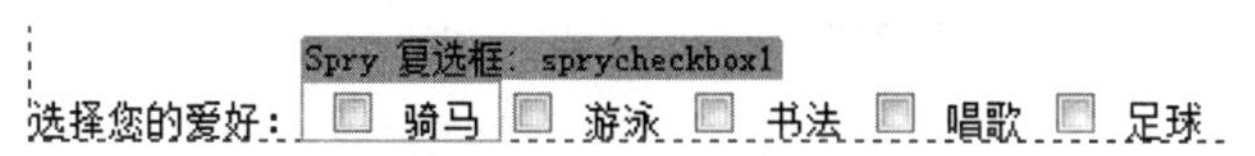

图 9-40 插入 5 个 Spry 验证复选框

（2）我们需要修改一下这 5 个 Spry 验证复选框，使他们处于一个组内，即只有一个属性窗口。方法有多种，我们只介绍其中一种，切换到代码视图，找到这 5 个复选框的代码，删除每个复选框中间的代码，以前两个复选框中间代码为例，如代码 9-1 所示，删除第 2～4 行加底纹代码 9-1 显示部分。

代码 9-1

```
<input type="checkbox" name="checkbox1" id="checkbox1" />骑马</label>
```

```
<span class="checkboxMinSelectionsMsg">不符合最小选择数要求。</span><span class="checkboxMaxSelectionsMsg">已超过最大选择数。</span> </span><span id="sprycheckbox2">
<label>
<input type="checkbox" name="checkbox2" id="checkbox2" />游泳</label>
```

删除完成后的最终代码如代码 9-2 所示。

代码 9-2

```
<p>选择您的爱好：<span id="sprycheckbox1">
<label>
<input type="checkbox" name="checkbox1" id="checkbox1" />骑马</label>
<label>
<input type="checkbox" name="checkbox2" id="checkbox2" />游泳</label>
<label>
<input type="checkbox" name="checkbox3" id="checkbox3" />书法</label>
<label>
<input type="checkbox" name="checkbox4" id="checkbox4" />唱歌</label>
<label>
<input type="checkbox" name="checkbox5" id="checkbox5" />足球</label>
<span class="checkboxMinSelectionsMsg">不符合最小选择数要求。</span><span class="checkboxMaxSelectionsMsg">已超过最大选择数。</span> </span></p>
```

这样修改的目的是使他们处于同一个 span 标签内，切换到设计视图，再次选择 Spry 验证复选框的属性时，会发现他们已经变成了一组，如图 9-41 所示。

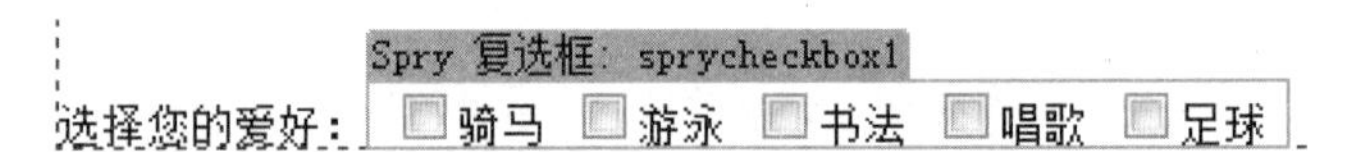

图 9-41　插入的 5 个 Spry 验证复选框变成一组

（3）选择 Spry 复选框，查看其属性窗口，如图 9-42 所示。

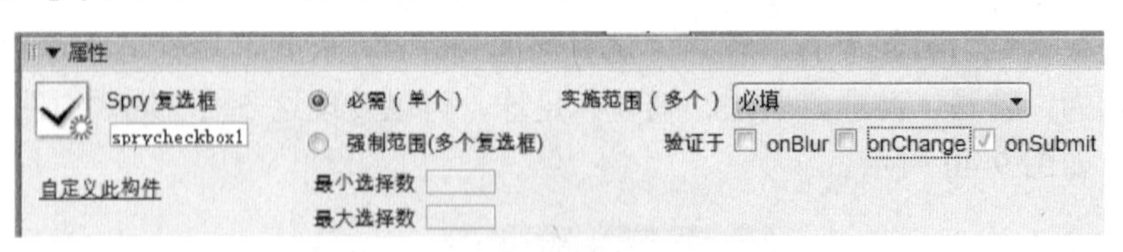

图 9-42　Spry 验证复选框的属性窗口

- 实施范围（多个）：有“初始”和“必填”两个选项。如果选中“初始”选项，则在“Spry 验证复选框”Spry 构件后边不会显示信息，如果选中“必填”选项，则在“Spry 验证复选框”Spry 构件右边显示“请进行选择”。
- 必需（单个）：选中该单选按钮后，只对是否选择了一个复选框进行验证控制，如果一个复选框都没有选中，则显示“请进行选择”。
- 强制范围（多个复选框）：选中该单选按钮后，其下边的“最小选择数”和“最大选择数”文本框变为有效。如果在“最小选择数”文本框内输入一个数值，则“预览状态”下拉列表框内会增加“未达到最小选择数”选项。当用户选择的复选框数小于“最小选择数”文本框中输入的数值时，会在 Spry 构件后边显示“不符合最小选择数要求。”，如果在“最大选择数”文本框内输入一个数值，则“预览状态”下拉列表框内会增加“已超过最大选择数。”选项。当用户选择的复选框数大于“最大选择数”文本框中输入的数值时，会在 Spry 构件后边显示“已超过最大选择数。”

（4）设置属性，选择“强制范围（多个复选框）”，最小选择数为“1”，最大选择数为“3”，且勾选“onChange”。

（5）保存并浏览网页，我们来进行验证，选择“骑马”，再取消选择，则会提示“不符合最小选择数要求。”，任意选择 4 个，则会提示“已超过最大选择数。”，如图 9-43 所示。

选择爱好（1~3个）： ☑骑马 ☑游泳 ☑书法 ☑唱歌 ☐足球 已超过最大选择数。

图 9-43　Spry 验证复选框的效果

步骤 4．使用 Spry 验证选择。

（1）在表单区域内另起一行，输入“文化程度：”，并在其后插入一个 Spry 验证选择。

（2）选择该表单元素（注意不是选择 Spry 验证选择），调整其属性，类型为“菜单”，“列表”值如图 9-44 所示。

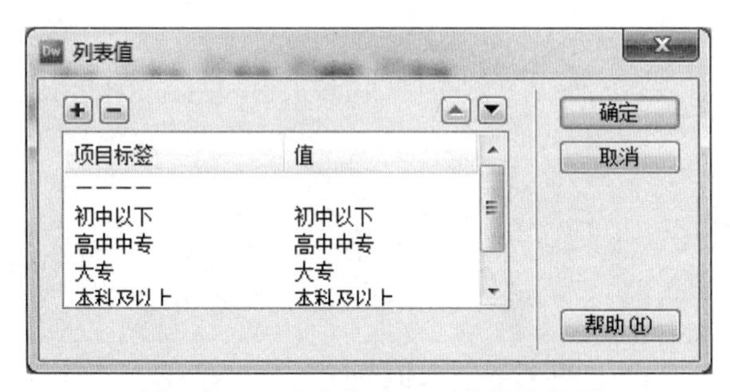

图 9-44　“文化程度”列表值的设置

（3）选择 Spry 验证选择，查看其属性窗口，如图 9-45 所示。

图 9-45　Spry 验证选择的属性窗口

- 空值：选中该复选框后，在“预览状态”下拉列表框中选择“必填”选项，则在设计状态和选中列表框内的无值选项（即在“列表值”对话框内只设置了项目标签，没有设置对应的值）时，在列表框右边提示信息“请选择一个项目。”。

- 无效值：选中该复选框后，在其右边输入一个数值，则设置了其值为该数值的项目标签为无效选项。

（4）设置属性，选择“空值”，且勾选“onChange”。

（5）保存并浏览网页，我们来进行验证，选择“——”，则会提示“请选择一个项目。”，如图 9-46 所示，因为我们没有为列表项“——”设定对应的值。

学历： —— 请选择一个项目。

图 9-46　Spry 验证选择的效果

步骤 5. 探索验证密码一致性的简单实现方法。

（1）在表单区域内另起一行，输入“密码:”，并在其后插入一个文本字段，ID 设置为“pw1”，在第 2 行输入“重复密码:”，并在其后再插入一个文本字段，ID 设置为“pw2”。

（2）调整两个文本字段的类型为“密码”。

（3）调整到拆分视图，找到第 2 个文本字段对应的代码，如代码 9-3 所示。

代码 9-3

```
<input type="password" name="pw2" id="pw2" />
```

（4）修改相应的代码，为该文本字段添加一个失去焦点时触发的行为（函数），如代码 9-4 所示。

代码 9-4

```
<input type="password" name="pw2" id="pw2" onblur="checksame()" />
```

此段代码是指当该文本字段失去焦点时，执行名字为 checksame 的函数。

（5）编写用于验证密码一致性的函数 checksame，在代码视图中，在<head></head>标签内增加如代码 9-5 所示的代码段。

代码 9-5

```
<script>
function checksame()
{
if (document.getElementById("pw1").value!=document.getElementById("pw2").value)
  {
  alert("两次密码不一致！");
  }
}
</script>
```

此段代码为判断 ID 为 pw1 的文本字段值与 ID 为 pw2 的文本字段值是否一致，如果不一致，则弹出“来自网页的提示信息”对话框，显示“两次密码不一致!”。

（6）保存并浏览网页，我们来进行验证，在密码文本字段中输入“123”，在重复密码文本字段中输入“456”，单击页面任意空白处，会弹出对话框，显示“两次密码不一致!”，如图 9-47 所示。修改重复密码文本字段为“123”，再次单击页面任意空白处，则不弹出对话框。

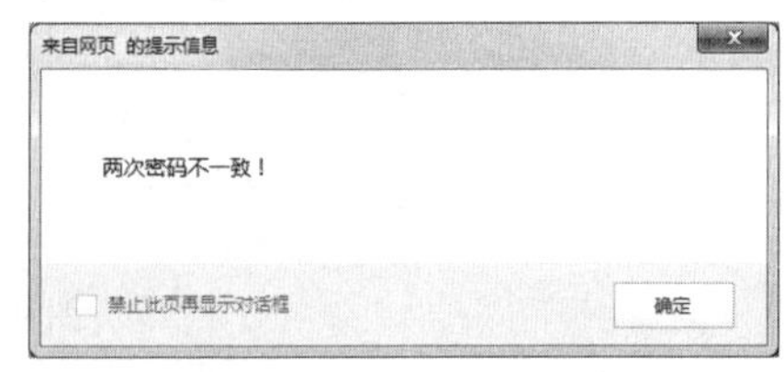

图 9-47　验证密码一致性的效果

及时充电

（1）之前我们对表单的字符数、数值、格式、文本区域、复选框和选择进行了验证，这已经包括了表单验证的绝大部分，然而细心的同学会发现仍然有些验证无法实现，比如用户名是否重复、重复密码是否一致等。用户名是否重复需要对比服务器数据库中的数据，这样的验证我们称之为服务器验证，这是 Spry 无法实现的。而之前我们学过的那些验证都不需要与服务器交换数据，属于客户端验证，服务器验证不在本书教授范围。两次输入密码是否一致的验证，跨越了两个表单元素的验证，利用 Spry 也无法实现，但我们可以通过简单的脚本语言实现相同的效果。

（2）我们利用 JavaScript 脚本语言实现了验证密码一致性的问题，这只是实现该效果的方法之一，JavaScript 脚本语言还可以完成很多复杂的效果，有兴趣的同学可以多探索、多研究。

项目评价

项目评价标准

等级	等级说明	评价
一级任务	能自主完成项目所要求的学习任务	合格（不能完成任务定为不合格等级）
二级任务	能自主、高质量地完成拓展学习任务	良好
三级任务	能自主、高质量地完成拓展学习任务并能帮助别人解决问题	优秀

项目评价表

项目	评价内容	分值	评分				所占价值	项目得分
			自评（30%）	组评（40%）	师评（30%）	得分		
职业能力	表单区域的创建	5					60%	
	文本字段、文本区域的创建	10						
	复选框的创建	10						
	单选按钮的创建	10						
	列表/菜单的创建	10						
	按钮的创建	10						
	使用 Spry 验证文本域	10						
	使用 Spry 验证文本区域	10						
	使用 Spry 验证复选框	10						
	使用 Spry 验证选择	10						
	实现密码一致性的验证	5						
	合计	100						
通用能力	与人合作能力	20					40%	
	沟通能力	10						
	组织能力	10						
	活动能力	10						
	自主解决问题的能力	20						
	自我提高能力	10						
	创新能力	20						
	合计	100						

项目总结

本项目介绍了创建以及验证表单的相关知识；学习了表单区域及常见表单元素的创建方法；通过制作用户注册表单实例，了解表单创建的流程及相关技巧；进一步学习了 Spry 构件用于验证表单的常用方法；并了解了利用 JavaScript 实现密码一致性验证的方法。

项目拓展

（1）任务一：熟练掌握项目九中的任务。

（2）任务二：用常见表单元素制作一个用户信息采集页，效果如图 9-48 所示。（头像在 img 文件夹下）

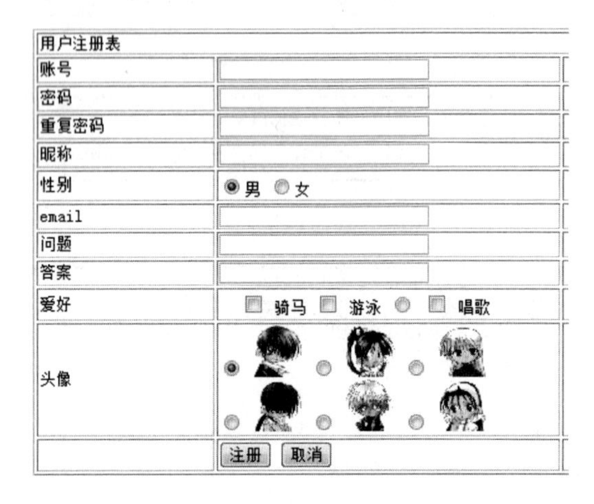

图 9-48　一个注册表单的实例

（3）任务三：用 Spry 构件替换上述任务的部分表单元素，完成相应的验证功能。

利用 HTML 语言编写静态网站

项目目标

了解网页的基本架构。

掌握 HTML4.0 基本语法结构与实现原理。

能够使用 HTML 语言编写静态网站。

项目分析

本项目所指的静态网站是指不包括任何客户端动态技术的网站，是基于 HTML 语言编写的纯静态网站，之前我们主要是在 Dreamweaver 集成软件的环境下开发网页，不需要编写大量的代码即可开发网页，但这样也限制了网页制作的功能与灵活性。本项目将从 HTML 代码的角度开发网页，为后期脚本语言的编写与动态网站的开发奠定基础，带领大家通向网页编程高手之路。

项目实施

本项目通过 4 个任务学习 HTML 语言；了解网页的构架；使同学们能够利用 HTML 语言开发网页。

任务一　网页的基本结构及文字段落的编排

任务描述

（1）了解网页的基本架构。

（2）掌握 HTML 文字标签。

（3）掌握 HTML 排版标签。

（4）知道 HTML 列表标签。

任务实施

活动一　认识网页的基本架构

【活动描述】

通过浏览实例网页，并观察其代码，掌握网页的基本架构。

【操作步骤】

步骤 1．用浏览器打开项目九目录下的“10-1-1.html”网页，同时用 Dreamweaver 软件打开此网页，并调整至拆分视图。

步骤 2．观察代码，会发现网页其实就是一堆标签（所谓标签就是指被<>包起来的语法）集合起来的，透过浏览器的消化整理，便成了网页，如代码 10-1 所示。

代码 10-1

```
<HTML>
  <HEAD>
    <TITLE>认识网页的基本架构</TITLE>
    <Meta>
  </HEAD>
  <BODY>
    BODY 之间则为网页的主要呈现部分。
  </BODY>
</HTML>
```

步骤 3．修改“认识网页的基本架构”，换一些文字后保存网页，刷新浏览器，会发现只有网页的标题发生了改变。

步骤 4．修改“BODY 之间则为网页的主要呈现部分。”，换一些文字后保存网页，刷新浏览器，会发现网页的内容随之发生改变。

通常一份完整的网页包含了 2 个部分：抬头（HEAD）、文件本体（BODY）。也就是在上面所看到的<HEAD></HEAD>以及<BODY></BODY>。

在抬头的部分<HEAD></HEAD>中，有另一组标签<TITLE></TITLE>。打在<TITLE></TITLE>，这里面的文字会出现在浏览器视窗最上头蓝色部分里，当作一篇网页的标题。

<HTML></HTML>这一组标签是告诉浏览器说：我是一份 HTML 文件，通常都包在网页的最上下两端，将所有的原始码都包起来。

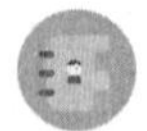

及时充电

HTML 的英文全称是 Hypertext Marked Language，中文叫做“超文本标记语言”，是使用特殊标记来描述文档结构和表现形式的一种语言，由 W3C 制定和更新。我们可以用任何一种文本编译器来编辑 HTML 文件，因为它就是一种纯文本文件，并且 HTML 是不区分大小写的。

活动二　使用文字标签

【活动描述】

本活动学习文字标签，包括文字标题的设置、字体、字体大小、字型、字体颜色以及一些特殊字元的设置。

【操作步骤】

步骤 1．打开 Dreamweaver 并新建一页 HTML 网页，保存并命名为“10-1-2.html”。

步骤 2．使用标题标签。

（1）在代码视图下，找到<body></body>标签，并在其中输入如代码 10-2 所示的代码。

代码 10-2

```
<h1>标题一</h1>
<h2>标题二</h2>
<h3>标题三</h3>
<h4>标题四</h4>
<h5>标题五</h5>
<h6>标题六</h6>
```

（2）标题的大小一共有 6 种，2 个标签一组，也就是从<h1>到<h6>，<h1>最大，<h6>最小。使用标题标签时，该标签会将字体变成粗体字，并且会自成一行，如图 10-1 所示。

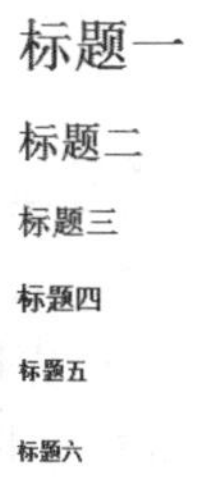

图 10-1　标题标签

步骤 3．使用字体大小标签。输入如代码 10-3 所示的代码。

代码 10-3

```
<font size=1>字体大小一</font>
<font size=7>字体大小七</font>
```

字体的大小一共有 7 种，也就是<font size=1>（最小）到<font size=7>（最大）。更改字体大小并观察字体变化，可以看到使用字体大小标签会不换行，如图 10-2 所示。

Dreamweaver 中的代码辅助编辑功能如图 10-3 所示。

图 10-2　字体大小标签

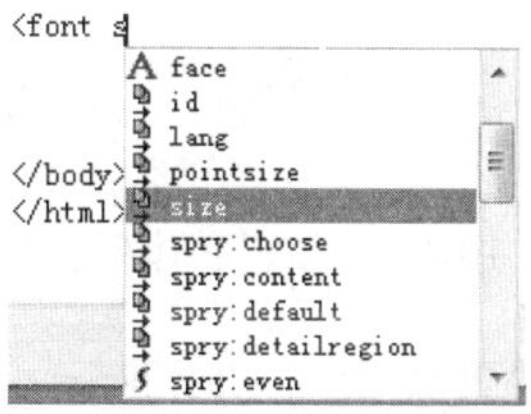

图 10-3　Dreamweaver 中的代码辅助编辑功能

步骤 4．在文字标签里，对于文字的格式也有相当多的变化，如粗体、斜体，此外，也定义了一些现成的格式供编者使用，如“强调”“原始码”，当然，这只是方便编者参考用，并无强迫说遇到原始码就要加上“原始码”的标签。具体效果见表 10-1，同学们可以自己尝试验证。

表 10-1　字体格式标签

代码	效果	代码	效果
<b>粗体</b>	**粗体**	<code>原始码</code>	原始码
<i>斜体</i>	*斜体*	<var>变数</var>	*变数*
<u>底线</u>	底线	<dfn>定义</dfn>	*定义*
^{上标}	上标	<cite>引用</cite>	引用
_{下标}	下标	<address>所在地址</address>	*所在地址*
<em>强调</em>	强调	<samp>范例</samp>	范例
<strong>加强</strong>	**加强**		

步骤 5．使用文字颜色标签。输入如代码 10-4 所示的代码。

代码 10-4

```
<font color="#ff0000">红</font>
<font color="#ffff00">黄</font>
<font color="#00ff00">绿</font>
<font color="#0080ff">蓝</font>
```

文字是可以设定颜色的，“#”后面的六位字符就代表了颜色的编码，范围从“#000000”到“#FFFFFF”。

步骤 6．使用文字字型标签。输入如代码 10-5 所示的代码。

代码 10-5

```
<font face="华文彩云">华文彩云</font>
<font face="华文楷体">华文楷体</font>
```

输入以上代码时我们可以借助 Dreamweaver 代码辅助编辑器，没有需要的字型可以通过单击“编辑字体列表”加入，如图 10-4 所示。

添加字体后会出现在列表中，如图 10-5 所示。

图 10-4　“编辑字体列表”

A Arial, Helvetica, sans-serif
A Times New Roman, Times, serif
A Courier New, Courier, monospace
A Georgia, Times New Roman, Times, serif
A Verdana, Arial, Helvetica, sans-serif
A Geneva, Arial, Helvetica, sans-serif
A 华文彩云
A 华文楷体
A 编辑字体列表...

图 10-5　添加字体后会出现在列表中

文字字型标签效果如图 10-6 所示。

可以看出，文字也是可以选择字型的！唯一的一个限制是：浏览页面的计算机上也要有该字型！否则看到的仍然还是宋体。另外要说明的是，这个标签并无法保证在每个浏览器上都能正常地显现，不过这并没有关系，看不到特殊的字型时，浏览器仍会以宋体来显示，所以不用怕会一团乱！

华文彩云 华文楷体

图 10-6　文字字型标签

步骤 7．使用特殊字元。

很多特殊的符号是需要特别处理的，比如“< ”“ > ”这两个符号若想要呈现在网页上是没有办法直接打“ < ”的，要呈现“ < ”必须输入编码表示法，特殊字元比较多，我们列举常见的特殊字符，具体效果见表 10-2，同学们可以自己尝试验证。

表 10-2　常见特殊字元编码

编码	效果	编码	效果
	（一个空格）	&	&
<	<	"	"
>	>	©	©

及时充电

（1）在 Dreamweaver 代码编辑视图下，在写代码的时候会弹出代码辅助编辑器，减少我们的输入，此时只需要输入首字母，然后进行选择即可。

（2）可以看到字体大小、字体颜色和文字字型标签都包含在<font></font>字体标签中，更确切地说，它们是字体标签的一个属性，这些属性也可以写在一起，无前后顺序，如代码 10-6 所示。

代码 10-6

```
<font face="华文彩云" size=5 color="#ff0000">华文彩云</font>
```

活动三　使用排版标签

【活动描述】

本活动学习排版标签，包括分隔标签、段落标签、居中标签、缩进标签、保持原始格式标签以及列表标签等。

【操作步骤】

步骤 1．打开 Dreamweaver 并新建一页 HTML 网页，保存并命名为“10-1-3.html”。

步骤 2．使用分隔标签。

（1）断行与分段标签，输入如代码 10-7 所示的代码。

代码 10-7

```
这是一个断行标签<br>只有换行效果<br>
这是一个分段标签<p>比断行标签还多空出一行<P>
```

效果如图 10-7 所示。

（2）分隔线标签，输入如代码 10-8 所示的代码。

代码 10-8

```
普通分隔线<hr>
```

效果如图 10-8 所示。

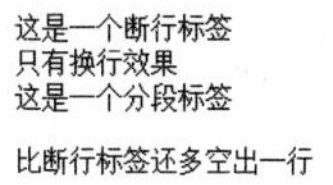

这是一个断行标签
只有换行效果
这是一个分段标签

比断行标签还多空出一行

图 10-7　断行与分段标签

普通分隔线

图 10-8　分隔线标签

分隔线还可以设置颜色如<hr color="#ff8000">，设置宽度如<hr width="240">，设置厚度如<hr size="5">，设置水平对齐方式如<hr align="right">，还可以指定不加阴影效果如<hr noshade>。

 及时充电

可以看到断行标签、分段标签和分隔线标签都只有一个标签，我们称这样的标签为单标签。其中分段标签既可以按单标签使用，也可以按双标签使用。

步骤3．使用文字水平对齐标签。输入如代码10-9所示的代码。

代码 10-9

```
<p align="left">文字靠左</p>
<p align="center">文字居中</p>
<p align="right">文字靠右</p>
```

“align”是分段标签<p>的属性之一，这个属性将来常常会在不同的标签中看到，它的功能是专门设定“水平对齐位置”，其常见的设定值有3个：居左（align="left"）、居中（align="center"）和居右（align="right"）。

步骤4．使用居中标签。输入如代码10-10所示的代码。

代码 10-10

```
<center>这是中间</center>
```

这个标签是最常用到的标签了，文字、图片、表格等任何可以显现在网页上的东西都可以居中。

步骤5．使用缩进标签。输入如代码10-11所示的代码。

代码 10-11

```
<blockquote>缩排 1 单位</blockquote>
<blockquote><blockquote>缩排 2 单位</blockquote></blockquote>
```

利用<blockquote></blockquote>这个标签可以将其包起来的文字，全部往右缩排。而且加一组标签，往右缩排一单位，加两组标签，往右缩排两单位，依此类推。效果如图10-9所示。

缩排1单位

缩排2单位

图 10-9　缩进标签

步骤6．使用保持原始格式标签。输入如代码10-12所示的代码。

代码 10-12

```
<pre>
文  字
  格  式
</pre>
```

效果如图10-10所示。

文 字
 格 式

图 10-10 保持原始格式标签

利用<pre></pre>这个标签可以将其包起来的文字排版、格式原封不动地呈现出来。

步骤 7．使用列表标签。列表标签包括无序列表标签、有序列表标签和定义列表标签。

（1）使用无序列表标签，输入如代码 10-13 所示的代码。

代码 10-13

```
<UL>
<LI>姓名：杰克升
<LI>生日：1974/11/21
<LI>星座：天蝎座
</UL>
```

效果如图 10-11 所示。

- 姓名：杰克升
- 生日：1974/11/21
- 星座：天蝎座

图 10-11 无序列表标签

<UL>标签即为“无序列表标签”，每增加一列内容，就必须加一个<LI>。前面的符号不一定要圆形，我们可以加入 TYPE="形状名称"属性来改变其符号形状，一共有 3 个选择：DISK（实心圆）、SQUARE（小正方形）、CIRCLE（空心圆）。

（2）使用有序列表标签，输入如代码 10-14 所示的代码。

代码 10-14

```
<OL>
<LI>姓名：杰克升
<LI>生日：1974/11/21
<LI>星座：天蝎座
</OL>
```

效果如图 10-12 所示。

<OL>标签即为“有序列表标签”，每增加一列内容，就必须加一个<LI>。和无序列表标签一样，我们也可以选择不同的符号来显示顺序，一样是用 TYPE 属性来作更改，一共有 5 种符号：1（数字）、A（大写英文字母）、a（小写英文字母）、I（大写罗马字母）、i（小写罗马字母）。另外，我们亦可指定序列起始的数目，如<OL START="8">，则排序从“8”开始。

1. 姓名：杰克升
2. 生日：1974/11/21
3. 星座：天蝎座

图 10-12 有序列表标签

（3）使用定义列表标签，输入如代码 10-15 所示的代码。

代码 10-15

```
<DL>
```

```
<DT>小标题
<DD>标题的内容说明 1
<DD>标题的内容说明 2
</DL>
```

效果如图 10-13 所示。

小标题
　　标题的内容说明1
　　标题的内容说明2

图 10-13　定义列表标签

任务二　插入图像、超链接及设置背景

 任务描述

（1）掌握 HTML 图像标签。
（2）掌握 HTML 超级链接标签。
（3）知道 HTML 背景标签。
（4）了解网页中使用图像的相关概念。

 任务实施

活动一　使用图像标签

【活动描述】

本活动学习图像标签，包括插入图像、设定长宽、对齐方式、边框设定以及上、下、左、右的间距设定，除此之外，还对图像使用时的重要概念加以说明，如路径和图像格式等。

【操作步骤】

步骤 1．打开 Dreamweaver 并新建一页 HTML 网页，保存并命名为“10-2-1.html”。

步骤 2．使用图像标签插入图像，图片素材在本项目“img”文件夹下，输入如代码 10-16 所示的代码。

代码 10-15

```
<img src="img/hamburger.png">这是一张实例。
```

效果如图 10-11 所示。

这是一张实例。

图 10-14　图像标签

这是显示图片最基本的方法，其中“img/hamburger.png”就是图像的路径。

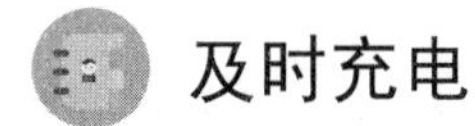

及时充电

（1）关于路径：即图像的位置，不管您的网页名称写得多正确也没用，因为浏览器无法寻着您的路径去找到该有的图片，图像路径分为相对路径和绝对路径，绝对路径就是图像在磁盘上的完整路径，相对路径则取决于图像和网页存放的位置，具体见表 10-3。

表 10-3 相对路径与绝对路径

网页存放的位置	图像存放的位置	绝对路径	相对路径	说明
c:\web	c:\web	<img src=" c:\web\a.jpg">	<img src=" a.jpg">	图文均在同一目录
c:\web	c:\web\img	<img src=" c:\web\img\a.jpg">	<img src=" img/a.jpg">	图在网页下一层目录
c:\web	c:\	<img src=" c:\a.jpg">	<img src="../a.jpg">	图在网页上一层
c:\web	c:\img	<img src=" c:\img\a.jpg">	<img src="../img/a.jpg">	图文在同一层，但不同目录

“../”是回到上一层目录的意思。

（2）图像格式：网页中常用的图片格式有.gif、.jpg 和.png，其中 gif 只支持 256 色，但同时支持多帧动画和透明通道，jpg 支持 65535 色，但不支持透明通道，png 不但支持 65535 色且支持透明通道。

步骤 3．设置图像的大小，输入如代码 10-17 所示的代码。

代码 10-17

```
<img src="img/hamburger．png" width="32" height="32">这是一张实例。
```

为了比较效果，我们特意和上一段代码显示的内容一起截图做比较，如图 10-15 所示。

图 10-15 图像标签指定大小

步骤 4．设置对齐方式，输入如代码 10-18 所示的代码。

代码 10-18

```
<img src="img/hamburger.png" align="absmiddle">文字对齐绝对中间
```

效果如图 10-16 所示。

图 10-16 图像标签设置对齐方式

“absmiddle”为绝对中间，除此之外还有“right”“left”“top”“bottom”和“middle”，分别表示对齐右边、对齐左边、对齐上边、对齐下边和对齐中间，同学们可以自己尝试修改代码来查看不同的效果。

步骤 5．设置图像边框，输入如代码 10-19 所示的代码。

代码 10-19

```
<img src="img/hamburger.png" border="4">
```

效果如图 10-17 所示。

图 10-17　图像标签设置边框

步骤 6．设置图像与周围元素的间距。

（1）设置左右间距，输入如代码 10-20 所示的代码。

代码 10-20

```
左边的字<img src="img/hamburger.png" hspace="15">右边的字
```

效果如图 10-18 所示。

图 10-18　图像标签设置左右间距

（2）设置上下间距，输入如代码 10-21 所示的代码。

代码 10-21

```
<br>上面的字<br><img src="img/hamburger.png" vspace="15"><br>下面的字
```

效果如图 10-19 所示。

图 10-19　图像标签设置上下间距

活动二　使用超级链接标签

【活动描述】

本活动学习超级链接标签，包括网页链接的基本概念、内部链接、外部链接以及超级链接的参数等。

【操作步骤】

步骤 1. 先用浏览器打开本活动案例文件“10-2-2.html”进行浏览，再用 Dreamweaver 打开该文件。

步骤 2. 为文档创建内部链接，有时候，当某页的内容很多时，我们可以利用网页的内部链接，来使用户快速地找到资料。其原理不过是：在欲链接处做个记号，然后，链接时寻找这个记号，就可以快速找到资料。

（1）我们要为这个散文集作品的目录增加一个超级链接，便于读者浏览，调整到设计视图，我们以第三篇文章《听听那冷雨》为例，修改第 66 行代码处，输入如代码 10-22 所示的代码。

代码 10-22

```
<a name="here1">《听听那冷雨》</a> <br />
```

（2）修改第 13 行代码处，输入如代码 10-23 所示的代码。

代码 10-23

```
<a href="#here1">3.听听那冷雨※余光中</a>  <br />
```

（3）保存修改后的网页，再刷新浏览器，尝试单击目录来查看改动后的效果。

步骤 3. 为文档创建外部链接，顾名思义，外部链接就是链接到其他地方去，可以扩充网站的实用性及充实性，也正因为这个功能，才造就了网络五彩缤纷的世界。由于网络上的服务五花八门，所以不同的服务有不同的链接方法。

（1）链接到本网站的其他网页，在“10-2-2.html”末尾处输入如代码 10-24 所示的代码，就可以创建一个到本任务活动一的网页链接。（注意这里使用的是相对地址）

代码 10-24

```
<a href="10-2-1.html">10-2-1.html</a>
```

（2）链接到其他网站或网页，在“10-2-2.html”末尾处输入如代码 10-25 所示的代码，就可以创建一个到百度首页的链接。

代码 10-25

```
<a href="http://www.baidu.com">百度</a>
```

（3）链接到电子邮箱地址，在“10-2-2.html”末尾处输入如代码 10-26 所示的代码，就可以创建一个链接到作者邮箱的链接。

代码 10-26

```
<a href="mailto:abc2000011@163.com">联系作者</a>
```

（4）链接到 FTP 服务器下载文档，在“10-2-2.html”末尾处输入如代码 10-27 所示的代码，就可以创建一个链接到指定 FTP 服务器下载文档的链接。

代码 10-27

```
<a href="ftp://ftp.ntu.edu.tw">下载文档</a>
```

步骤 4. 使用 target 参数选择链接打开的位置，在“10-2-2.html”末尾处，我们再添加一个到百度的链接，这回使用 target 参数指定在新窗口中打开，输入如代码 10-28 所示的代码。

代码 10-28

```
<a href="http://www.baidu.com" target="_blank">在新窗口打开百度</a>
```

保存后，对比两个链接就会发现，都是打开到百度的链接，但打开的位置不同，不指定 target 参数则在本页面打开，指定 target 参数后则会在新的窗口中打开，tartet 参数选项见表 10-4。

表 10-4　target 参数

参数	作用
_blank	浏览器总在一个新打开、未命名的窗口中载入目标文档
_self	这个目标的值对所有没有指定目标的 <a> 标签是默认目标，它使得目标文档载入并显示在相同的框架或者窗口中作为源文档
_parent	这个目标使得文档载入父窗口包含超链接引用的框架的框架集
_top	这个目标使得文档载入包含这个超链接的窗口，用 _top 目标将会清除所有被包含的框架，并将文档载入整个浏览器窗口

活动三　使用背景标签

【活动描述】

本活动学习背景标签，包括为网页设置背景颜色、图片，修改内文、链接文字的颜色等。

【操作步骤】

步骤 1．打开 Dreamweaver 并新建一页 HTML 网页，保存并命名为“10-2-3.html”。

步骤 2．为网页设置背景颜色，为<body>标签填入“bgcolor”属性即可设置网页背景颜色，如我们将网页背景颜色设置为灰色，输入如代码 10-29 所示的代码。

代码 10-29

```
<body bgcolor="#CCCCCC">
```

步骤 3．为网页设置背景图片。

（1）为<body>标签填入“background”属性即可设置网页的背景图片，图片素材在本项目 img 文件夹下，输入如代码 10-30 所示的代码。

代码 10-30

```
<body background="img/bgimg.jpg">
```

（2）保存网页后浏览，查看设置效果。

步骤 4．设置背景图片重复方式。

（1）上一步中我们会发现网页页面全部铺满背景图片，而我们的素材图片只有 200×132 像素，这是因为背景图片默认向 X 轴和 Y 轴两个方向重复，我们还可以指定背景图片的重复方式，修改代码如代码 10-31 所示。

代码 10-31

```
<body background="img/bgimg.jpg" style="background-repeat:repeat-x">
```

（2）保存网页后浏览，查看设置效果。我们还可以为背景图片指定其他重复方式，同学们可以借助代码辅助编辑器进行选择，并查看效果。

及时充电

已经设定了背景图片，依然可以设置背景颜色，当浏览者链接到网站时，若背景图案还没传输完之前（有的背景图蛮大的），就会先显现背景颜色。我们还建议，背景图片不宜过大，否则网页载入会比较慢。

步骤 5．为网页设置内文颜色，我们可以通过<body>标签的“text”属性设置网页内文字的颜色，这样设置的好处是一次性修改所有文字的颜色，不必单一设定，输入如代码 10-32 所示的代码。

代码 10-32

```
<body text="#0000CC">
```

步骤 6．为网页设置链接的颜色。

（1）链接的颜色分为 3 种，分别是链接的颜色、按下链接瞬间的颜色，和访问链接后的颜色，我们可以用 link、alink 和 vlink 属性分别指定这 3 种颜色，输入代码 10-33 所示的代码。

代码 10-33

```
<body link="#0000ff" vlink="#ff00ff" alink="#ff0000>
```

（2）在网页中添加一个超级链接，然后保存网页后浏览，查看设置效果。

任务三　制作表格、框架以及表单

任务描述

（1）掌握表格标签。
（2）了解框架标签。
（3）掌握表单标签。
（4）了解网页框架的作用及相关概念。

任务实施

活动一　使用表格标签

【活动描述】

本活动学习图像标签，包括标准表格的创建、合并表格栏位、表格栏位的对齐、表格的背景颜色设定、表格框线的设定以及表格栏距的设定等。

【操作步骤】

步骤 1．打开 Dreamweaver 并新建一页 HTML 网页，保存并命名为“10-3-1.html”。

步骤 2．在网页中创建一个 2 行 3 列的标准表格。

（1）输入如代码 10-34 所示的代码。

代码 10-34

```
<TABLE BORDER=1>
<TR><TD>1</TD><TD>2</TD><TD>3</TD></TR>
<TR><TD>4</TD><TD>5</TD><TD>6</TD></TR>
</TABLE>
```

（2）保存网页后浏览，查看效果，如图 10-20 所示。

创建该表格的基本思路：第一步，先用<TABLE></TABLE>标签告诉计算机要制作一个表格；第 2 步，利用一组<TR></TR>标签制作 1 个行，然后在行中利用 3 组<TD></TD>标签再分出 3 列；第 3 个步骤，重复第 2 步，再制作 1 行然后再分 3 列，如此才能得到一个 2 行 3 列的表格。可以看出<TABLE>是定义表格的标签，<TR>是定义表格行的标签，<TD>是定义表格列的标签，表格内最小单元为<TD>。

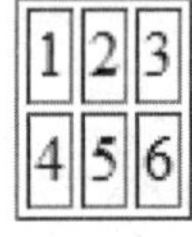

图 10-20　2 行 3 列的标准表格

步骤 3．合并表格的栏位。并非所有的表格都是标准的几行几列而已，有时候，我们还会希望能够“合并栏位”，让表格更美观、更实用一点，合并的方向有两种：一种是上下合并（也就是行间的合并），一种是左右合并（也就是列间的合并）。

（1）再创建一个 2 行 3 列的标准表格，将表格第 1 行的 3 列合并，输入如代码 10-35 所示的代码。

代码 10-35

```
<TABLE BORDER=1>
<TR><TD COLSPAN=3>1</TD></TR>
<TR><TD>4</TD><TD>5</TD><TD>6</TD></TR>
</TABLE>
```

（2）保存网页后浏览，查看效果，如图 10-21 所示。

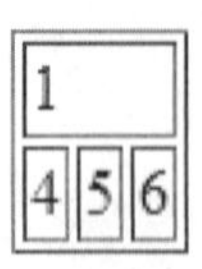

图 10-21　表格列间合并

“COLSPAN=3”的意思就是这个栏位左右横跨了 3 个栏位，也正因如此，本来的 2 个<TD>都可以省掉了。

（3）再创建一个 2 行 3 列的标准表格，将表格第 1 列的两行合并，输入如代码 10-36 所示的代码。

代码 10-36

```
<TABLE BORDER=1>
<TR><TD ROWSPAN=2>1</TD><TD>2</TD><TD>3</TD></TR>
<TR><TD>5</TD><TD>6</TD></TR>
</TABLE>
```

（4）保存网页后浏览，查看效果，如图 10-22 所示。

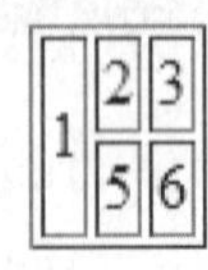

图 10-22　表格行间合并

“ROWSPAN=2”的意思就是这个栏位上下连跨了两个栏位，那么第 2 行就会少 1 个栏位，所以第 2 行本来有 3 个<TD>，现在只剩两个了。

步骤 4．表格大小及栏位对齐方式的设置。

（1）创建一个 1 行 1 列的表格，并制定表格宽 100、高 60，我们可以通过表格的“WIDTH”属性和“HEIGHT”属性设定表格的宽与高，输入如代码 10-37 所示的代码。

代码 10-37

```
<TABLE BORDER="1" WIDTH="100" HEIGHT="60">
<TR><TD>1</TD></TR>
</TABLE>
```

（2）保存网页后浏览，查看效果，如图 10-23 所示，表格内的数字 1 在表格的最左边。

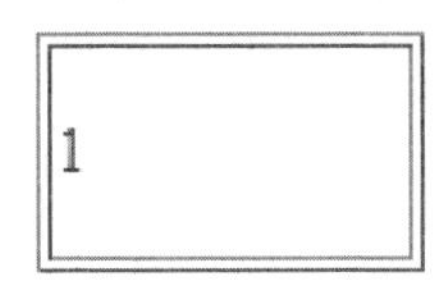

图 10-23 调整表格的宽与高

（3）设定表格栏位内的对齐方式，通过表格行的“ALIGN”属性可以设定栏位的水平对齐方式，通过表格行的“VALIGN”属性可以设定栏位的垂直对齐方式，水平对齐包括居左（LEFT 默认）、居中（CENTER）和居右（RIGHT）对齐，垂直对齐包括居上（TOP）、居中（MIDDLE 默认）和居下（BOTTOM）对齐，修改表格输入如代码 10-38 所示的代码。

代码 10-38

```
<TABLEBORDER="1" WIDTH="100" HEIGHT="60">
<TR><TD ALIGN=CENTER VALIGN=TOP>1</TD></TR>
</TABLE>
```

（4）保存网页后浏览，查看效果，如图 10-24 所示。

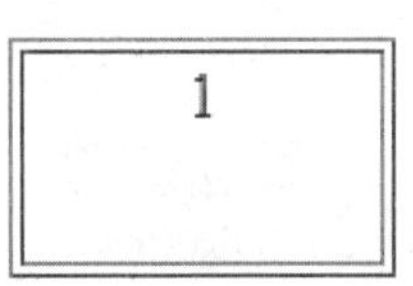

图 10-24 调整表格栏位的对齐方式

步骤 5．设置表格的背景颜色，方法和加网页背景颜色一样，利用 BGCOLOR="颜色码"就可以了，值得注意的是表格背景颜色属性不但可以加在表格标签中，也可以加在表格行标签和表格列标签中，加的位置不同，背景颜色的范围也不同。

（1）创建一个 2 行 2 列的表格，并指定第 1 行的背景颜色为 FFCC33，输入如代码 10-39 所示的代码。

代码 10-39

```
<TABLE BORDER="1" >
<TR BGCOLOR=#FFCC33><TD>1</TD><TD>2</TD></TR>
<TR><TD>3</TD><TD>4</TD></TR>
</TABLE>
```

（2）保存网页后浏览，查看效果，如图 10-25 所示。

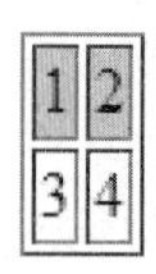

图 10-25　设定表格的背景颜色

 及时充电

表格不但可以设置背景颜色，同样可以指定背景图片，方法也和加网页背景图片一样，使用 BACKGROUND="图片路径"就可以了，表格背景图片属性一样可以加在表格标签、表格行标签和表格列标签中。

步骤 6．设置表格的框线。

（1）创建一个 2 行 2 列的表格，并用“BORDER”属性设定表格框线的粗细为 5 个单位，输入如代码 10-40 所示的代码。

代码 10-40

```
<TABLE BORDER=5>
<TR><TD>1</TD></TR>
</TABLE>
```

（2）保存网页后浏览，查看效果。

图 10-26　设定表格框线的粗细

（3）用“BORDERCOLOR”属性设定表格框线的颜色，输入如代码 10-41 所示的代码。

代码 10-41

```
<TABLE BORDER=5 BORDERCOLOR="#0080FF">
<TR><TD>1</TD></TR>
</TABLE>
```

（4）我们也可以用“BORDERCOLORLIGH”属性来设定表格的亮面颜色以及用“BORDERCOLORDARK”属性来设定表格的阴影颜色，让表格看起来更有立体感，输入如代码 10-42 所示的代码。

代码 10-42

```
<TABLE BORDER=5 BORDERCOLOR="#0080FF" BORDERCOLORLIGHT="#62B0FF" BORDERCOLORDARK="#004B97">
<TR><TD>1</TD></TR>
</TABLE>
```

步骤 7．设定表格的栏距。

（1）创建一个 1 行 2 列的表格，并用“CELLPADDING”属性设定表格内文距离格线的距离为 10，输入如代码 10-43 所示的代码。

代码 10-43

```
<TABLE BORDER="1" CELLPADDING="10">
<TR><TD>1</TD><TD>2</TD></TR>
</TABLE>
```

（2）保存网页后浏览，查看效果，如图 10-27 所示。

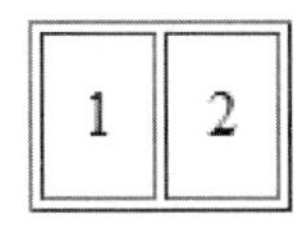

图 10-27　设定表格内文与格线间的距离

（3）用“CELLSPACING”属性设定表格栏位格线之间的距离为 5，输入如代码 10-44 所示的代码。

代码 10-44

```
<TABLE BORDER="1" CELLPADDING="10" CELLSPACING="5">
<TR><TD>1</TD><TD>2</TD></TR>
</TABLE>
```

（4）保存网页后浏览，查看效果，如图 10-28 所示。

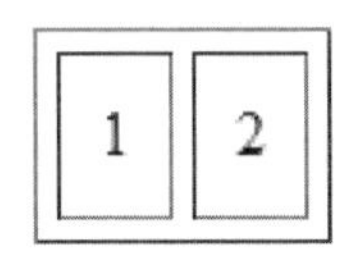

图 10-28　设定表格格线间的距离

活动二　使用框架标签

【活动描述】

本活动学习框架标签，包括为网页设置背景颜色、设置背景图片、修改内文、链接文字颜色等。

【操作步骤】

步骤 1．打开 Dreamweaver 并新建 4 页 HTML 网页，保存并命名为“10-3-2.html”。

步骤 2．删除“10-3-2.html”的代码，并输入如代码 10-45 所示的代码。

代码 10-45

```
<HTML>
<HEAD>
<TITLE>框窗实作</TITLE>
</HEAD>
</HTML>
```

可以看到，在上面的代码中并没有<BODY></BODY>标签，因为它会被即将加入的<FRAMESET></FRAMESET>标签所取代。

步骤 3．将“10-3-2.html”网页分割成左右两个框架。

（1）使用<FRAMESET></FRAMESET>标签进行框架划分，输入如代码 10-46 所示的代码。

代码 10-46

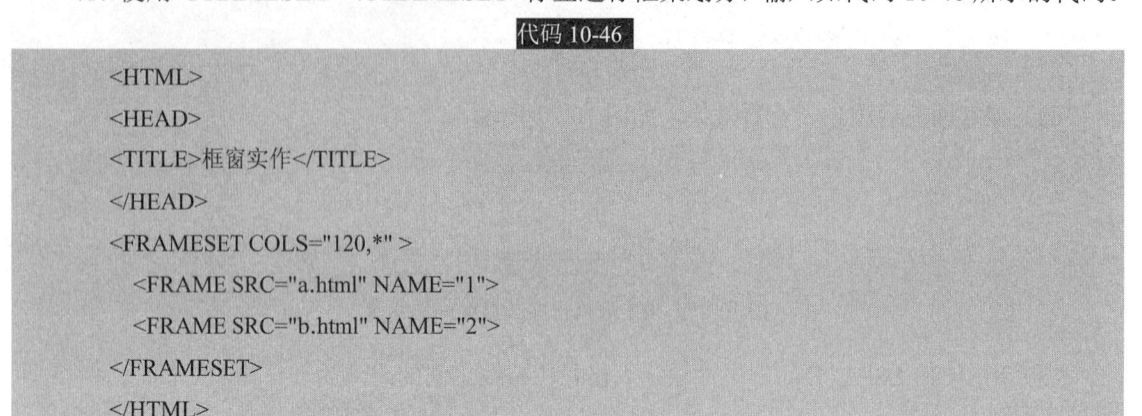

```
<HTML>
<HEAD>
<TITLE>框窗实作</TITLE>
</HEAD>
<FRAMESET COLS="120,*" >
   <FRAME SRC="a.html" NAME="1">
   <FRAME SRC="b.html" NAME="2">
</FRAMESET>
</HTML>
```

（2）保存网页后浏览，查看效果，如图 10-29 所示。

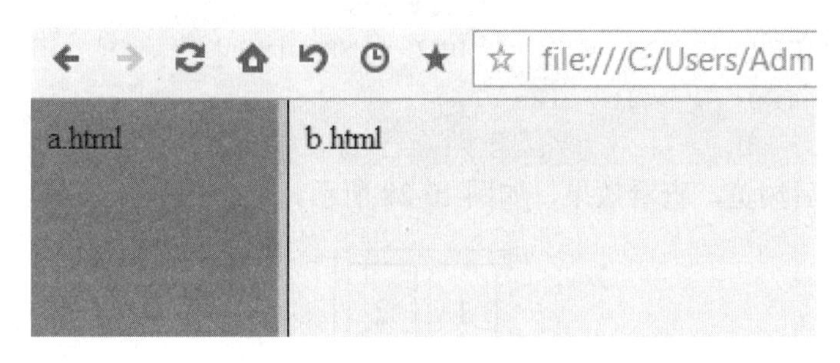

图 10-29　分割成左右两个框架

可以看到，框架就是多个网页的集合显示，在本步骤中我们将“10-3-2.html”网页分割成左右两个框架，每一个框架都有自己的名字属性（NAME），同时又各有一个链接指向一个网页，a.html 和 b.html 已经在本项目的案例文件夹内了。我们可以用<FRAMESET></FRAMESET>标签定义框架，并用<FRAME></FRAME>标签定义具体的框架窗口。

“COLS="120,*"” 就是说，左边那一栏强制定为 120 点，右边则随视窗大小而变。除了直接写点数外，我们亦可用百分比来表示，如 COLS="20%,80%"也是可以的。与此相似，对上下框架划分可以用“ROWS”属性。

及时充电

在 Dreamweaver 设计视图中单击框架窗口内部，代码视图会跳转到该窗口所指向的网页，单击框架边框则会返回。

步骤 4．嵌套使用<FRAMESET></FRAMESET>标签，将网页分为左上下结构。

（1）我们将把上一个步骤的右边框架窗口再分为上下两个框架，这就需要用到框架嵌套，输入如代码 10-47 所示的代码。

代码 10-47

```
<HTML>
<HEAD>
<TITLE>框窗实作</TITLE>
```

```
</HEAD>
<FRAMESET COLS="120,*" >
  <FRAME SRC="a.html" NAME="1">
  <FRAMESET ROWS="100,*">
    <FRAME SRC="b.html" NAME="2">
    <FRAME SRC="c.html" NAME="3">
  </FRAMESET>
</FRAMESET>
</HTML>
```

（2）保存网页后浏览，查看效果，如图 10-30 所示。

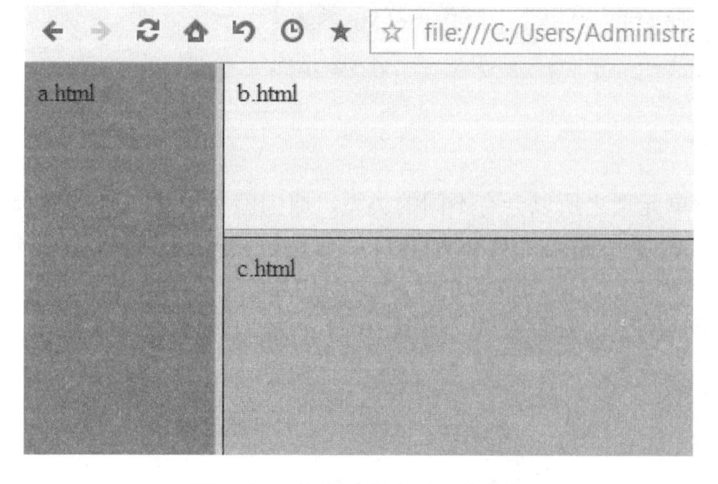

图 10-30　分割成左上下 3 个框架

及时充电

表 10-5　<FRAMESET></FRAMESET>标签常用属性说明

标签属性示例	说明
COLS="120,*"	垂直切割框架，可以一次切成左右两个窗口，当然也可以切成 3 个，只要写成 COLS="30,*,50"即可，4 个以上依此类推
ROWS="120,*"	水平切割框架，用法同上
FRAMEBORDER=0	设定框架的边框，其值只有 0 和 1 ， 0 就是不显示边框， 1 就是显示边框。边框是无法调整粗细的
FRAMESPACING=5	设定框架与框架间保留空白的距离
SRC="a.html"	设定此框架中要显示的网页名称，每个框架一定要对应一个网页，否则就会产生错误
NAME="1"	设定这个框架的名称，以指定框架来作链接
SCROLLING="NO"	设定是否要显示卷轴，YES 是显示卷轴，NO 是不显示，AUTO 是视情况而显示
NORESIZE	设定不允许浏览者改变边框的大小
MARGINHIGHT=2	设定框架高度部分边缘所保留的空间
MARGINWIDTH=2	设定框架宽度部分边缘所保留的空间

活动三　使用表单标签

【活动描述】

本活动学习表单标签，讲解如何用 HTML 编写常见的表单标签。

【操作步骤】

步骤 1．打开 Dreamweaver 并新建 4 页 HTML 网页，保存并命名为“10-3-3.html”。

步骤 2．创建一个表单区域，并插入输入类表单元素。

（1）插入一个文本字段，输入如代码 10-48 所示的代码。

代码 10-48

```
<FORM>
姓名：<INPUT TYPE="TEXT" NAME="NAME" SIZE="20">
</FORM>
```

及时充电

每个输入类表单元素之所以会有不同的类型，原因就在于“TYPE="表单类型"”设定的不同，如文本字段（TEXT）、密码（PASSWORD）、单选按钮（RADIO）、复选框（CHECKBOX）、按钮（SUBMIT、RESET、BUTTON）、隐藏域（HIDDEN）。

（2）保存网页后浏览，查看效果，如图 10-31 所示。

姓名：

图 10-31　表单元素文本字段

其常用标签属性见表 10-6。

表 10-6　文本字段表单元素常见属性

标签属性示例	说明
NAME="名称"	设定此表单元素的名称
SIZE="数值"	设定此表单元素显示的宽度
VALUE="预设内容"	设定此表单元素的预设内容
ALIGN="对齐方式"	设定此表单元素的对齐方式，其值有：TOP（向上对齐）、MIDDLE（向中对齐）、BOTTOM（向下对齐）、RIGHT（向右对齐）、LEFT（向左对齐）、TEXTTOP（向文字顶部对齐）、BASELINE（向文字底部对齐）、ABSMIDDLE（绝对置中）、ABSBOTTOM（绝对置下）
MAXLENGTH="数值"	设定此表单元素可设定输入的最大长度

（3）插入一个用于输入密码的文本字段，在表单内部输入如代码 10-49 所示的代码。

代码 10-49

```
请输入密码：<INPUT TYPE="PASSWORD" NAME="INPUT">
```

其外观、标签属性与普通文本字段一样，只是用户在输入内容时呈现为“*”。

（4）插入一组单选按钮，在表单内部输入如代码 10-50 所示的代码。

代码 10-50

```
性别:
男 <INPUT TYPE="RADIO" NAME="SEX" VALUE="BOY">
女 <INPUT TYPE="RADIO" NAME="SEX" VALUE="GIRL">
```

（5）保存网页后浏览，查看效果，如图10-32所示。

性别：男 ◎ 女 ◎

图10-32 表单元素单选按钮

其常用标签属性见表10-7。

表10-7 单选按钮表单元素常见属性

标签属性示例	说明
NAME="名称"	设定此表单元素的名称
VALUE="预设内容"	设定此表单元素的预设内容
ALIGN="对齐方式"	设定此表单元素的对齐方式，其值有：TOP（向上对齐）、MIDDLE（向中对齐）、BOTTOM（向下对齐）、RIGHT（向右对齐）、LEFT（向左对齐）、TEXTTOP（向文字顶部对齐）、BASELINE（向文字底部对齐）、ABSMIDDLE（绝对置中）、ABSBOTTOM（绝对置下）
CHECKED	设定此表单元素为预设选取值
MAXLENGTH="数值"	设定此表单元素可设定输入的最大长度

（6）插入一组复选框，在表单内部输入如代码10-51所示的代码。

代码 10-51

```
喜好:
<INPUT TYPE="CHECKBOX" NAME="SEX" VALUE="MOVIE">电影
<INPUT TYPE="CHECKBOX" NAME="SEX" VALUE="BOOK">看书
```

（7）保存网页后浏览，查看效果，如图10-33所示。

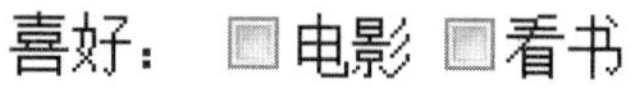

喜好：□电影 □看书

图10-33 表单元素复选框

复选框常用属性与单选按钮一样。

（8）插入3个按钮，在表单内部输入如代码10-52所示的代码。

代码 10-52

```
<INPUT TYPE="SUBMIT" VALUE="发送表单">
<INPUT TYPE="RESET" VALUE="重设表单">
<INPUT TYPE="BUTTON" NAME="shutdown" VALUE="关闭">
```

这3个按钮代表了不同类型，“SUBMIT”为提交表单，“RESET”为重设表单，“BUTTON”为普通按钮。其常用标签属性见表10-8。

表 10-8　按钮表单元素常见属性

标签属性示例	说明
NAME="名称"	设定此表单元素的名称
VALUE="预设内容"	设定此表单元素的预设内容
ALIGN="对齐方式"	设定此表单元素的对齐方式，其值有：TOP（向上对齐）、MIDDLE（向中对齐）、BOTTOM（向下对齐）、RIGHT（向右对齐）、LEFT（向左对齐）、TEXTTOP（向文字顶部对齐）、BASELINE（向文字底部对齐）、ABSMIDDLE（绝对置中）、ABSBOTTOM（绝对置下）

（9）插入一个隐藏域，在表单内部输入如代码 10-53 所示的代码。

代码 10-53

```
隐藏栏位：<INPUT TYPE="HIDDEN" NAME="NOSEE" VALUE="看不到">
```

隐藏域通过浏览器是看不到的，因为表单中有些内容可能因为某些因素，不希望浏览者看到，但因程序需要却又不得不存在，此时我们就可以使用隐藏域。隐藏域的具体用法可以参看“项目十一/任务三/活动三/编写新闻的删除页面”的具体内容。

步骤 3．在表单区域内，插入一个文本区域。

（1）值得注意的是，它不再作为<INPUT>标签的一个属性出现，而是有自己单独的标签<TEXTAREA> </TEXTAREA>，这是一个双标签，输入如代码 10-54 所示的代码。

代码 10-54

```
请输入您的意见：<BR>
<TEXTAREA NAME="TALK" COLS="20" ROWS="3"></TEXTAREA>
```

（2）保存网页后浏览，查看效果，如图 10-34 所示。

请输入您的意见：

图 10-34　表单元素文本区域

其常用标签属性见表 10-9。

表 10-9　按钮表单元素常见属性

标签属性示例	说明
NAME="名称"	设定此表单元素的名称
WRAP="设定值"	设定此表单元素的换行模式。设定值有 3 种：OFF（输入文字不会自动换行）、VIRTUAL（输入文字在屏幕上会自动换行，不过若是浏览者没有自行按下 ENTER 换行，提交表单时，也视为没有换行）、PHYSICAL（输入文字会自动换行，提交表单时，会将屏幕上的内容自动换行，视为换行效果提交）
COLS="数值"	设定此表单元素的行数（横向字数）
ROWS="数值"	设定此表单元素的列数（垂直字数）

步骤 4．在表单区域内，插入一个列表/菜单。

（1）利用<SELECT>标签便可以产生一个下拉式菜单，另外，还需要配合<OPTION>标签来产生相应的选项，输入如代码 10-55 所示的代码。

代码 10-55

```
您喜欢看书吗？：
<SELECT NAME="LIKE">
<OPTION VALUE="非常喜欢">非常喜欢
<OPTION VALUE="还算喜欢">还算喜欢
<OPTION VALUE="不太喜欢">不太喜欢
<OPTION VALUE="非常讨厌">非常讨厌
</SELECT>
```

（2）保存网页后浏览，查看效果，如图 10-35 所示。

您喜欢看书吗？： 非常喜欢

图 10-35 表单元素列表/菜单

其常用标签属性见表 10-10。

表 10-10 按钮表单元素常见属性

标签属性示例	说明
NAME="名称"	设定此表单元素的名称
SIZE="数值"	设定此表单元素的大小，当数值大于 1 的时候效果就变成了“列表”
MULTIPLE	设定此表单元素为复选，可以一次选多个选项

项目评价

项目评价标准

等级	等级说明	评价
一级任务	能自主完成项目所要求的学习任务	合格（不能完成任务定为不合格等级）
二级任务	能自主、高质量地完成拓展学习任务	良好
三级任务	能自主、高质量地完成拓展学习任务并能帮助别人解决问题	优秀

项目评价表

<table>
<tr><th rowspan="2">项目</th><th rowspan="2">评价内容</th><th rowspan="2">分值</th><th colspan="4">评分</th><th rowspan="2">所占价值</th><th rowspan="2">项目得分</th></tr>
<tr><th>自评（30%）</th><th>组评（40%）</th><th>师评（30%）</th><th>得分</th></tr>
<tr><td rowspan="5">职业能力</td><td>创建最基本的网页构架</td><td>5</td><td></td><td></td><td></td><td></td><td rowspan="5">60%</td><td rowspan="5"></td></tr>
<tr><td>会使用文字标签编辑文本</td><td>10</td><td></td><td></td><td></td><td></td></tr>
<tr><td>会使用排版标签对文本进行编排</td><td>10</td><td></td><td></td><td></td><td></td></tr>
<tr><td>能够插入图像并设置其属性</td><td>15</td><td></td><td></td><td></td><td></td></tr>
<tr><td>够插入超链接并设置其属性</td><td>15</td><td></td><td></td><td></td><td></td></tr>
</table>

续表

项目	评价内容	分值	评分				所占价值	项目得分
			自评（30%）	组评（40%）	师评（30%）	得分		
职业能力	能够设置网页背景	10					60%	
	会使用表格标签创建表格	15						
	会使用框架标签创建框架	5						
	会使用表单标签创建表单	15						
	合计	100						
通用能力	与人合作能力	20					40%	
	沟通能力	10						
	组织能力	10						
	活动能力	10						
	自主解决问题的能力	20						
	自我提高能力	10						
	创新能力	20						
	合计	100						

项目总结

本项目介绍了网页的基本构架及 HTML 语言的基本语法；学习了 HTML 常见的标签用法及属性设置；并能够通过实例向同学们阐述利用 HTML 编写网页的基本思路。

项目拓展

（1）任务一：在 Dreamweaver 代码视图下编写一个网站，主题为“2014 世界杯”，使用表格布局，风格自拟，有适当的排版效果，素材可以来自互联网，内容包括：精彩赛事、比分排行、最新消息等信息类栏目，至少包含 3 页内容，使用超级链接进行连接，并自己制作导航栏。

（2）任务二：改写上面的网站，要求增加场外互动板块，使用表单实现该板块。

（3）任务三：改写上面的网站，要求将导航栏与网页内容分离，使用框架进行连接。

动态网站的制作

项目目标

了解数据库的作用。

能够创建数据库与数据表。

能够使用 SQL 语言对数据表进行简单的查询。

了解动态网站的相关概念。

能够使用 IIS 搭建 ASP 环境。

能够使用 ASP 和 VBScript 编写简单的动态网站。

项目分析

动态网站是相对静态网站而提出的，是基本的 HTML 语法规范与 Java、VB、VC 等高级程序设计语言、数据库编程等多种技术的融合，用以实现对网站内容和风格的高效、动态和交互式的管理。采用动态网页技术的网站可以实现更多的功能，如用户注册、用户登录、在线调查、用户管理、订单管理等。本项目将带领同学们一同学习动态网站的建站技术，并完成一个小型新闻系统的制作。

项目实施

本项目通过 3 个任务学习动态网站的建站技术；了解数据库、SQL 语言、IIS 环境的基本概念；掌握 VBScript 和 ASP 建站的基本方法；能够制作简单的新闻系统网站。

任务一　数据库技术

任务描述

（1）使学生了解数据库在动态网站制作中的作用。

（2）掌握安装 Access 数据库的方法。

（3）能够创建数据库及数据表。

（4）能够使用 SQL 语言对数据表进行简单的查询。

任务实施

活动一　创建数据库与数据表

【活动描述】

了解数据库在动态网站制作中的作用，会安装 Access 数据库，能够创建数据库及数据表。

【操作步骤】

步骤 1．Access 数据库的安装与启动。

（1）目前有很多流行的数据库系统，如 SQL Server、DB2、Oracle、Access 等，它们都可以用来完成动态网站的开发，我们这里只选择 Microsoft 出品的 Access 为例进行讲解。Access 是 Microsoft 公司开发的 Office 办公软件中的一员，同 Word、Excel 和 PowerPoint 一样都是 Office 的组件，Access 一样具有简单的开发界面和强大的功能。想要安装 Access 数据库，只要在安装 Office 时把其选中即可，如图 11-1 所示。

（2）安装完成后就可以启动 Access 软件了，通过单击“开始”→“所有程序”→“Microsoft Office”→“Microsoft Office Access 2003”命令，就可以启动了，如图 11-2 所示。

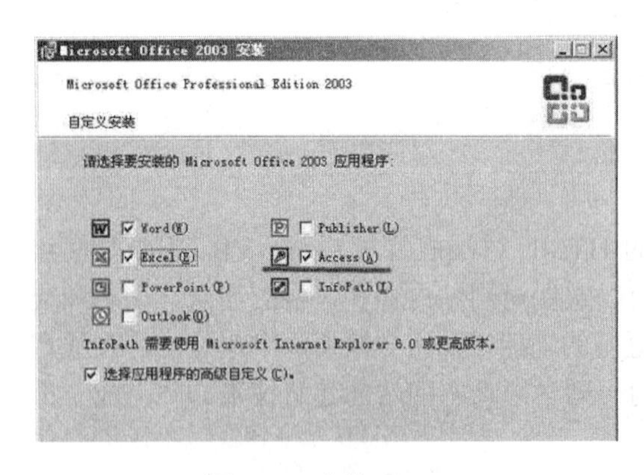

图 11-1　安装 Access

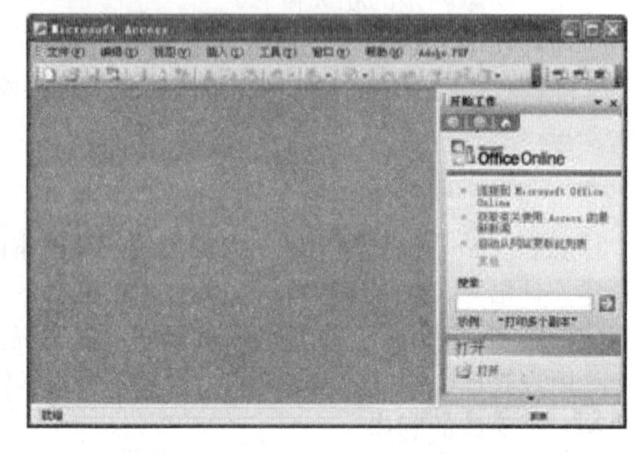

图 11-2　Access 2003 的软件界面

及时充电

数据库，顾名思义就是专门用来存放数据的系统。在前面我们主要学习了如何制作一个静态网页，网页中的文字、图片、动画、声音和视频往往都是直接制作在网页内部的，一经开发完成便已定型，要想更换网页中的内容必须重新开发，这对一个日常维护网站的个人乃至企业不仅造成了很多的不便，而且大大增加了管理的成本。如何将一个网站作成“活的”呢？也就是说我们希望制作完成的网站可以随时且简易地更新里面的内容，即动态网站。而要做到网站内容可以随意更新，就要将网页的制作与数据相分离，数据由数据库来保管，每次更新时只要更新数据库内容，网页内容自然也就改变了。

动态网站的工作原理如图 11-3 所示。

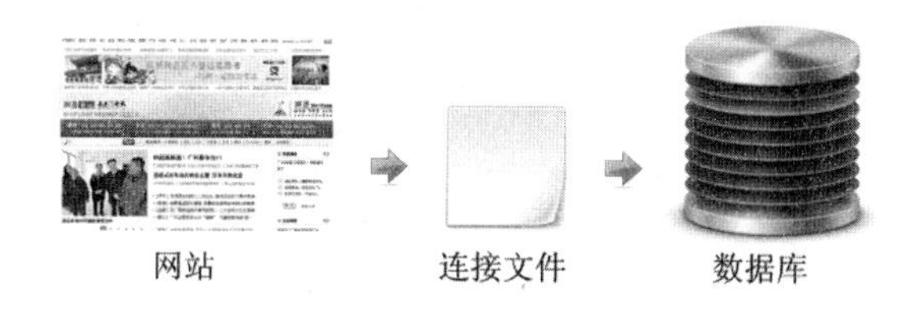

图 11-3　动态网站的工作原理

步骤 2．创建数据库。

（1）像 Office 其他组件一样，新建数据库文件需要启动 Access，在菜单栏中选择“文件”→“新建”→“空数据库”→“选择数据库文件存储的位置和名字”→“创建”命令，便可以新建一个数据库文件。新建好的空数据库文件如图 11-4 所示。

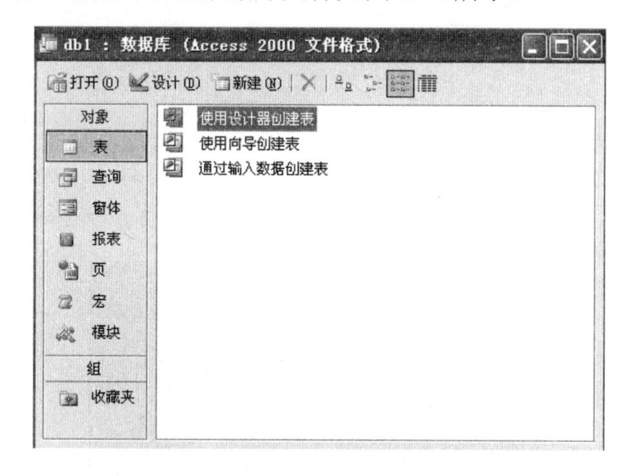

图 11-4　新建好的空白数据库文件

（2）保存数据库文件，命名为“db1.mdb”，这里注意 Access 数据库文件的后缀名为 mdb。

步骤 3．创建数据表。

（1）在图 11-4 中双击“使用设计器创建表”，接着输入这张表的各个表项，包括数据类型，如图 11-5 所示。

表1 : 表

字段名称	数据类型	
姓名	文本	
年龄	数字	
性别	文本	

字段属性

图 11-5　新建一个表

（2）单击“保存”按钮或直接关闭，会提示保存的表的名字，如图 11-6 所示。名字可以随便起，但最好要能反映表的内容，这里我们给这张表命名为“学生表”。

图 11-6　表的保存

（3）单击“确定”按钮，会在弹出的提示对话框上提示没有主键，是否自动创建，这里我们先不去了解主键的涵义，单击“是”便完成了学生表的创建，双击打开这张表便可以往里面写入数据了。如果想再次修改表项内容，需要在表上右击，在弹出的快捷菜单中选择“设计视图”命令便可。

及时充电

数据存储在数据库的表中，数据库和表的关系就好比 Excel 中工作簿和工作表的关系，一个工作簿可以包含多个工作表，一个数据库也可以包含多个表文件。

步骤 4．数据表的基本操作。

（1）在数据表中，可以进行添加记录、修改记录和删除记录等操作。这些操作都是我们最常用的操作，也是最基本的操作。打开我们之前建立好的数据表“学生表”，如图 11-7 所示。

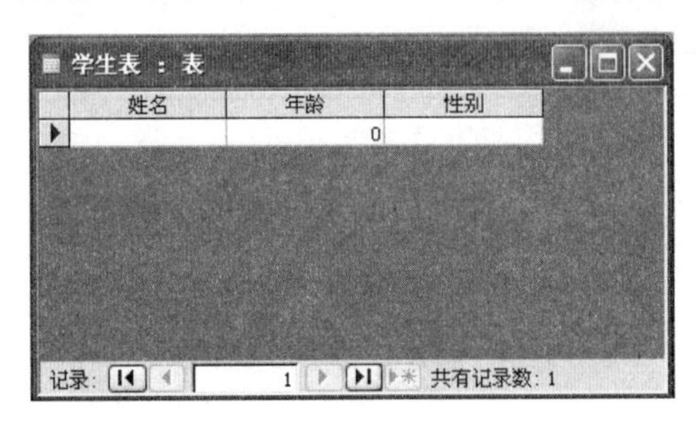

图 11-7　空白的“学生表”

（2）可以看到里面没有任何记录。就像在 Excel 中输入数据，可以在 Access 的表中以同样的方法记录数据，一行就是一条记录。这里需要注意，每输入一条新的记录就会在其下方多出一条空白的行，这一空白行不算一条记录，只是为便于添加一条新的记录所设计的。我们给这张空白的数据表输入 3 条数据，如图 11-8 所示。

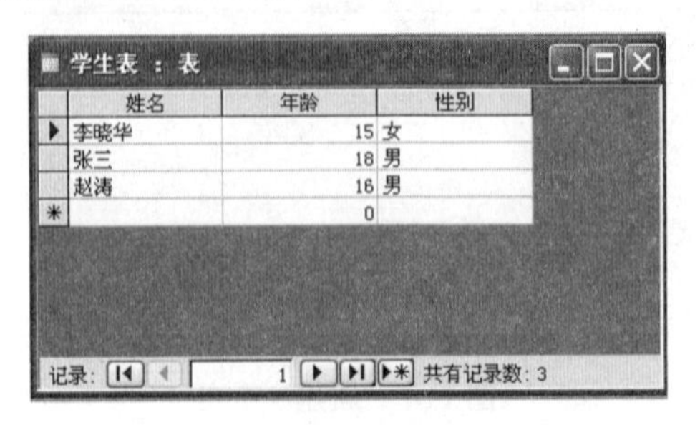

图 11-8　有 3 条记录的“学生表”

（3）更新表内的数据，只要选中要更新的地方将其修正便可，删除操作也非常简单，在要删除的记录最左边的空白处右击鼠标，在弹出的快捷菜单中选择“删除记录”命令即可，如图 11-9 所示。

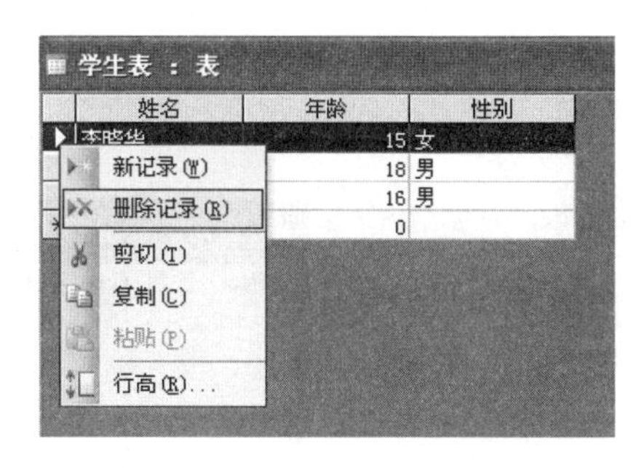

图 11-9 删除“学生表”的记录

活动二 利用 SQL 语言实现简单的查询

【活动描述】

了解 SQL 语言的作用及相关概念，会在 Access 数据库中使用 SQL 语言实现查询，掌握简单的 select 命令结构。

【操作步骤】

在 Access 数据库中使用 SQL 语言。

及时充电

SQL 语言是“结构化查询语言”的简写，其具体的作用就是通过命令完成数据表中记录的添加、查询、更新和删除等操作。SQL 语言是学习动态网站建设所必须掌握的一项技术，我们的网页就是通过这种语言来操作数据库的。也就是说，我们将 SQL 这种语言写在网页中，在浏览网页时便会显示出相应的数据或执行相应的操作。

（1）选择数据库文件中的“查询”选项（图 11-10）。

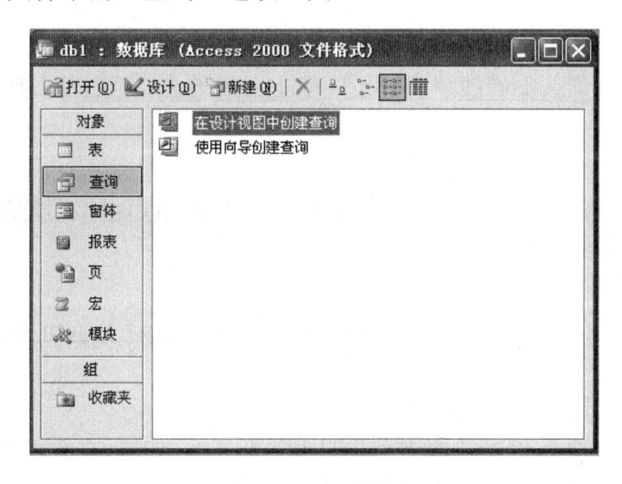

图 11-10 新建查询

（2）接着双击“在设计视图中创建查询”命令，在打开的设计视图中关闭“显示表”对话框，接着在选择工具栏中将视图选项切换为“SQL 视图”，如图 11-11 所示。

（3）在 SQL 视图中我们便可以输入一条 SQL 查询：select 姓名 from 学生表，如图 11-12 所示。

图 11-11　切换为“SQL 视图”

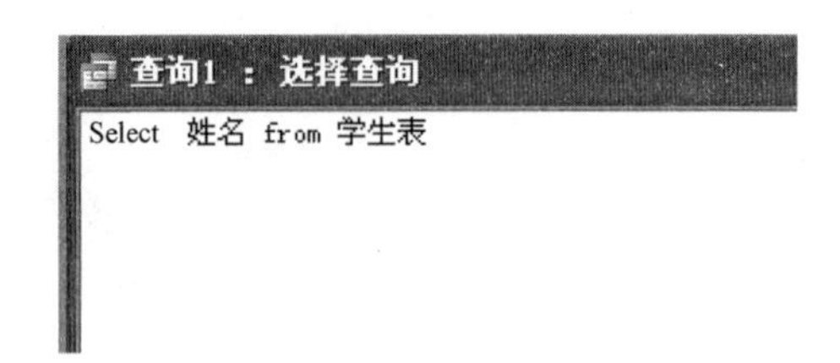

图 11-12　用 SQL 写的查询

（4）接着像保存表一样保存这条查询，名字可以随意，保存好后双击保存的查询便执行了这条命令，就能看到查询的结果，只显示了学生表中姓名一列，若是修改这条查询就在该查询上右击，在弹出的快捷菜单中选择“设计视图”就可以了。

及时充电

select 姓名 from 学生表

这条语言的作用是只显示学生表中“姓名”一列，select 和 from 是关键字，意思是从“学生表”中选择“姓名”列的意思。

步骤 2．select 命令的常见格式。

（1）select 表项 from 表

选择表中的特定表项，如修改之前新建的查询“查询 1”为 select 年龄 from 学生表，则只显示学生表中年龄一列。

（2）select 表项 1，表项 2 from 表

选择表中的特定多个表项，如修改“查询 1”为 select 姓名,年龄 from 学生表，则只显示学生表中姓名和年龄的列。

（3）select * from 表

选择表中的所有表项，如修改“查询 1”为 select * from 学生表，则会显示学生表中的所有列。

（4）select distinct 表项 from 表

选择表中表项不重复的记录，如修改“查询 1”为 select distinct 性别 from 学生表，则只显示性别列，且只有男和女两条记录。

（5）select top 数字 表项 from 表

选择表中指定数字条记录，如修改“查询 1”为 select top 1 * from 学生表，则显示表中的第一条记录。

（6）select 表项 1 from 表 order by 表项 2

选择表中特定的表项 1，但是按照表项 2 的顺序来显示，如修改“查询 1”为 select 姓名 from 学生表 order by 年龄，则会显示按照年龄由小到大的顺序显示学生表中的姓名列。

（7）select 表项 1 from 表 order by 表项 2 desc

与上条 select 命令原理相同，desc 表示按照表项 2 的倒序来显示，如修改“查询 1”为 select 姓名 from 学生表 order by 年龄 desc，则会显示按照年龄由大到小的顺序显示学生表中的姓名列。

（8）select 表项 1 from 表 where 表项 2＝值 1

有条件地选择表中特定的表项 1，条件为表项 2 的值等于“值 1”，如修改“查询 1”为 select * from 学生表 where 年龄＝18，则会选择出“张三”这条记录。又如修改“查询 1”为 select * from 学生表 where 性别＝’男’，则会选择出“张三”和“赵涛”两条记录，因为他们的性别都是男性。

及时充电

（1）年龄是数字类型，它的值不加单引号，而性别是文本类型，要加单引号。

（2）对数值类型、日期类型我们还常常用到大于>、大于等于>=、小于<、小于等于<=、不等于<>等条件表述。例如，select * from 学生表 where 年龄>=16。

（3）我们以上讲解的各种命令可以搭配使用，如：

select * from 学生表 where 性别=’男’ order by 年龄。

本活动只介绍了 SQL 语言最基本的运用，它们虽然简单但可以完成 80%以上动态网站操作数据库的功能，具体如何操作我们将在后续任务中为大家讲解。

任务二　搭建 ASP 环境并连接数据库

任务描述

（1）使学生了解动态网站的相关概念及技术。

（2）掌握 IIS 搭建 ASP 环境的方法。

（3）能够使用常见 ASP 与数据库的连接。

任务实施

活动一　用 IIS 搭建 ASP 环境

【活动描述】

动态网站的建站技术有很多，本活动将带领大家学习非常重要的一种动态建站技术 ASP，第一步就是要掌握 IIS 搭建 ASP 环境的方法，同时带领大家初步了解动态网站的相关概念。

【操作步骤】

步骤 1．选择 ASP 建站技术。

动态网站是相对静态网站而提出的，静态网站是指仅仅利用了 HTML、DHTML 和 CSS 等技术构建的网站，功能也只是静态地描述了页面内容是如何显示的。静态网站和动态网站最基本的区别是“交互性”，也就是说静态网站不具有和用户交互的功能。动态网站又分为了客户端动态技术和服务器端动态技术两类，它们之间最根本的区别在于是否访问了数据库，客户端动态技术仅仅响应用户对显示内容的交互改变，一般是用 JavaScript 脚本语言加 CSS 技术实现的；而服务器端的动态技术主要响应了用户对服务器数据的交互请求，服务器动态技术有 ASP、PHP 和 JSP 等，本书只详细介绍 ASP 动态技术，这些概念的关系如图 11-13 所示。

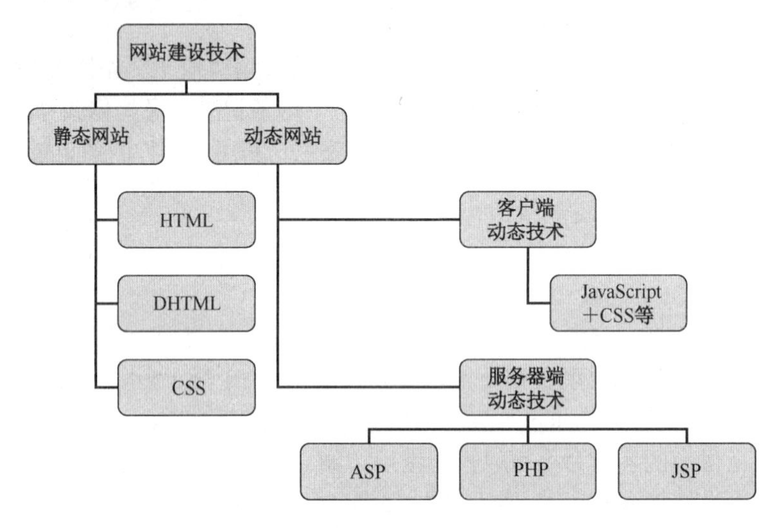

图 11-13　网站建设相关概念结构图

还有一种划分动态和静态的标准是按照是否访问数据库来划分，这样静态网站就包括了 HTML、DHTML、CSS 和 JavaScript 等技术构成，动态网站只是指服务器端的动态技术，如 ASP、PHP 和 JSP。我们所要学习的 ASP 构建动态网站本身又是多种技术的融合，包括了 VBScript、JavaScript、ADO、DOM 等多项技术，这些以后用到时再讲解。

步骤 2．用 IIS 搭建 ASP 环境。

（1）使用的操作系统不同，安装 IIS 的方法也会略有不同，我们以 Windows 2003 为例，在 Windows Server 2003 操作系统下安装 IIS 的步骤如下：打开“控制面板”，然后单击启动“添加/删除程序”，在弹出的对话框中选择“添加/删除 Windows 组件”，在“Windows 组件向导”对话框中选中“Internet 信息服务（IIS）”，如图 11-14 所示。

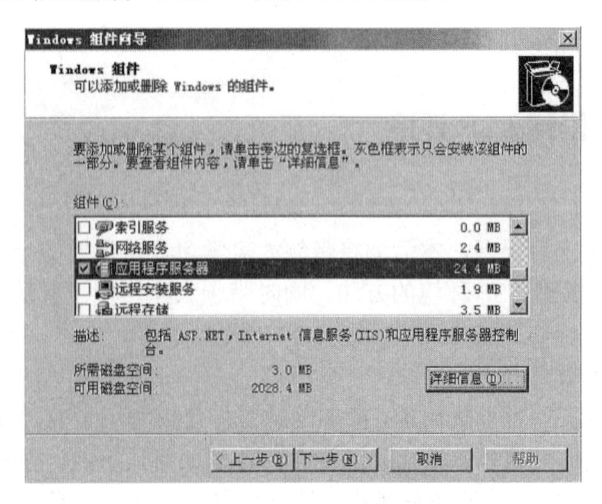

图 11-14　从 Windows 组件中安装 IIS

（2）然后单击“下一步”按钮，按向导指示，完成对 IIS 的安装，如图 11-15 所示。

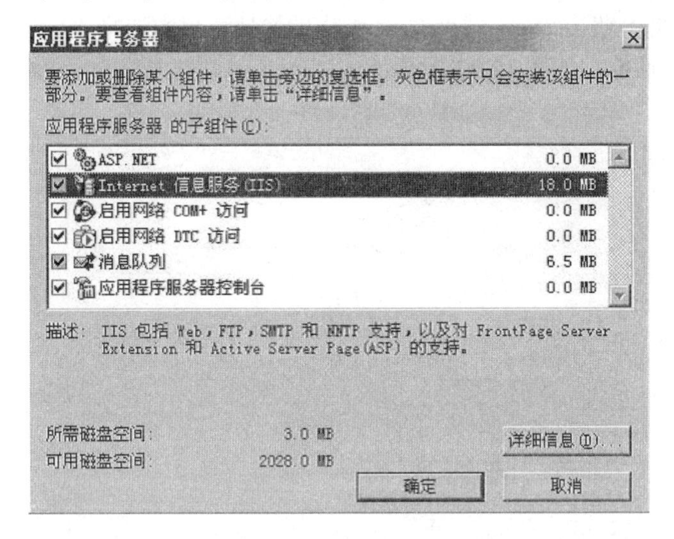

图 11-15　安装 IIS

及时充电

IIS 是 Internet Information Services 的缩写，是一个 World Wide Web Server。Gopher Server 和 FTP Server 全部包容在里面。IIS 意味着你能发布网页，并且可以由 ASP（Active Server Pages）、Java、VBScript 产生页面。也就是说 IIS 是 ASP 的一个环境，我们开发的 ASP 动态网站就要在 IIS 中运行。

步骤 3．启动 IIS，单击 Windows“开始”→“所有程序”→“管理工具”→“Internet 信息服务（IIS）”管理器，即可启动“Internet 信息服务”管理工具，如图 11-16 所示。

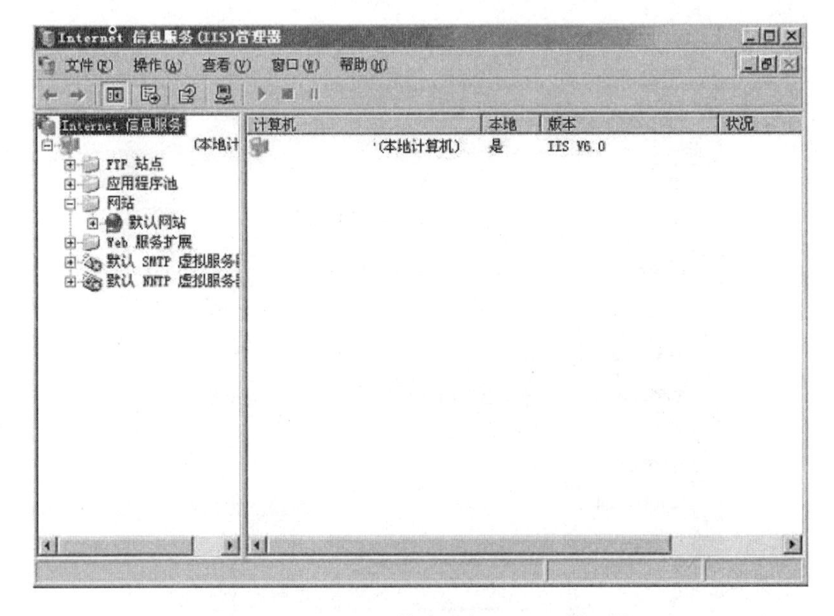

图 11-16　Internet 信息服务（IIS）管理器

步骤 4．配置 IIS。

（1）用鼠标右击“默认 Web 站点”，在弹出的快捷菜单中选择“属性”，此时就可以打开“默认网站属性”对话框，如图 11-17 所示。

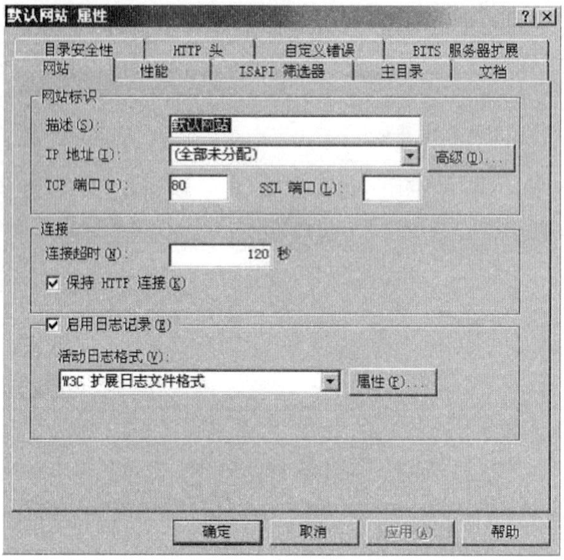

图 11-17　“默认网站属性”

（2）单击“主目录”标签，切换到主目录设置页面，该页面可实现对主目录的更改或设置。主目录实际就是我们开发的动态网站所存放的路径，这里提示大家，最好在设置主目录时选择非操作系统所在盘的其他路径，一般就是除 C 盘外的其他路径。这样可以避免一些权限造成的问题，我们这里设置成“E:\web”。接着单击“配置”，勾选启用父路径选项，如未勾选，将对以后的程序运行有部分影响，如图 11-18 所示。

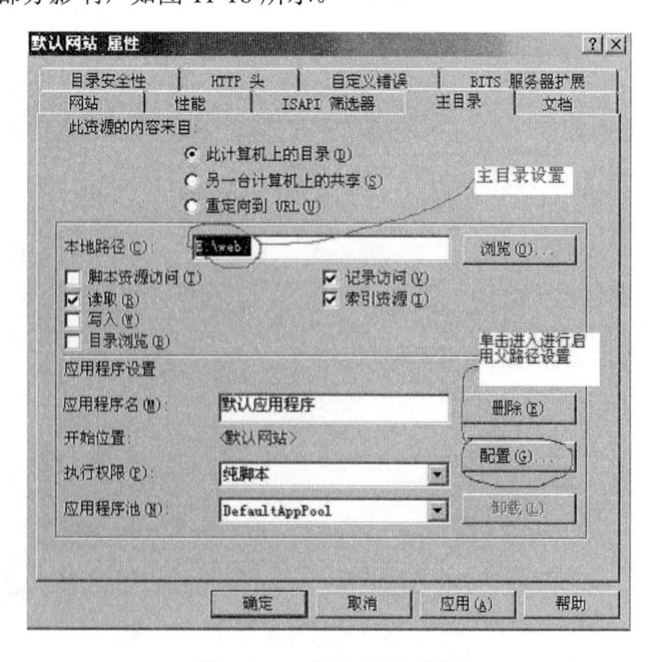

图 11-18　“主目录”设置

（3）单击“文档”标签，可切换到对主页文档的设置页面，主页文档是在浏览器中键入网站域名，而未指定所要访问的网页文件时，系统默认访问的页面文件。IIS 默认的主页文档只有 default.htm 和 default.asp，根据我们的需要，利用“添加”和“删除”按钮，可为站点设置所能解析的主页文档，这里我们添加一个经常使用的主页 index.asp。

（4）在“Web 服务扩展”（图 11-16）中，单击允许“Active Server Pages”和“在服务端的包含文件”两项。

（5）右击默认站点，选择“权限”，将 user 用户分配完全控制权限。

（6）单击“默认网站”后，可以看到 IIS 中启动按键被激活，单击后便可启动 IIS，如果不知道哪里是 IIS 启动按键，还可以右击“默认网站”，单击“启动”即可。要想停止 IIS 服务，操作和启动一样，只是选择“停止”即可。

活动二　利用 ASP 连接数据库

【活动描述】

掌握了数据库的使用方法，也搭建了 ASP 的运行环境，在开始开发 ASP 动态网站之前还有最后一步，那就是使 ASP 与数据库连接。

【操作步骤】

步骤 1．打开 Dreamweaver 并新建一页 ASP VBScript 类型的网页，保存并命名为“index.asp”，如图 11-19 所示。

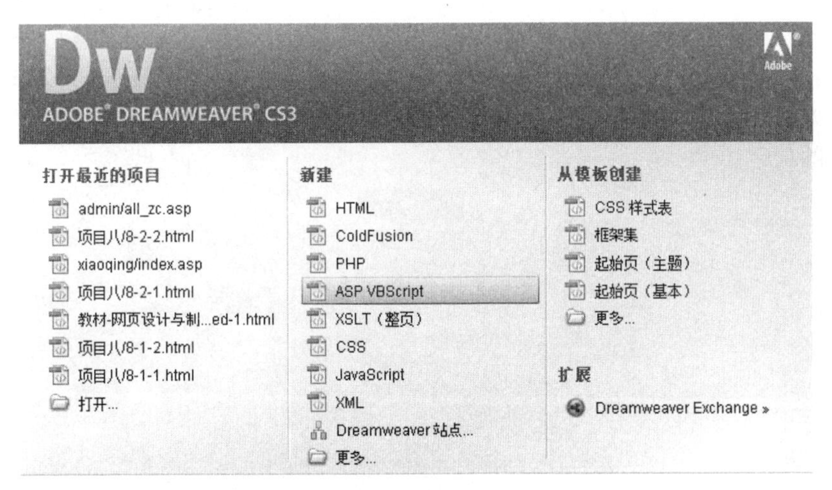

图 11-19　新建 ASP VBScript 网页

及时充电

在以前我们制作静态网站的时候，同学们是否注意过，这些页面都是以.html 或.htm 为后缀名的文件，这些文件可以直接用浏览器（如 IE）打开，但是从今天开始我们创建的 ASP 动态网页就不可以直接用浏览器打开了，ASP 动态网页的后缀名为.asp，这些页面要放置在我们配置好的 IIS 的主目录下，启动 IIS 后，在浏览器中输入 127.0.0.1 便可以浏览到我们的主页文档了（之前我们已经设置了 index.asp）。

步骤 2．调整为设计视图，删除其中所有代码并输入如代码 11-1 所示的代码。

代码 11-1

```
<%
Response.Write(now)
%>
```

及时充电

那么 html 和 asp 文件其内容到底有什么不同呢？其实我们可以把一个 html 的后缀名直接改写成 asp 就成为了一个动态页面了，但是这样做毫无意义，我们真正希望的是通过 asp 来操作数据库相关的内容。这样大家就明白了，html 的内容可以无修改地变为 asp 页面，更通俗地说，asp 网页可以显示 html 的所有内容，如表格标签<table></table>、<tr></tr>、<td></td>等所有的 html 标签。那么 asp 动态内容该如何编写呢？它们又是如何来与 html 进行区分呢？原理就是所有的 asp 动态内容包含在以<%开头%>结尾的一对标签中。

以上 3 行代码便是动态地显示当前的日期。有些同学可能一时不习惯看代码，写在一行<% Response.Write(now）%>也是完全可以的，只是为了易于阅读，我们常常分行书写代码。

步骤 3．打开浏览器，输入“http://127.0.0.1”或者“http://localhost”，便会显示系统当前的时间了，如图 11-20 所示。

步骤 4．在主目录下创建一个空白数据库文件，命名为“db.mdb”。

步骤 5．新建一页 ASP VBScript 类型的网页，保存并命名为“conn.asp”，此文件即是与数据库相连接的文件。

图 11-20　显示 index.asp

步骤 6．切换到代码视图，删除所有代码，并输入如代码 11-2 所示的代码。

代码 11-2

```
<%
con="DRIVER=Microsoft Access Driver (*.mdb);DBQ="&server.MapPath("db.mdb")
set conn=server.CreateObject("adodb.connection")
conn.open con
set rs=server.CreateObject("adodb.recordset")
%>
```

此代码一共有 6 行，其实需要常常改变的只有第 2 行的最后括号里的内容“db.mdb”，它指定了我们数据库文件所在的路径，这个路径是一个相对路径，是相对于主目录的路径，如我们的 index.asp 文件和数据库文件 db.mdb 在同一个目录下，那么就可以直接写“db.mdb”了。至于其他代码什么意思我们先不讲解，只是让大家套用模板使用便可。

及时充电

那么 6 行代码写在哪里呢？答案是哪个 asp 动态页需要连接数据库就写在哪个页面里，有了这 6 行代码我们就可以对数据库进行下一步操作了。试想一个动态网站有多个动态页面需要连接数据库，而每一个页面都要重复写相同的连接数据库代码，显然是不科学的，在真实的开发环境中，我们常常将这 6 行代码写在一个单独的 asp 页面里，如我们之前建立的 conn.asp，然后在每个需要连接数据库的页面中用一条包含语句把 conn.asp 页面包含进来就可以了，这些内容将在下一个任务中讲解，这条语句如代码 11-3 所示。

代码 11-3

```
<!--#include file="conn.asp"-->
```

步骤 7．验证与数据库的连接。打开浏览器，输入“http://127.0.0.1/conn.asp”或者“http://localhost/conn.asp”，如果什么也不显示，则说明与数据库建立了连接。

任务三　编写动态新闻系统

任务描述

（1）了解动态网站开发的整体流程。

（2）能够使用 ASP 和 VBScript 编写一个功能简单的新闻动态网站。

任务实施

活动一　编写新闻的显示页面

【活动描述】

本活动带领大家编写新闻动态网站的显示页面，掌握从数据库中读取信息并动态显示的编写方法。

【操作步骤】

步骤 1．在数据库中建立数据表并录入初始数据。

（1）打开之前建立的 db.mdb 数据库，并在其中建立一张名为“新闻”的表，表内有如下字段：

id（自动编号类型，设为主键）、标题（文本类型）、类型（文本类型）、内容（备注类型）、日期（日期/时间类型）。

及时充电

这里的 id 是标识符的意思，它的类型是系统自动编号的，不需要我们去填写，而且每一条记录的 id 都不一样，这就保证了我们记录的唯一性。

（2）设 id 为主键，就是用 id 来区别每一条记录，设置方法是在 id 表项的左侧右击，在弹出的快捷菜单中选择“主键”即可，如图 11-21 所示。

新闻 : 表

字段名称	数据类型
id	自动编号
标题	文本
类型	文本
内容	备注
日期	日期/时间

图 11-21　新闻表的表项设置

（3）向新闻表录入 4 条记录，如图 11-22 所示。

新闻 ：表

id	标题	类型	内容	日期
1	标题1	体育	内容1	1994-9-25
2	标题2	国内	内容2	2003-1-11
3	标题3	体育	内容3	1997-3-3
4	标题4	国内	内容4	2002-10-1
(自动编号)				

图 11-22　填好 4 条记录的新闻表

步骤 2．打开 Dreamweaver 并新建一页 ASP VBScript 类型的网页，也保存到主目录下，命名为“news_dis.asp”。

步骤 3．编写“news_dis.asp”以显示数据库中的新闻表。

（1）最后我们希望显示的效果如图 11-23 所示。

标题	类型	内容	日期
标题1	体育	内容1	1994-9-25
标题2	国内	内容2	2003-1-11
标题3	体育	内容3	1997-3-3
标题4	国内	内容4	2002-10-1

图 11-23　新闻显示页的效果

大家可以看出来，第 1 行是固定不变的，从第 2 行开始的内容来自数据库，而且是有多少条记录就有多少行，所以我们只编写第 1 行和第 2 行，并且让第 2 行的内容随着数据记录的多少而变换显示。

（2）将“news_dis.asp”代码删除，输入如代码 11-4 所示的代码。

代码 11-4

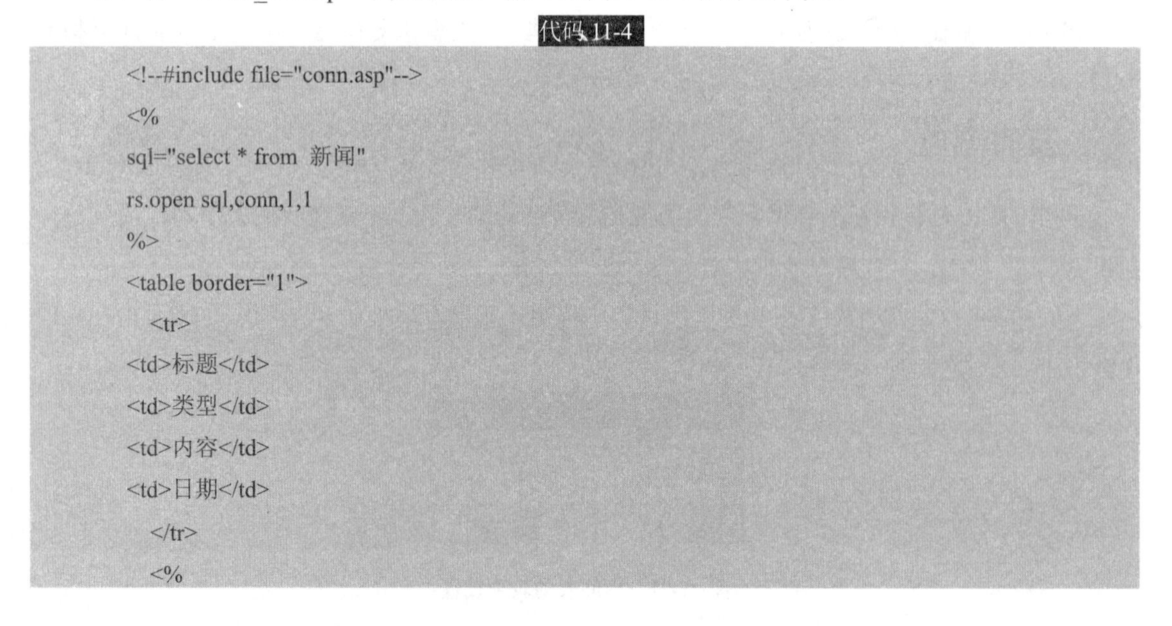

```
<!--#include file="conn.asp"-->
<%
sql="select * from 新闻"
rs.open sql,conn,1,1
%>
<table border="1">
  <tr>
<td>标题</td>
<td>类型</td>
<td>内容</td>
<td>日期</td>
  </tr>
  <%
```

```
    while (not rs.eof)
    %>
    <tr>
<td><%=rs("标题")%></td>
<td><%=rs("类型")%></td>
<td><%=rs("内容")%></td>
<td><%=rs("日期")%></td>
    </tr>
    <%
    rs.movenext
    wend
    rs.close
    %>
</table>
```

我们来深入讲解这些代码的确切涵义，第 1 行 include 的语句我们之前已经讲过，是包含语句，目的是将我们的数据库连接文件加入到这一页中，记住所有要和数据库连接的页面都要有这一句，当然你也可以把 conn 文件的内容直接写在这里。

从第 2 到第 5 行内容是我们的 asp 代码，因为它们包含在了<%%>之中，可以看出一个动态网页中可以不止一次出现 asp 代码，但它们都需要包含在<%%>之中。第 3 行就是定义我们的 sql 语句，想要显示怎样的数据就写出对应的 sql 语言，这个例子中我们显示整张新闻表。第 4 行是让“rs”这个数据集对象打开我们定义的 sql 语言，这里大家可以粗略地先理解一下，当这条代码执行后，rs 就是返回的结果了。

从第 5 行以后便是显示数据的表格，可以看到，表格的第 1 行没有任何 asp 代码，这是用于显示表格的标题行，这一行是我们人为定义的，可以说是静态写上去的。但表格的第 2 行却显得很奇怪，它们之前有：

```
<%while (not rs.eof)%>
```

之后有：

```
<%
rs.movenext
wend
rs.close
%>
```

这些语句用法固定，不需要每次用时都修改，它们的意思就是让第 2 行循环显示数据表的内容，直到读完全部的数据记录为止。

再看表格第 2 行的每 1 列，都是<%=rs("")%>这样的形式，这句代码就是输出双引号指定表项的内容。具体说当第一次执行<%=rs("标题")%>时，会显示第 1 条记录的标题，执行了语句 rs.movenext 后，rs 记录会移至下一条记录，再次执行<%=rs("标题")%>时，便会显示第 2 条记录的标题了。

讲到这里，大家对 asp 动态网页设计有了一个初步的认识，可能会觉得特别麻烦而且不易理解，要记得东西又特别多，但是只要多练习，还是能很容易地掌握它们的，关键是这些代码并不需要每次改变，它们就像模板一样，每次使用都有很固定的套路，所以希望同学们不要紧张，先记忆后使用，勤练习多思考。

步骤 4．验证新闻显示页，在浏览器中输入“http://127.0.0.1/news_dis.asp”来查看，看看能否得到正确的结果。完成后，尝试结合以前学过的 sql 的知识，改变第 3 行定义 sql 的代码，看看能否显示不同的结果。

活动二　编写新闻的添加页面

【活动描述】

本活动带领大家编写新闻动态网站的添加页面，掌握在网页中写入信息并添加到数据库的编写方法，这一过程也适用于用户注册，并添加用户数据到数据库中。

【操作步骤】

步骤 1．我们接着使用上一活动使用的数据库，本活动内容是完成向数据库添加新记录的 asp 动态网页。共用到两个页面，新建两个 ASP VBScript 类型的网页，名字我们分别取为“news_add1.asp”和“news_add2.asp”，同样保存在主目录下。这两个页面中，一个用于显示表单，让用户来填写新添加的记录内容，另一个页面什么也不显示，用于将用户填写的内容插入数据表中。

步骤 2．编写 news_add1.asp 以显示表单，让用户来填写新添加的记录内容。

（1）希望显示的效果如图 11-24 所示。

图 11-24　新闻添加页的效果

（2）在“news_add1.asp”中输入如代码 11-5 所示的代码。

代码 11-5

```
<form action="news_add2.asp" method="post">
<table border="1">
  <tr>
<td>标题：</td>
<td><input name="title" type="text" /></td>
  </tr>
  <tr>
<td>类型：</td>
<td>
<input name="type" type="radio" value="体育" checked="checked"/>体育
<input name="type" type="radio" value="国内" />国内</td>
  </tr>
```

```
<tr>
<td>内容</td>
<td>
<textarea name="content" cols="" rows=""> </textarea>
</td>
</tr>
<tr>
<td colspan="2">
<input type="submit"   value="添加"/>
</td>
</tr>
</table>
</form>
```

可以看到这一页没有任何 asp 代码，全是 HTML 的范畴，因为这一页只是获取用户输入的内容而已，不需要连接数据库操作，添加的操作在“news_add2.asp”页中。因此本页面也可以使用设计视图进行编写，这里需要注意的地方是表单的传递目标应该是“news_add2.asp”，每一个表单的标签都有自己的 name 属性，用于区别用户输入的不同内容，如标题是 title，类型是 type，内容是 content。

步骤 3．编写“news_add2.asp”用于将用户填写的内容插入数据表中，让用户来填写新添加的记录内容。在“news_add2.asp”中输入如代码 11-6 所示的代码。

代码 11-6

```
<!--#include file="conn.asp"-->
<%
sql="select * from 新闻"
rs.Open sql,conn,1,3
rs.Addnew
rs("标题")=request.Form("title")
rs("类型")=request.Form("type")
rs("内容")=request.Form("content")
rs("日期")=now
rs.Update
rs.Close
response.Redirect("news_dis.asp")
%>
```

同样，第 1 行代码用于包含连接数据库的文件，第 3 行和第 4 行我们也不陌生，定义了一条 sql 语句并执行它，这里注意和显示页的一个小小不同，就是显示时我们用“1,1”，而添加时我们用“1,3”，这两个数字实际上是权限的意思，“1,3”代表对数据库拥有写入和修改的权限，我们只要记得除了显示数据外都是“1,3”便可以了。

第 5 行代码 rs.Addnew 是添加一条新记录，也就是让数据表的记录指针直接指向最后那条空白记录，而这时这条记录的所有表项都是空的，以下几行是我们为这条新记录填写内容，标题、类型和内容都来自上一个页面的 title、type 和 content，request.Form("…")用于获取上一页的相应字段。

注意，我们在上一页并没有输入过日期，而添加新闻的真正日期是系统的当前日期，不需要用户填写，这也是合乎逻辑的。上一个任务一开始我们就给大家演示过如何得到系统当前日期，其实就是“now”这个关键字。再往下的一行 rs.Update 是更新语句，用于完成整个插入操作。

最后一句 response.Redirect("news_dis.asp")是重定向语句，目的是让我们的浏览器跳转至对应的页面，这里我们跳转至上一项目编写的显示新闻页面，来验证我们添加功能的结果。

http://127.0.0.1/news_dis.asp

标题	类型	内容	日期
标题1	体育	内容1	1994-9-25
标题2	国内	内容2	2003-1-11
标题3	体育	内容3	1997-3-3
标题4	国内	内容4	2002-10-1
标题5	国内	内容5	2010-2-25 22:00:22

图 11-25 执行完添加操作后的结果

步骤 4. 让我们来验证结果，在浏览器中输入“127.0.0.1/news_add1.asp”，填写一条记录后单击“添加”按钮，跳转至显示页面后会多了一条记录为你所添加的记录，如图 11-25 所示。

及时充电

至此，我们已经学会了如何动态地显示和添加数据了，如果同学们还觉得不熟悉可以自己动手练习，建立自己想要的数据库，如商品销售数据库、学生管理数据库，并尝试编写商品记录、学生记录的显示页和添加页，来巩固我们学过的知识，同学们会发现原来动态网站的编写也是非常容易的。

活动三 编写新闻的删除页面

【活动描述】

本活动带领大家编写新闻动态网站的删除页面，掌握在网页中删除数据库记录的编写方法，同时让大家了解隐藏域在动态网站编写时的作用。

【操作步骤】

步骤 1. 我们需要修改之前的显示页面，加入删除操作，再新建一个用于完成删除功能的 ASP VBScript 类型的网页，命名为“news_del.asp”，同样保存在主目录下。

步骤 2. 修改新闻显示页，添加删除新闻的功能，只要单击想要删除新闻后面的“删除”链接，便可以将对应记录删除。

（1）最后我们希望显示的效果如图 11-26 所示。

http://127.0.0.1/news_dis.asp

标题	类型	内容	日期	操作
标题1	体育	内容1	1994-9-25	删除
标题2	国内	内容2	2003-1-11	删除
标题3	体育	内容3	1997-3-3	删除
标题4	国内	内容4	2002-10-1	删除
标题5	国内	内容5	2010-2-25 22:00:22	删除

图 11-26 在新闻显示页添加删除的链接

（2）可以看出来，我们的设计思路是让每一条记录后对应着一个删除操作，而这些删除看似一样，实际却不一样，因为它们删除的内容分别对应着每一条不同的记录。修改“news_dis.asp”，修改后代码如代码 11-7 所示。

代码 11-7

```
<!--#include file="conn.asp"-->
<%
sql="select * from 新闻"
rs.open sql,conn,1,1
%>
<table border="1">
  <tr>
<td>标题</td>
<td>类型</td>
<td>内容</td>
<td>日期</td>
<td>操作</td>
  </tr>
  <%
  while (not rs.eof)
  %>
  <tr>
<td><%=rs("标题")%></td>
<td><%=rs("类型")%></td>
<td><%=rs("内容")%></td>
<td><%=rs("日期")%></td>
<td><a href="news_del.asp?id=<%=rs("id")%>">删除</a></td>
  </tr>
  <%
  rs.movenext
  wend
  rs.close
  %>
</table>
```

及时充电

这里我们先要给大家补充一下 GET 传值的相关知识。在超级链接标签<a>中有一个属性 href，其值指向了跳转的目的地，我们可以在目的地址后用？来牵引一些变量值，具体格式为：地址？变量名＝值。比方说<a href="news_del.asp?id=<%=rs("id")%>">删除</a>，这句代码就可以让我们的删除链接到“news_del.asp”页面，并且传递了一个名字叫做 id 的变量，它的值是当前记录的 id 值，这就保证了每条记录的删除操作指向同一页，但传递不同的参数值，而这种传值的方式就是 GET 传值。

可以看到以上的代码修改的部分用黑色底纹显示，删除的代码也写在了 while 循环中，随着循环的进行，id 的值也在改变，保证了删除操作可以指向每一条不同的记录。

步骤 3．编写“news_del.asp”用于完成在数据库中删除记录的功能，在“news_del.asp”中输入如代码 11-8 所示的代码。

```
<!--#include file="conn.asp"-->
<%
sql="select * from 新闻 where id="&request.QueryString("id")
rs.Open sql,conn,1,3
rs.Delete
rs.Update
rs.close
response.Redirect("news_dis.asp")
%>
```

代码 11-8

第 3 行定义了 sql 的内容，但它是一个带 where 条件的 sql 语句，之所以这么使用，是让我们删除记录时指定一条满足条件的记录再删除，条件就是记录的 id 值为上一页面传递来的 id 值，用 request.QueryString("…")来获取。这里我们可以总结一下，表单传值的获取用 request.Form()，GET 传值的获取用 request.QueryString()。

sql 语句中的“&”符号是字符串的链接符，因为 id 的值随用户单击的不同而不同，是一个改变的量，而 sql 的前半部分"select * from 新闻 where id="是不变的量，为了区别可变的量，我们不能给可变的量加双引号，这就要使用&来连接两个不同的量了。其他的使用我们碰到后再给大家讲解，这里只要求记忆套用即可。

第 5 行的 rs.Delete 是删除记录的意思，当我们找到唯一一条满足用户传来的 id 的记录后，便可以执行删除操作了。以后的 rs.Update 是更新操作，这和执行插入时是完全一致的，最后我们还要使用 response.Redirect("news_dis.asp")让执行完删除操作后，页面跳转至新闻显示页来验证结果。

步骤 4．打开浏览器，输入“http://127.0.0.1/news_dis.asp”来查看修改后的显示页面，并尝试删除一条新闻记录。

活动四　编写新闻的更新页面

【活动描述】

本活动带领大家编写新闻动态网站的更新页面，掌握在网页中更新数据库记录的编写方法。

【操作步骤】

步骤 1．我们需要修改新闻显示页，加入更新操作的链接，新建两个 ASP VBScript 类型的网页，命名为“news_upd1.asp”和“news_upd2.asp”，同样保存到主目录下。“news_upd1.asp”页主要用来显示用户传来要修改记录的源信息，在此页修改后传入“news_upd2.asp”执行更新操作，所以要完成更新的功能需要 3 个页面的配合，并且需要 2 次传值，一次是 GET 传值，一次是表单传值。

步骤 2．修改新闻显示页，添加更新新闻的功能，只要单击想要更新新闻后面的“更新”链接，便可以修改对应的新闻记录。

（1）最后我们希望显示的效果如图 11-27 所示。

http://127.0.0.1/news_dis.asp

标题	类型	内容	日期	操作
标题1	体育	内容1	1994-9-25	删除 更新
标题2	国内	内容2	2003-1-11	删除 更新
标题3	体育	内容3	1997-3-3	删除 更新
标题4	国内	内容4	2002-10-1	删除 更新

图 11-27　在新闻显示页添加更新的链接

（2）修改“news_dis.asp”，修改后如代码 11-9 所示。

代码 11-9

```
<!--#include file="conn.asp"-->
<%
sql="select * from 新闻"
rs.open sql,conn,1,1
%>
<table border="1">
  <tr>
<td>标题</td>
<td>类型</td>
<td>内容</td>
<td>日期</td>
    <td>操作</td>
  </tr>
  <%
  while (not rs.eof)
  %>
  <tr>
<td><%=rs("标题")%></td>
<td><%=rs("类型")%></td>
<td><%=rs("内容")%></td>
<td><%=rs("日期")%></td>
 <td><a href="news_del.asp?id=<%=rs("id")%>">删除</a>
 <a href="news_upd1.asp?id=<%=rs("id")%>">更新</a></td>
  </tr>
  <%
  rs.movenext
  wend
  rs.close
  %>
</table>
```

修改的部分用黑色底纹显示，可以看出更新操作的链接也使用了 GET 的方式传值，目的页为“news_upd1.asp”。

步骤 3．编写“news_upd1.asp”用于显示用户传来要修改记录的源信息。

（1）最后我们希望显示的效果如图 11-28 所示。

标题：	标题4
类型：	[国内] ⊙体育 ○国内
内容	内容4
确定更新	

图 11-28　单击更新后的显示页面

（2）在“news_upd1.asp”中输入如代码 11-10 所示的代码。

代码 11-10

```
<!--#include file="conn.asp"-->
<%
sql="select * from 新闻 where id="&request.QueryString("id")
rs.Open sql,conn,1,1
%>
<form action="news_upd2.asp" method="post">
<table border="1">
  <tr>
<td>标题：</td>
<td><input name="title" type="text"   value="<%=rs("标题")%>"/></td>
  </tr>
  <tr>
<td>类型：</td>
<td>【<%=rs("类型")%>】<input name="type" type="radio" value="体育" checked="checked"/>体育
 <input name="type" type="radio" value="国内" />国内</td>
  </tr>
  <tr>
<td>内容</td>
<td><textarea name="content" cols="" rows=""><%=rs("内容")%></textarea>
 <input name="id" type="hidden" value="<%=rs("id")%>"></td>
  </tr>
  <tr>
<td colspan="2"><input type="submit"   value="确定更新"/></td>
 </tr>
</table>
</form>
<%
rs.Close
%>
```

步骤 4．编写“news_upd2.asp”用于执行更新操作。在“news_upd2.asp”中输入如代码 11-11 所示的代码。

代码 11-11

```
<!--#include file="conn.asp"-->
<%
sql="select * from 新闻 where id="&request.Form("id")
rs.Open sql,conn,1,3
rs("标题")=request.Form("title")
rs("类型")=request.Form("type")
rs("内容")=request.Form("content")
rs("日期")=now
rs.Update
rs.Close
response.Redirect("news_dis.asp")
%>
```

可以看到“news_upd1.asp”和“news_upd2.asp”并没有新的知识，只是用之前学过的代码进行组合便实现了更新功能。

步骤 5．打开浏览器输入“http://127.0.0.1/news_dis.asp”来查看修改后的显示页面，并尝试更新一条新闻记录。

项目评价

项目评价标准见表 11-1。填写项目评价表 11-2。

表 11-1　项目评价标准

等级	等级说明	评价
一级任务	能自主完成项目所要求的学习任务	合格（不能完成任务定为不合格等级）
二级任务	能自主、高质量地完成拓展学习任务	良好
三级任务	能自主、高质量地完成拓展学习任务并能帮助别人解决问题	优秀

表 11-2　项目评价表

项目	评价内容	分值	评分				所占价值	项目得分
			自评（30%）	组评（40%）	师评（30%）	得分		
职业能力	创建数据库与数据表	10					60%	
	SQL 语言实现对数据的查询	10						
	IIS 环境的搭建	5						
	IIS 的配置	5						
	ASP 连接数据库	10						
	新闻的显示页面	15						

续表

项目	评价内容	分值	评分				所占价值	项目得分
			自评（30%）	组评（40%）	师评（30%）	得分		
职业能力	新闻的添加页面	15					60%	
	新闻的删除页面	15						
	新闻的更新页面	15						
	合计	100						
通用能力	与人合作能力	20					40%	
	沟通能力	10						
	组织能力	10						
	活动能力	10						
	自主解决问题的能力	20						
	自我提高能力	10						
	创新能力	20						
	合计	100						

项目总结

本项目介绍了开发动态网站的相关知识；学习了如何创建数据库和数据表；介绍了简单的SQL语言语法，并利用SQL实现了对数据库数据的查询；了解了IIS搭建ASP的方法及配置技巧；最后通过一个新闻类动态网站的开发为实例，让同学们掌握了开发动态网站的基本流程。

项目拓展

（1）任务一：熟练掌握本项目的任务。

（2）任务二：编写一个商品销售系统，包括商品展示、添加商品、删除商品和修改商品。

（3）任务三：编写一个学生信息管理系统，包括学生信息的查询、学生信息的注册、删除信息和修改信息等。

反侵权盗版声明

电子工业出版社依法对本作品享有专有出版权。任何未经权利人书面许可，复制、销售或通过信息网络传播本作品的行为；歪曲、篡改、剽窃本作品的行为，均违反《中华人民共和国著作权法》，其行为人应承担相应的民事责任和行政责任，构成犯罪的，将被依法追究刑事责任。

为了维护市场秩序，保护权利人的合法权益，我社将依法查处和打击侵权盗版的单位和个人。欢迎社会各界人士积极举报侵权盗版行为，本社将奖励举报有功人员，并保证举报人的信息不被泄露。

举报电话：（010）88254396；（010）88258888

传　　真：（010）88254397

E-mail：　dbqq@phei.com.cn

通信地址：北京市万寿路 173 信箱

　　　　　电子工业出版社总编办公室

邮　　编：100036